冶金工业出版社

普通高等教育"十四五"规划教材

工程力学

方明伟　赵红美　刘晓鹏　主　编
史明方　王有振　李　强　副主编

北　京
冶 金 工 业 出 版 社
2023

内 容 提 要

本书按照高等院校工程力学课程的基本要求编写，涵盖了理论力学和材料力学的主要内容，全书共分三篇：第一篇静力学；第二篇运动学与动力学；第三篇材料力学。每篇在讲述概念和方法的同时，给出相关例题、思考题、扩展资料以及课后习题，供学生扩展练习，综合提高。

本书可作为高等院校冶金、机电、交通、环境、建筑、材料等工程类专业的基础课教材，也可供有关工程技术人员参考。

图书在版编目(CIP)数据

工程力学/方明伟，赵红美，刘晓鹏主编. —北京：冶金工业出版社，2021.11（2023.9 重印）

普通高等教育“十四五”规划教材

ISBN 978-7-5024-8966-3

Ⅰ.①工… Ⅱ.①方… ②赵… ③刘… Ⅲ.①工程力学—高等学校—教材 Ⅳ.①TB12

中国版本图书馆 CIP 数据核字(2021)第 245008 号

工程力学

出版发行	冶金工业出版社	**电　　话**	(010)64027926
地　　址	北京市东城区嵩祝院北巷 39 号	**邮　　编**	100009
网　　址	www.mip1953.com	**电子信箱**	service@mip1953.com

责任编辑　俞跃春　杜婷婷　美术编辑　吕欣童　版式设计　郑小利

责任校对　郑　娟　责任印制　窦　唯

北京虎彩文化传播有限公司印刷

2021 年 11 月第 1 版，2023 年 9 月第 2 次印刷

787mm×1092mm　1/16；14.5 印张；347 千字；222 页

定价 48.00 元

投稿电话　(010)64027932　投稿信箱　tougao@cnmip.com.cn

营销中心电话　(010)64044283

冶金工业出版社天猫旗舰店　yjgycbs.tmall.com

(本书如有印装质量问题，本社营销中心负责退换)

前　言

力学作为工程科学与技术的先导和基础，可以为新的工程领域提供概念和理论，为越来越复杂的工程设计与分析提供有效的方法。工程力学是高等院校众多工科专业开设的一门专业基础课程。这门课程对于培养学生的工程设计能力和工程创新能力，以及分析和解决实际工程中力学问题的能力，具有不可替代的作用。通过对本课程的学习，学生可以初步掌握工程结构设计的基本方法，这对培养高等专业技术人才的工程素养具有重要的作用。

为了适应教学改革与发展，作者根据我国高等院校培养工程应用型人才的办学定位，结合近年来的教学改革研究和实践编写了本书。

本书涵盖了理论力学和材料力学的主要内容，可根据课时选择教学模块进行组合教学。全书共分三篇：第一篇静力学，包括静力学基础、平面基本力系、平面任意力系、摩擦、空间力系与重心等内容；第二篇运动学与动力学，包括点的运动与刚体的基本运动、点的复合运动、刚体的平面运动、质点动力学方程和动力学普遍定理等内容；第三篇材料力学，包括：拉伸、压缩与剪切，扭转，弯曲，应力状态和强度理论，组合变形以及压杆稳定等内容。

本书注重基本概念和基本分析方法的阐述，针对不同学生的学习能力差异，进一步提高课程教学质量，在编写方面，增加了工程应用案例，以深化学生对教学内容的理解。

本书由呼伦贝尔学院方明伟、唐山工业职业技术学院赵红美、山东城市建设职业学院刘晓鹏担任主编，内蒙古科技大学史明方、齐鲁工业大学（山东省科学院）王有振和李强担任副主编。全书由方明伟、赵红美、刘晓鹏统编定稿，具体编写分工如下：第十一章至第十四章由方明伟编写；第十五章、第十六章由赵红美编写；第六章至第十章由刘晓鹏编写；第一、二章和第五章由史明方编写；第三章由王有振编写；第四章由李强编写。在本书编写过程中参考了有关文献资料，在此向相关作者表示感谢。

由于作者水平所限，书中不妥之处，恳请广大读者批评指正。

编　者

2021年3月

目　录

第一篇　静力学

第二篇　运动学与动力学

第三篇　材料力学

第一篇　静力学

第一章　静力学基础

学习目标

（1）了解力、刚体的基本概念。

（2）了解静力学公理。

（3）了解约束与约束反力的概念，以及工程中常见的约束类型。

（4）熟练掌握受力分析的方法，并能准确画出受力图。

静力学是研究物体在力系作用下平衡规律的科学。它主要解决两类问题：一是将作用在物体上的力系进行简化，即用一个简单的力系等效替换一个复杂的力系，这类问题称为“力系的简化（或力系的合成）问题”；二是建立物体在各种力系作用下的平衡条件，这类问题称为“力系平衡问题”。

静力学是工程力学的基础部分，在工程实际中有着广泛的应用。它所研究的两类问题（力系的简化和平衡），无论对于研究物体的运动还是变形都有十分重要的意义。因为研究物体的运动和变形以及工程结构和机器能否正常工作而不致发生破坏等时，都要知道作用在物体上的各种力的大小和方向。

力在物体平衡时所表现出来的基本性质，也同样变现于物体做一般运动的情形中。在静力学里关于力的合成、分解与力系简化的研究结果，可以直接应用于动力学。

本章阐述静力学中的一些基本概念、静力学公理、工程上常见的典型约束和约束力，以及物体的受力分析。

第一节　静力学概述

一、关于力的概念

人们在日常生活和生产实践中对力有许多感性认识。随着观察的不断深入，人们发现，力可以改变物体的运动状态。例如，原来静止的物体，在力的作用下，可以由静止开始运动；而原来运动的物体，在力的作用下，速度可以发生变化。人们的这些感性认识经过概括和总结，并提高到理性认识后，便形成了力的科学概念。

（一）力的定义

力是物体间的相互机械作用，这种作用的效应是使被作用物体的运动状态发生变化，同时使该物体的形状或者尺寸发生变形。其中，力使被作用物体的运动状态发生变化的效应称为运动效应，又称外效应；力使物体发生变形的效应称为变形效应，又称内效应。

（二）力的三要素

力对物体作用的效应，决定力的大小、方向（包括方位和指向）和作用点，这3个因素称为力的三要素。在这三个要素中，改变其中任何一个就改变了力对物体的作用效应。

（1）力是矢量。力是一个既有大小又有方向的量，力的合成与分解需要运用矢量的运算法则，因此力是矢量。

（2）力的矢量表示。力矢量可用一个具有方向的线段来表示，如图1-1所示。用线段的长度表示力的大小，用线段的箭头指向表示力的方向，用线段的起点或终点表示力的作用点。通过力的作用点沿力的方向的直线称为力的作用线。

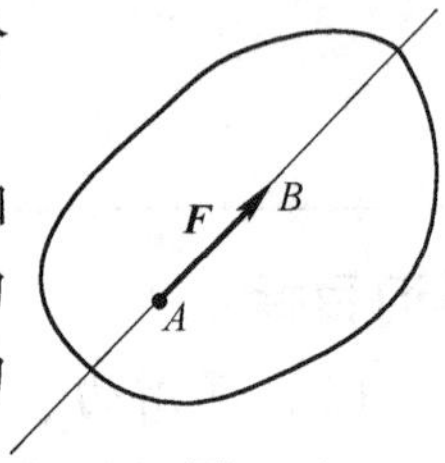

图1-1

（3）力的单位。力的单位是N（牛顿）。

二、刚体的概念

刚体是指在任何情况下都不会变形的物体。这一特征表现为刚体内任意两点的距离永远保持不变。显然，刚体并不存在，它是人们在认识客观世界时，把实际物体抽象化后所得到的理想模型。

实际上，任何物体受力后都会有或多或少的变形。但是一些物体，如工程结构的构件或机器的零件等，受力后变形非常微小。在这种情况下，对于静力学研究的问题来讲，忽略变形不仅不会对研究结果产生明显的影响，而且还可以使问题大大简化。此时，把实际物体抽象为刚体是合理和必要的。

静力学的研究对象仅限于刚体，故静力学又称为刚体静力学。变形体将在材料力学、弹性力学等内容中研究。应当指出的是，一切变形体平衡问题的研究都是以刚体静力学理论为基础的。

三、力系与平衡的概念

力系是指作用于物体上的所有力的集合。根据力的作用线分布的不同，力系可分为平面力系和空间力系。各力的作用线位于同一平面内的力系称为平面力系；各力的作用线不在同一平面内的力系称为空间力系。有关这部分内容，将在以后的章节中详细介绍。

平衡是指物体相对于惯性参考系保持静止或做匀速直线运动的状态。平衡是物体机械运动的一种特殊形式。在宇宙中没有绝对的平衡，一切平衡都是相对的、暂时的。

第二节　静力学公理

静力学公理是人类在长期的生活和生产实践中，经过反复观察和实验总结出来的客观规律，它正确地反映和概括了作用于物体上的力的一些基本性质。

一、二力平衡公理

作用于同一刚体上的 2 个力，使刚体处于平衡状态的必要与充分条件是：这两个力大小相等，方向相反，且作用于同一直线上（简称等值、反向、共线），如图 1-2 所示。

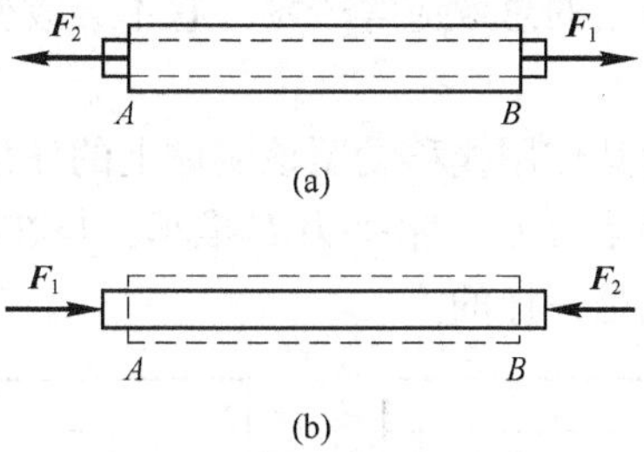

图 1-2

二力平衡公理用矢量公式表示即为：

$$\boldsymbol{F}_1=-\boldsymbol{F}_2 \tag{1-1}$$

这个公理表明了作用于物体上的最简单的力系在平衡时所必须满足的条件，它是静力学中最基本的平衡条件。

二、力的平行四边形法则

作用于物体上同一点的两个力，可以合成为一个合力。该合力仍作用于该点上，合力的大小和方向由这两个力为邻边所构成的平行四边形的对角线来确定。

如图 1-3（a）所示，$\boldsymbol{F}_1$、$\boldsymbol{F}_2$ 为作用力于 O 点的两个力，以这两个力为邻边作平行四边形 $OACB$，则对角线 OC 即为 $\boldsymbol{F}_1$ 与 $\boldsymbol{F}_2$ 的合力 $\boldsymbol{F}_R$。或者说，合力矢 $\boldsymbol{F}_R$ 等于原来两个力矢 $\boldsymbol{F}_1$ 与 $\boldsymbol{F}_2$ 的矢量和，用矢量式表示为

$$\boldsymbol{F}_R=\boldsymbol{F}_1+\boldsymbol{F}_2 \tag{1-2}$$

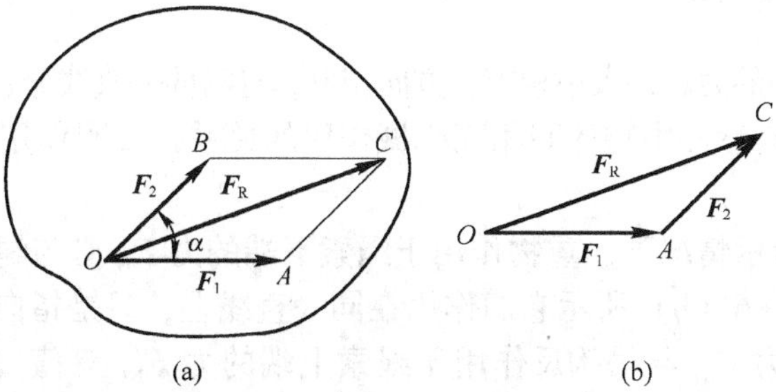

图 1-3

为了便于求 2 个汇交力的合力，也可不画出整个平行四边形，而从 O 点作一个力三角形，如图 1-3（b）所示。力三角形的两边分别是力矢 $\boldsymbol{F}_1$ 和 $\boldsymbol{F}_2$，第三边即表示合力 $\boldsymbol{F}_R$ 的大小和方向，这种求合力的方法称为力的三角形法则。

思考题

“分力一定小于合力”这种说法对不对，为什么？试举例说明。

三、加减平衡力系公理

在作用于刚体的力系中，加上或减去任一平衡力系，并不改变原力系对刚体的效应。这是因为，平衡力系对刚体作用的总效应等于零，它不会改变刚体的平衡或运动的状态。

推论 1：力的可传性。

作用于刚体上的力，可沿其作用线移动至该刚体上的任意点而不改变它对刚体的作用效应。例如，图 1-4 中在车后点 A 加一水平力 $\boldsymbol{F}$ 推车，与在车前点 B 加一水平力 $\boldsymbol{F}$ 拉车，对于车的运动而言，其效果也是一样的。

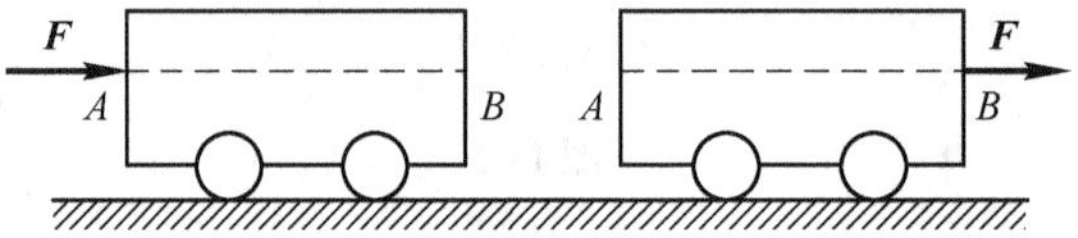

图 1-4

推论 2：三力平衡汇交定理。

刚体在 3 个力的作用下平衡，若其中两个力的作用线相交，则第三个力的作用线必过该交点，且三力共面。

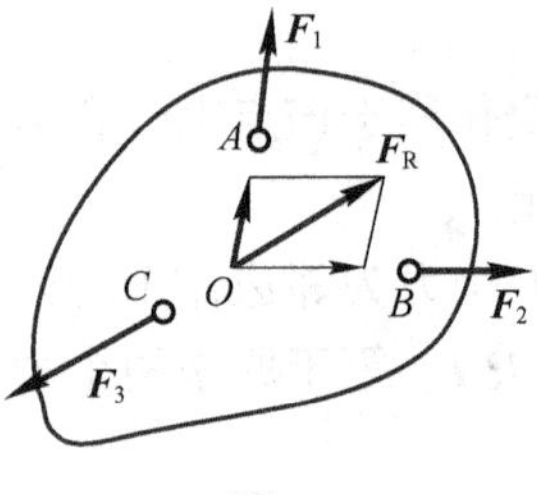

图 1-5

证明：如图 1-5 所示，刚体上 A、B、C 三点分别作用力 $\boldsymbol{F}_1$、$\boldsymbol{F}_2$ 和 $\boldsymbol{F}_3$，其中 $\boldsymbol{F}_1$ 与 $\boldsymbol{F}_2$ 的作用线相交于 O 点，刚体在此三力作用下处于平衡状态。根据力的可传性，将力 $\boldsymbol{F}_1$ 和 $\boldsymbol{F}_2$ 合成得合力 $\boldsymbol{F}_R$，则力 $\boldsymbol{F}_3$ 应与 $\boldsymbol{F}_R$ 平衡，因而 $\boldsymbol{F}_3$ 必与 $\boldsymbol{F}_R$ 共线，即 $\boldsymbol{F}_3$ 作用线也通过 O 点。另外，因为 $\boldsymbol{F}_1$、$\boldsymbol{F}_2$ 与 $\boldsymbol{F}_R$ 共面，所以 $\boldsymbol{F}_1$、$\boldsymbol{F}_2$ 与 $\boldsymbol{F}_3$ 也共面。于是定理得证。利用三力平衡汇交定理可以确定刚体在三力作用下平衡时未知力的方向。

四、作用与反作用力定律

两物体间相互作用的力总是大小相等，方向相反，且沿同一直线分别作用在 2 个物体上。

这个公理概括了自然界中物体间相互机械作用的关系，表明作用力和反作用力总是成对出现的。

如图 1-6（a）所示情况下，重物作用于绳索下端的力 $\boldsymbol{F}_N$ 必与绳索下端反作用于重物的力 $\boldsymbol{F}'_N$ 等值。如图 1-6（b）所示它们作用在同一直线上，只是指向相反。同样地，绳索上端作用于吊钩上的力 $\boldsymbol{F}_{N1}$ 与吊钩反作用于绳索上端的力 $\boldsymbol{F}'_{N1}$ 等值（图 1-6（c））。同理可知，重物的重力 $\boldsymbol{P}$ 既然是地球对于重物的作用力，那么重物对于地球必作用有大小亦为 $\boldsymbol{P}$ 但指向向上的力（图中未示出）。

必须强调指出，大小相等、方向相反、沿同一直线的作用力与反作用力，它们分别作用在2个不同的物体上，因此，绝不可认为这2个力相互平衡。这与二力平衡公理中所说的2个力是有区别的。后者是作用在同一刚体上的，且只有当这一刚体处于平衡时，它们才等值、反向、共线。

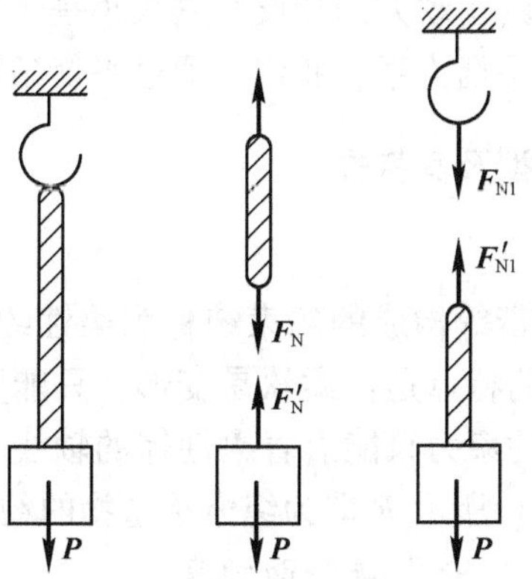

图1-6

五、刚化原理

变形体在某一力系作用下处于平衡，若将此变形体刚化为刚体，则其平衡状态保持不变。

这个原理提供了可把变形体看作是刚体模型的前提条件。如图1-7所示，绳索在等值、反向、共线的2个拉力作用下处于平衡，若将绳索刚化成刚体，其平衡状态保持不变。若绳索在2个等值、反向、共线的压力作用下并不能平衡，这时绳索就不能刚化为刚体。但刚体在上述两种力系的作用下都是平衡的。

图1-7

由此可见，刚体的平衡条件是变形体平衡的必要条件，而非充分条件。在刚体静力学的基础上考虑变形体的特性，可进一步研究变形体的平衡问题。

第三节 约束和约束反力

一、约束的概念

如果物体在空间沿任何方向的运动都不受限制，这种物体称为自由体，例如飞行的飞机、飞鸟等。在日常生活和工程中，物体通常总是以各种形式与周围的物体互相联系并受到周围物体的限制而不能做任意运动，我们称其为非自由体，例如转轴受到轴承的限制，卧式车床的刀架受床身导轨的限制，悬挂的重物受到吊绳的限制，等等。

将限制某物体运动的周围物体称为对该物体的约束。例如上面提到的轴承是转轴的约束，导轨是刀架的约束，吊绳是重物的约束。约束限制物体的运动，也就是能够起到改变物体运动状态的作用。这种作用在物体上限制物体运动的力称为约束反力或约束力。约束反力的方向总是与约束所限制的运动方向相反，其大小是未知的。在静力学中，如果约束力和物体受的其他已知力构成平衡力系，我们可通过平衡条件来求解未知力的大小。

二、工程中常见的约束类型及其特性

（一）柔性约束（柔索）

由柔软的绳索、链条、皮带等构成的约束统称为柔性约束。如图 1-8（a）所示。这类约束的特点是：柔软易变形，只能受拉，不能受压，因此，柔性约束的约束力只能沿着柔性体的轴线方向，且背离被约束物体。图 1-8（b）所示 $\boldsymbol{F}$ 即为绳索给重物的约束力。

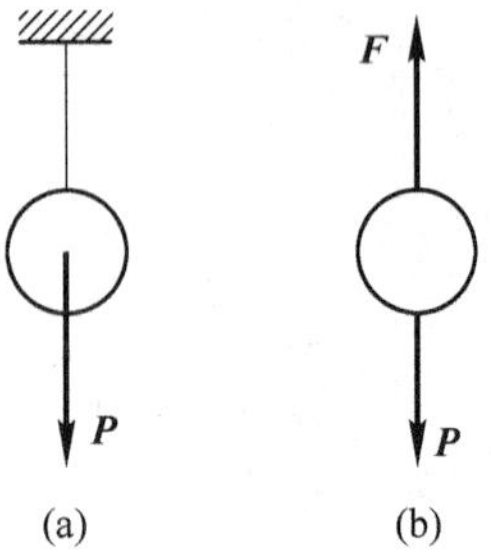

图 1-8

（二）光滑接触面约束

两个互相接触的物体，如果忽略接触面间的摩擦构成的约束称为光滑接触面约束。因为接触面是光滑的，所以物体可以自由地沿接触面滑动或离开接触面，但不可能沿接触面的法线方向压入面内，因此，光滑接触面约束对物体的约束反力必然作用在接触点处，作用线沿着接触面的公法线方向，并指向被约束物体。如图 1-9 所示，曲面 A 对小球的约束力为 $\boldsymbol{F}_{\mathrm{N}}$；如图 1-10 所示，直杆 A、B、C 三处的约束力分别为 $\boldsymbol{F}_{\mathrm{N}A}$、$\boldsymbol{F}_{\mathrm{N}B}$、$\boldsymbol{F}_{\mathrm{N}C}$。

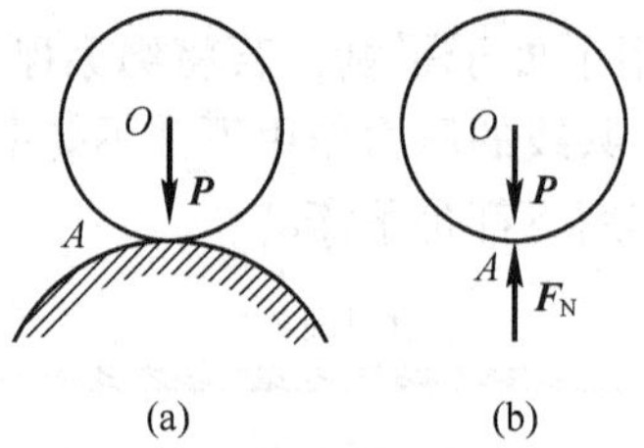

图 1-9

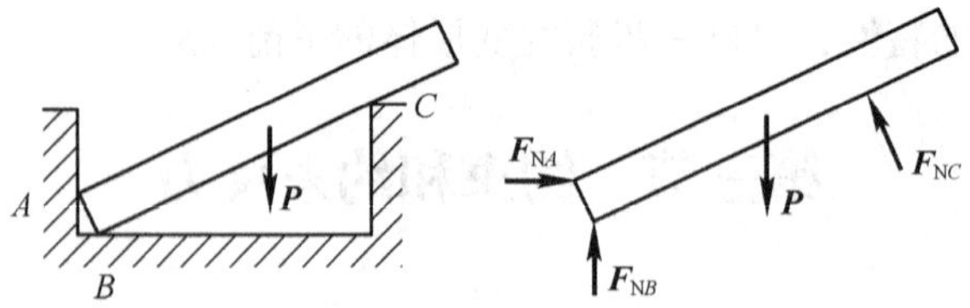

图 1-10

（三）光滑圆柱铰链约束

铰链是工程中常见的一种约束。它是由两个钻有直径相同的圆孔的构件采用圆柱定位销钉形成的链接。如门窗用的活页就是铰链。

1. 中间铰链约束

在机器中，经常用圆柱形销钉将两个带孔零件连接在一起，如图 1-11（a）、（b）所示。这种铰链只能限制物体间的相对径向移动，不能限制物体绕圆柱销轴线的转动和平行于圆柱销轴线的移动，图 1-11（c）所示为中间铰链的简化示意图。由于圆柱销与圆柱孔是光滑曲面接触，故约束力应在沿接触线上的一点到圆柱销中心的连线上，且垂直于轴线，如图 1-11（d）所示。因为接触线的位置不能预先确定，因而约束力的方向也不能预先确定。通常把它分解为垂直于销钉轴线的两个正交分力 $\boldsymbol{F}_x$、$\boldsymbol{F}_y$ 如图 1-11（e）所示。

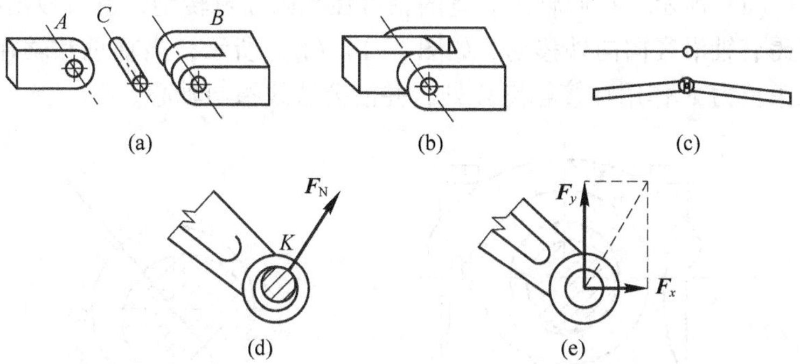

图 1-11

2. 固定铰支座约束

图 1-12（a）所示是一种常用的圆柱铰链连接，其中有一个构件固定于地面或机架上作为支座，即构成固定铰链支座，简称固定铰支座。这种支座的简图如图 1-12（b）所示。铰支座约束的约束力作用在垂直于圆柱销轴线的平面内，通过圆柱销的中心，由于主动力不确定，故固定铰支座对构件约束力的方向不能预先确定，通常用大小未知且相互垂直的两个分力表示，如图 1-12（c）所示。

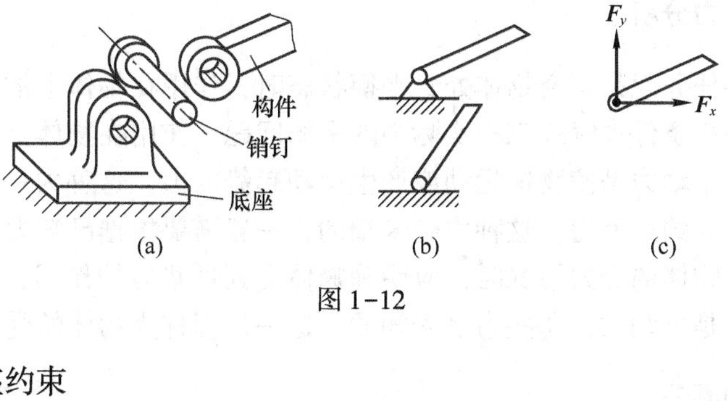

图 1-12

3. 活动铰支座约束

如果在固定铰链支座的底部安装一排滚轮，如图 1-13（a）所示，就可使支座沿固定支承面移动。这是工程中常见的一种复合约束，称为活动铰支座，也称为辊轴支座，这种支座常用于桥梁、屋架或天车等结构中。如图 1-13（b）简化所示。由于辊轴的作用，被支撑的梁可沿支承面的切线方向运动，故当作用力作用在垂直于销钉轴线的平面内时，活动铰支座的约束力必通过铰链中心，垂直于支撑面，指向待定，如图 1-13（c）所示。

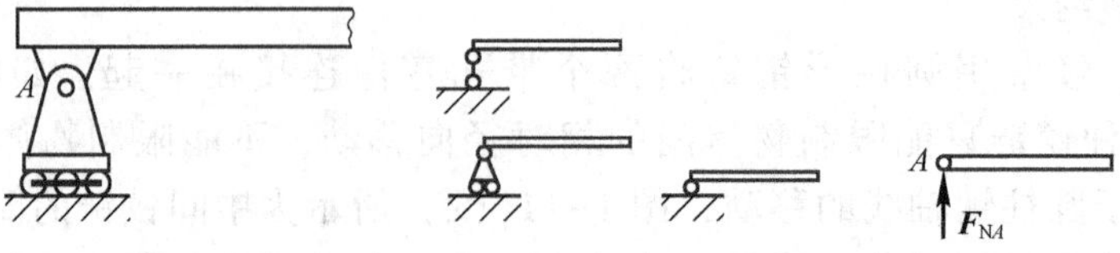

图 1-13

4. 轴承约束

如图 1-14（a）所示，径向轴承装置的轴可在孔内任意转动，也可以沿孔的中心线移动，但轴承阻碍着轴沿径向向外移动。如图 1-14（b）所示，当轴承和轴在 *A* 点接触时，轴承对轴的约束反力 ***F*** 作用在接触点 *A* 处，并沿公法线指向轴心。

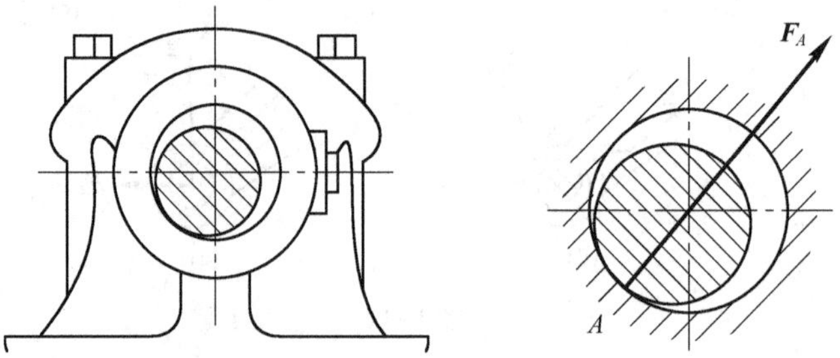

图 1-14

第四节 受力分析与受力图

一、物体的受力分析

静力学的主要任务就是研究物体处于平衡状态时，作用在物体上的力系所要满足的平衡条件，并利用平衡条件去解决工程实际中的平衡问题。作用在物体上的力通常分为主动力和被动力两种。主动力是使物体运动或产生运动趋势的力，这种力一般是已知的；被动力是指约束对物体的约束反力，这种力是未知的，一般需要根据已知力求出。

因此，在分析物体的受力情况时，应明确物体受到哪些力的作用，以及每个力的作用点和方向，哪些力是已知的，哪些力是未知的，这一过程称为物体的受力分析。

二、受力图的画法

在受力分析中，为了清晰地表示物体的受力情况，需要把受力物体从周围物体中分离出来，单独画出它的简图，这个步骤称为取研究对象或取分离体。然后把物体所受的所有力（包括主动力和约束力）全部画出来，这种表示物体受力的简明图形，称为受力图。在静力学中，恰当地选取研究对象，正确画出物体受力图是解决问题的关键。画受力图可通过以下几个步骤进行：

（1）确定研究对象，取分离体。待分析的某物体或物体系统称为研究对象。明确研究对象后，将其从周围物体或约束中分离出来，即解除研究对象所受到的全部约束，单独画出相应的简图，这个步骤称为取分离体。

（2）画主动力。画上该研究对象上所受的全部主动力。

（3）画约束反力。根据约束特性，正确画出所有的约束反力，并标明各力的符号及受力位置。

正确画出物体的受力图，是分析和解决力学问题的基础。下面通过例题来说明物体受力分析以及画受力图的方法与技巧。

【例1-1】 如图1-15（a）所示，用力 $\boldsymbol{F}$ 拉重为 $\boldsymbol{P}$ 的圆柱体，该圆柱体受到台阶的阻碍。试画出这种情况下该圆柱体的受力图（摩擦力忽略不计）。

解：

（1）以圆柱体为研究对象，并单独画出其简图。

（2）画主动力，即重力 $\boldsymbol{P}$ 和通过圆柱体轴心的拉力 $\boldsymbol{F}$。

（3）画约束反力。以 A 处为例，圆柱体在 A 处受到台阶的约束，不计摩擦，该处为光滑面约束，所以圆柱体在 A 处所受到的约束反力的方向应通过接触点 A，沿接触点 A 处的公法线指向圆柱体轴心。圆柱体在 B 处所受到的约束反力的情况与 A 处类似。

圆柱体的受力如图1-15（b）所示。

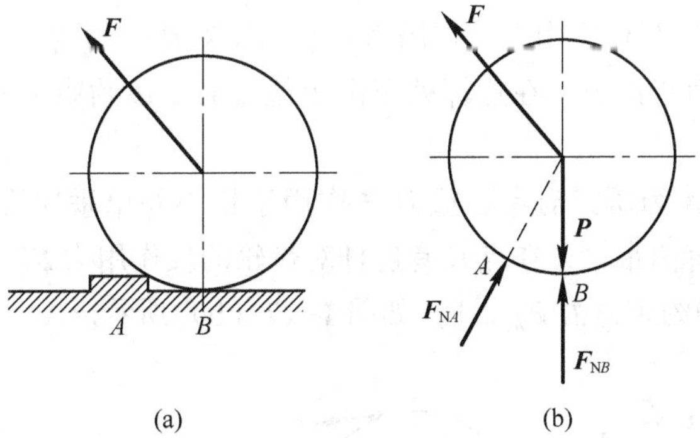

图1-15

【例1-2】 如图1-16（a）所示，重为 $\boldsymbol{P}$ 的球 A 处于平衡状态。试画出该球的受力图（所有接触均为光滑接触）。

解：

（1）取球 A 为研究对象，并单独画出其简图。

（2）画主动力，即重力 $\boldsymbol{P}$。

（3）画约束反力。首先，分析球 A 在与弧面接触处受到的约束反力 $\boldsymbol{F}_N$。球 A 与弧面的接触属于点接触，球 A 受到该弧面的约束为光滑面约束，所以球 A 在该处所受到的约束反力的方向应通过接触点，并沿接触点处的公法线指向球 A 的球心。其次，分析球 A 受到绳索的约束反力 $\boldsymbol{F}_T$。球 A 受到绳索的约束属于柔性约束，该约束的约束反力沿柔性体的轴线并背离被约束的物体（即球 A），即该约束反力为拉力。

球 A 的受力图如图1-16（b）所示。

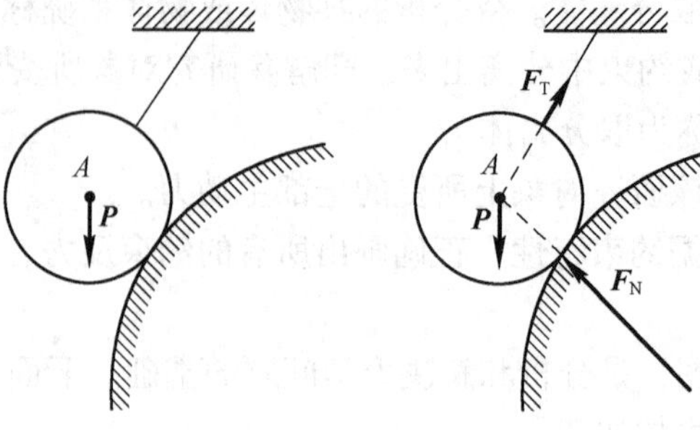

(a) (b)

图 1-16

【例 1-3】曲柄冲压机如图 1-17（a）所示。设带轮 *A* 的重量为 $\boldsymbol{P}$，其他构件的重量及冲头 *C* 所受的摩擦力略去不计，冲头 *C* 受工件阻力 $\boldsymbol{F}$ 作用。试画出带轮 *A*、连杆 *BC* 和冲头 *C* 的受力图。

解：

（1）注意到不计自重时连杆 *BC* 是二力杆，先取连杆 *BC* 为研究对象。力 $\boldsymbol{F}_B$、$\boldsymbol{F}_C$ 分别作用于 *B*、*C* 两点，且沿这两点的连线指向相反。受力图如图 1-17（c）所示。

（2）再以冲头 *C* 为研究对象。作用于冲头 *C* 上的力有工件对它的阻力 $\boldsymbol{F}$，连杆对冲头的作用力 $\boldsymbol{F}'_C$（$\boldsymbol{F}'_C$ 与 $\boldsymbol{F}_C$ 是作用力与反作用力）和滑道对冲头的约束力 $\boldsymbol{F}_{NC}$（因滑道是光滑面，故约束力 $\boldsymbol{F}_{NC}$ 垂直于滑道，在连杆处于图示位置时，该约束力向左）。冲头的受力图如图 1-17（d）所示。

（3）最后取带轮 *A* 为研究对象。重力 $\boldsymbol{P}$ 作用于轮心并铅垂向飞的胶带的约束力 $\boldsymbol{F}_1$、$\boldsymbol{F}_2$，分别沿 2 根胶带背离带轮，在点 *B* 有连杆对带轮的反作用力 $\boldsymbol{F}'_B$（$\boldsymbol{F}_B$ 与 $\boldsymbol{F}'_B$是作用力与反作用力），轴承 *A* 的约束力为 $\boldsymbol{F}_{Ax}$、$\boldsymbol{F}_{Ay}$ 如图 1-17（b）所示。

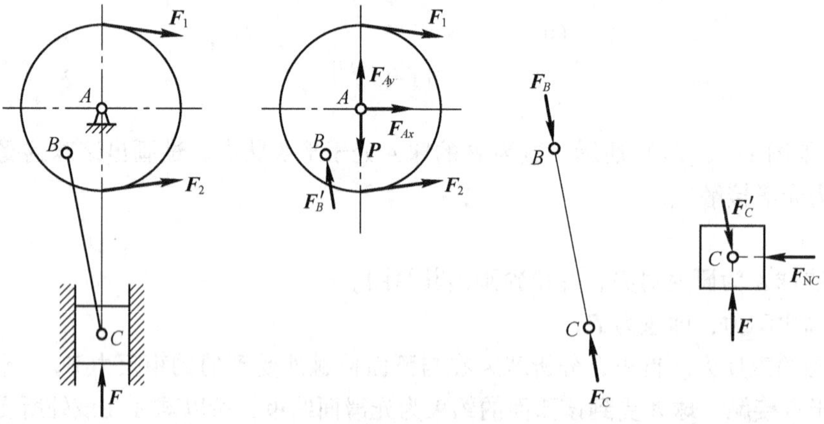

(a) (b) (c) (d)

图 1-17

【提示】通过上述例题，可以归纳总结出画受力图时应注意的事项。

（1）明确研究对象。根据求解需要，选定一个或多个物体为研究对象，或以整体为研究对象。

（2）确定研究对象的受力数目。分析所有以研究对象为受力体的力，同时要明确这些力的施力者，做到既不凭空增加力，也不漏掉一个力。通常情况下，可以先画已知的主动力，再画约束反力，并遵循约束反力原则。这要求我们既要熟练掌握几种常见约束的约束反力特点，又能灵活运用静力学公理及推论，如二力平衡公理、三力平衡汇交原理等，并对未知约束反力的方向作出正确判断。

（3）根据上述对研究对象的受力分析，画出受力图。

扩展阅读

中国古代建筑艺术瑰宝——应县木塔

应县木塔是中国也是世界上现存最古老和最高大的木结构楼阁大佛塔，塔总高为67.31m，底层直径为30.27m，如图1-18所示，比北京北海公园的白塔高出31.41m，比西安大雁塔高出3.21m。木塔平面为八角形，五外观足五层，但是塔内夹有暗层四级，实为九层，称为“明五暗四”。各明层外柱均立在下层外柱的梁架上，并向塔心收进半柱径，使塔的外观轮廓构成一条优美的逐层收分的曲线。塔内各层使用了中国传统的斜撑、梁枋和短柱等建筑方法，使整个塔连成一个整体。巍峨擎天的身躯、严谨精巧的结构、交错默契的斗拱，均令游人赞叹不绝，被誉为“建筑结构与使用功能设计合理的典范”。

这座塔是中国建筑史一个高峰，也是世界木造高塔建筑的杰出代表，如图1-19所示。有许多独特的建筑、艺术和宗教特点而广为人知。

图1-18　应县木塔

图1-19　木造高塔

比如，它为木卯榫结构，除塔刹外，整个木塔全部采用卯榫结构，没有一颗铁钉；

比如，全塔各层斗拱千奇百样，据古建专家清点，有54种之多，集辽代以前斗拱设计智慧之大成；

比如，奇特的双层石砌台基，“亞”字形上叠八角形，“明五暗四”共九层格局；

比如，八角形的塔身各层檐下，有历代帝王将相或官员文人名家题写的50多块匾额，艺术价值极高；

比如，木塔内供奉着两颗极其珍贵的释迦牟尼灵牙遗骨佛牙舍利。而全世界一共才有7颗佛牙舍利。

当你站在塔下仰望这历经千年磨难的古塔的身影，你不得不佩服古人的聪明才智和建筑施工质量。联想到当今有些建筑施工质量低劣，你又不得不佩服古人的责任感和质量意识。

思考与练习

1-1 试分别画出下列各物体的受力图，见题1-1图。

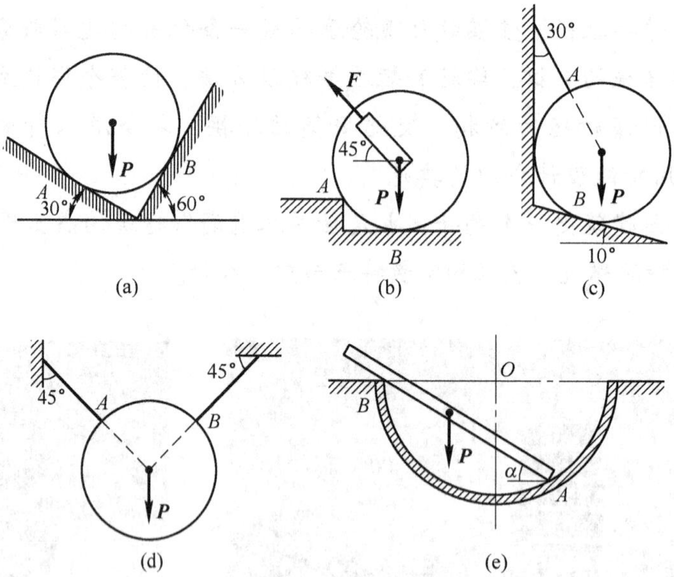

题1-1图

1-2 试作下列各杆件受力图，见题1-2图。

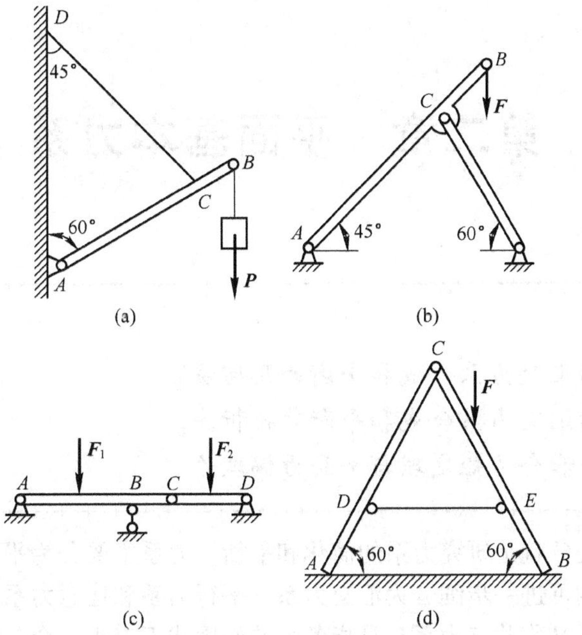

题 1-2 图

1-3　题 1-3 图所示厂房为三铰拱式屋架结构，吊车梁安装在屋架突出部分 D 和 E 上，它们为光滑接触约束。试分别画出吊车梁 DE，屋架 AC、BC 的受力图。

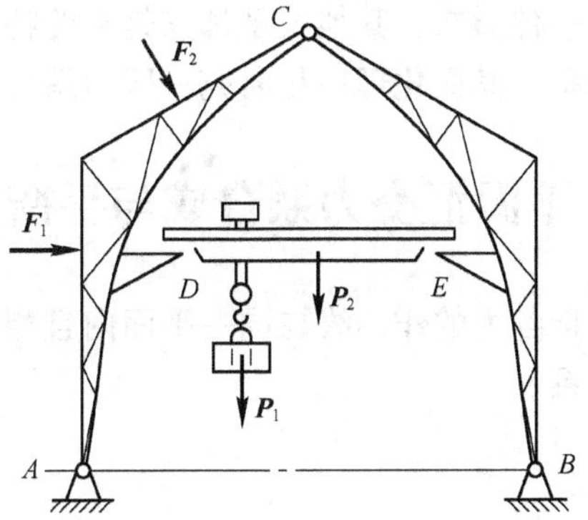

题 1-3 图

1-4　飞机舵面的操纵系统如题 1-4 图所示，各杆自重忽略不计。试分别画出操纵杆 AB，连杆 BD、DH 和舵面 O_1E 的受力图。

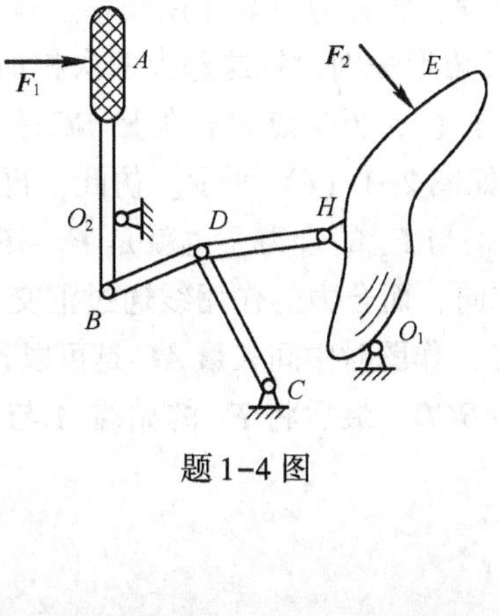

题 1-4 图

第二章 平面基本力系

学习目标

(1) 了解平面汇交力系合成和平衡的几何法。

(2) 了解平面汇交力系合成和平衡的解析法。

(3) 掌握力矩和合力矩定理与平面力偶理论。

静力学的主要任务就是研究力系的简化和平衡。力系主要分为平面力系和空间力系两大类，这两类力系均可进一步细分为汇交力系、平行力系和任意力系。

其中，汇交力系又称共点力系，是指各力的作用线汇交于一个公共点的力系；

平行力系是指各力的作用线相互平行的力系；

任意力系又称一般力系，是指各力的作用线既不平行也不相交于一点的力系。

各种类型的力系在工程实际中都会遇到，从力系的分类可以看出，空间任意力系是各种力系中最复杂、最普遍的一种形式，其他力系都只是它的特殊形式。平面汇交力系是工程中一种比较简单的常见力系，其简化理论是研究一般力系的基础。

第一节 平面汇交力系合成与平衡的几何法

所谓平面汇交力系，是指各力的作用线在同一平面内且相交于一点的力系，它是工程结构中常见的较为简单的力系。

一、力的合成

(一) 三力情况

设刚体上作用有汇交于同一点 O 的 3 个力 $\boldsymbol{F}_1$、$\boldsymbol{F}_2$、$\boldsymbol{F}_3$，如图 2-1 (a) 所示。显然，连续应用力的平行四边形法则，或力的三角形法则，就可以求出合力。

首先，根据力的可传性原理，将各力沿其作用线移至点 O，变为平面共点力系，如图 2-1 (b) 所示，然后按力的三角形法则，将这些力依次相加。为此，先选一点 A，按一定比例尺，作矢量 $\boldsymbol{AB}$ 平行且等于 $\boldsymbol{F}_1$，再从点 B 作矢量 $\boldsymbol{BC}$ 平行且等于 $\boldsymbol{F}_2$，于是矢量 AC 即表示力 $\boldsymbol{F}_1$ 与 $\boldsymbol{F}_2$ 的合力 $\boldsymbol{F}_{12}$，如图 2-1 (c) 所示。仿此，再从点 C 作矢量 CD 平行且等于 $\boldsymbol{F}_3$，于是矢量 $\boldsymbol{AD}$ 即表示力 $\boldsymbol{F}_{12}$ 与 $\boldsymbol{F}_3$ 的合力，也就是 $\boldsymbol{F}_1$、$\boldsymbol{F}_2$ 和 $\boldsymbol{F}_3$ 的合力 $\boldsymbol{F}_R$。其大小可由图上量出，方向即为图示方向，而合力的作用线通过汇交点 O，如图 2-1 (e) 所示。

其实，由图 2-1 (c) 可见，作图时中间矢量 $\boldsymbol{AC}$ 是可以省略的。只要把各矢量 $\boldsymbol{F}_1$、$\boldsymbol{F}_2$、$\boldsymbol{F}_3$ 首尾相接，形成一条折线 $ABCD$，最后将 $\boldsymbol{F}_1$ 的始端 A 与 $\boldsymbol{F}_3$ 的末端 D 相连，所得的矢

量 $\boldsymbol{AD}$ 就代表合力 $\boldsymbol{F}_R$ 的大小和方向。这个多边形 $ABCD$ 称为力多边形，而代表合力的 $\boldsymbol{AD}$ 边称为力多边形的封闭边。这种用几何作图求合力的方法称为平面汇交力系合成的几何法。

由于矢量加法满足交换律，故画力多边形时，各力的次序可以是任意的。改变力的次序，只影响力多边形的形状，而不影响最后所得合力的大小和方向，如图 2-1（d）所示。但应注意，各分力矢量必须首尾相接，而合力矢量的方向则是从第一个力的起点指向最后一个力的终点。

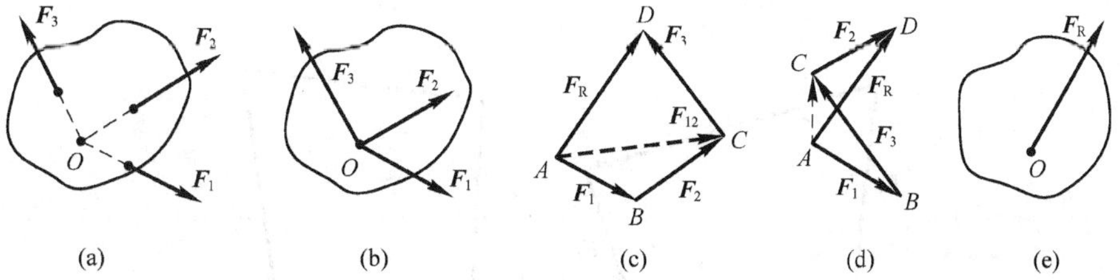

图 2-1

（二）一般情况

上述方法可以推广到包含任意个力的汇交力系求合力的情况，合力的大小和方向仍由力多边形的封闭边来表示，其作用线仍通过各力的汇交点，即合力等于力系中各力的矢量和（或几何和），其表达式为

$$\boldsymbol{F}_R = \boldsymbol{F}_1 + \boldsymbol{F}_2 + \cdots + \boldsymbol{F}_n = \sum_{i=1}^{n} \boldsymbol{F}_i \tag{2-1}$$

二、力的平衡

在刚体静力学中，平面汇交力系合成的结果通常是一个不等于零的合力。显然，如果合力 $\boldsymbol{F}_R$ 等于零，则刚体必处于平衡；反之，如果刚体处于平衡，则合力 $\boldsymbol{F}_R$ 应等于零。所以，刚体在平面汇交力系作用下平衡的必要和充分条件是合力 $\boldsymbol{F}_R$ 等于零，用矢量式表示为

$$\boldsymbol{F}_R = 0 \quad 或 \quad \sum_{i=1}^{n} \boldsymbol{F}_i = 0 \tag{2-2}$$

在几何法中，平面汇交力系的合力 $\boldsymbol{F}_R$ 是由力多边形的封闭边来表示的，当合力 $\boldsymbol{F}_R$ 等于零时，力多边形的封闭边变为一个点，即力多边形中最后一个力的终点恰好与最初一个力的起点重合，构成了一个自行封闭的力多边形，如图 2-2（b）所示。所以，平面汇交力系平衡的必要和充分的几何条件是力多边形自行封闭。

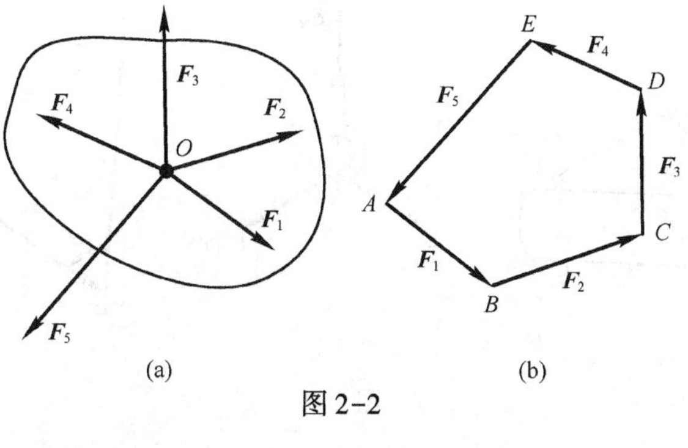

图 2-2

思考题

试指出图2-3所示各图中各个力之间的关系。

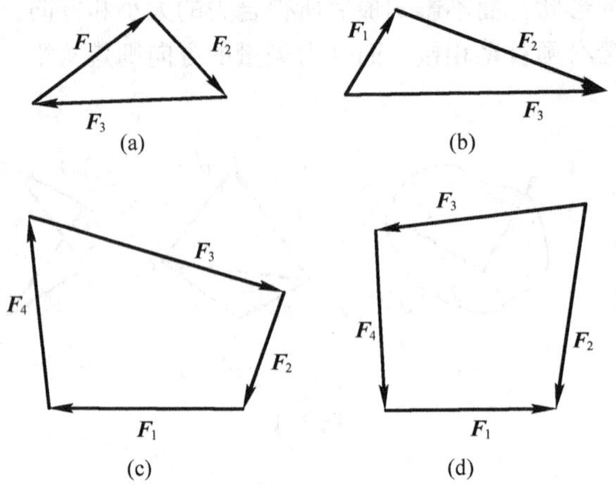

图2-3

【例2-1】图2-4（a）所示为起重机起吊一钢管而处于平衡时的情况。已知钢管重 $P=4kN$，$\alpha=60°$；不计吊索和吊钩的重量。试求铅垂吊索和钢丝绳 AB、AC 中的拉力。

解：

（1）根据题意，先选整体为研究对象。画受力图如图2-4（a）所示，由二力平衡条件，显然 $\boldsymbol{F}_N=P=4kN$。

（2）再取吊钩 A 为研究对象。吊钩受铅垂吊索的拉力 $\boldsymbol{F}_N$ 和钢丝绳拉力 $\boldsymbol{F}_{N1}$ 和 $\boldsymbol{F}_{N2}$ 的作用，其受力图如图2-4（b）所示。这是一个平面汇交力系，根据平衡的几何条件，这3个力构成的力三角形应自行封闭。现作力三角形，任选一点 a，作矢量 $\boldsymbol{ab}$ 平行且等于 $\boldsymbol{F}_N$，再从 a 和 b 两点分别作两条直线与 $\boldsymbol{F}_{N1}$、$\boldsymbol{F}_{N2}$ 相平行，它们相交于点 c，于是得到封闭的力三角形 abc。按各力首尾相接的次序，标出 bc 和 ca 的指向，则矢量 $\boldsymbol{bc}$ 代表 $\boldsymbol{F}_{N2}$，矢量 $\boldsymbol{ca}$ 代表 $\boldsymbol{F}_{N1}$，如图2-4（c）所示。依力的三角形法则，Δabc 为等边三角形，故有 $\boldsymbol{F}_N=\boldsymbol{F}_{N1}=\boldsymbol{F}_{N2}=4kN$。由此可知，用平面汇交力系的几何法，可以求出两个未知力的大小，并能确定其指向。

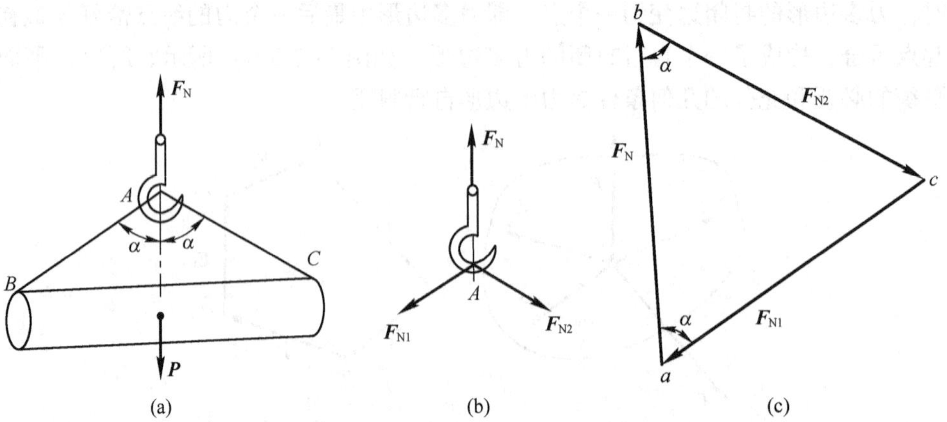

图2-4

【例 2–2】支架 ABC 由横杆 AB 与支撑杆 BC 组成，如图 2–5（a）所示。A、B、C 处均为铰链连接，且支架处于平衡状态，B 端悬挂重物，其重力 $\boldsymbol{P}=5\text{kN}$，杆与吊索重量不计，试求两杆所受的力。

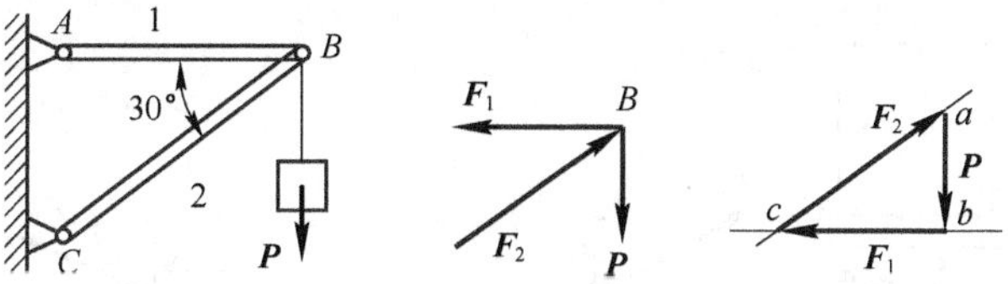

(a)　(b)　(c)

图 2–5

解：

（1）选择研究对象，以销子 B 为研究对象。

（2）受力分析，画受力图。由于 AB、BC 杆自重不计，杆端为铰链，故均为二力杆，两端所受的力的作用线必过直杆的轴线，其反作用力 $\boldsymbol{F}_1$、$\boldsymbol{F}_2$ 作用于 B 点。此外，绳子的拉力 $\boldsymbol{P}$（大小等于物体的重力）也作用于 B 点，$\boldsymbol{F}_1$、$\boldsymbol{F}_2$、$\boldsymbol{P}$ 组成平面汇交力系，其受力图如图 2–5（b）所示。

（3）根据平衡几何条件求出未知力。当销子 B 平衡时，三力组成一封闭力三角形，先画 $\boldsymbol{P}$，过矢量 $\boldsymbol{P}$ 的起止点 a、b 分别作 $\boldsymbol{F}_2$、$\boldsymbol{F}_1$ 的平行线，汇交于 c 点，于是得力三角形 abc，则线段 bc 的长度为 $\boldsymbol{F}_1$ 的大小，线段 ca 的长度为 $\boldsymbol{F}_2$ 的大小，力的指向符合首尾相接的原则，如图 2–5（c）所示。由平衡几何关系求得

$$F_1 = \boldsymbol{P}\cot 30° = \sqrt{3}\boldsymbol{P} = 8.66\text{kN}$$

$$F_2 = \frac{\boldsymbol{P}}{\sin 30°} = 2\boldsymbol{P} = 10\text{kN}$$

根据受力图可知，AB 杆为拉杆，BC 杆为压杆。

三、三力平衡汇交定理

若刚体受 3 个力作用而平衡，且其中 2 个力的作用线相交于一点，则 3 个力的作用线必汇交于同一点，而且共面。

【例 2–3】如图 2–6（a）所示，电动机重 $\boldsymbol{P}=5\text{kN}$，放在水平梁 AC 中央。梁的 A 端以铰链固定，另一端以支撑杆 BC 支持，支撑杆与水平梁轴线成 30°角，忽略梁和支撑杆所受的重力，试求圆柱铰链 C 以及固定铰支座 A 的约束反力。

解：

（1）以梁 AB 为研究对象。

（2）对研究对象进行受力分析。此时由重力 $\boldsymbol{P}$、圆柱铰链 C 处的约束反力 $\boldsymbol{F}_{BC}$ 以及固定铰支座 A 处的约束反力 $\boldsymbol{F}_{AC}$ 构成平衡力系，且 3 力汇交于一点。梁 AC 的受力图如图 2–6（b）所示。

（3）利用平衡条件画出力多边形。由 $\boldsymbol{P}$、$\boldsymbol{F}_{BC}$ 和 $\boldsymbol{F}_{AC}$ 构成的力三角形如图 2–6（c）所示。

(4) 利用图形中的几何关系求解未知量，即

$$\boldsymbol{F}_{BC} = \boldsymbol{P} = 5\text{kN}, \quad \boldsymbol{F}_{AC} = \boldsymbol{P} = 5\text{kN}$$

故圆柱铰链 C 和固定铰支座 A 的约束反力大小均为 5kN，方向如图 2-6（b）所示。

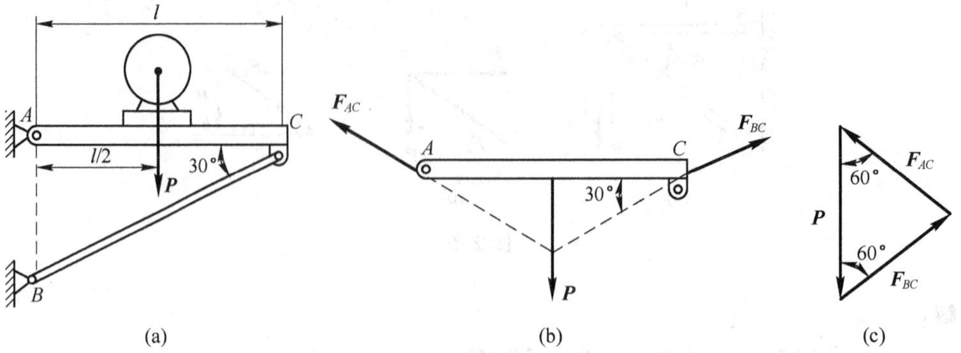

图 2-6

第二节　平面汇交力系合成与平衡的解析法

求解平面汇交力系合成与平衡问题的解析法是以力在坐标轴上的投影为基础的。

一、力在坐标轴上的投影

如图 2-7（a）所示，设在平面直角坐标系 Oxy 内有一已知力 $\boldsymbol{F}$，从力 $\boldsymbol{F}$ 的两端 A 和 B 分别向 x、y 轴作垂线，垂足 a、b 和 a'、b'之间的距离分别称为力 $\boldsymbol{F}$ 在 x 轴和 y 轴上的投影，以 $\boldsymbol{F}_x$ 和 $\boldsymbol{F}_y$ 表示。并且规定：当从力的始端投影到末端投影的方向与坐标轴的正向相同时，取正号，反之取负。图 2-7（a）中的 $\boldsymbol{F}_x$、$\boldsymbol{F}_y$ 均为正值，图 2-7（b）中的 $\boldsymbol{F}_x$ 为负值，$\boldsymbol{F}_y$ 为正值。所以，力在坐标轴上的投影是代数量。

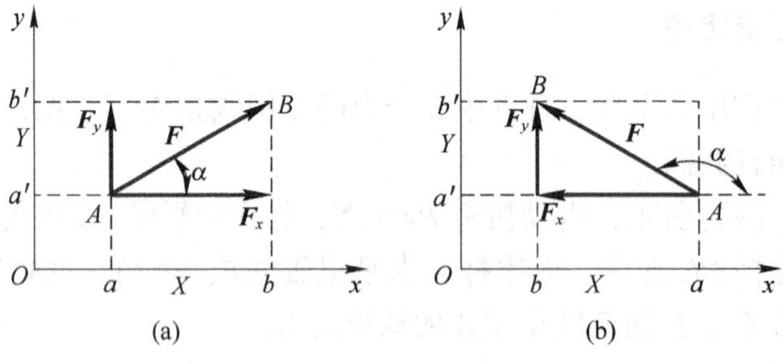

图 2-7

力的投影的大小可用三角公式计算，设力 $\boldsymbol{F}$ 与 x 轴的正向夹角为 α，则

$$\begin{aligned} \boldsymbol{F}_x &= \boldsymbol{F}\cos\alpha \\ \boldsymbol{F}_y &= \boldsymbol{F}\sin\alpha \end{aligned} \tag{2-3}$$

如将力 $\boldsymbol{F}$ 沿 x、y 坐标轴分解，所得分力 $\boldsymbol{F}_x$、$\boldsymbol{F}_y$ 的大小与力 $\boldsymbol{F}$ 在同轴的投影 X、Y 的绝对值相等，但必须注意：力的投影与分力是两个不同的概念。力的投影是代数量，而分

力是矢量。其关系可表示为

$$\boldsymbol{F} = \boldsymbol{F}_x + \boldsymbol{F}_y = X\boldsymbol{i} + Y\boldsymbol{j} \tag{2-4}$$

若已知力 $\boldsymbol{F}$ 在直角坐标轴上的投影 X、Y，则可按下式求出该力的大小和方向余弦为

$$\begin{gathered} F = \sqrt{F_x^2 + F_y^2} \\ \cos\alpha = \frac{F_x}{F_y} \end{gathered} \tag{2-5}$$

思考题

试分析在图2-8所示的非直角坐标系中，力 $\boldsymbol{F}$ 沿轴 x、y 方向的分力的大小与力 $\boldsymbol{F}$ 在轴 x、y 上的投影的大小是否相等。

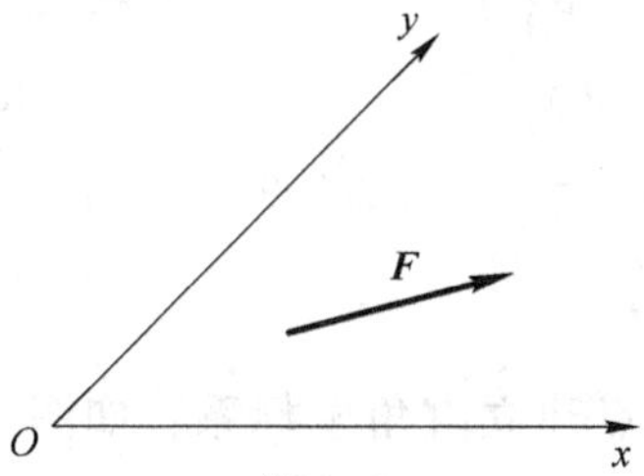

图2-8

二、合力投影定理

由 n 个力构成的平面汇交力系，其合力公式为：$\boldsymbol{F}_R = \sum\limits_{i=1}^{n} \boldsymbol{F}_i$，由此可得

$$\begin{gathered} F_{Rx} = F_{1x} + F_{2x} + F_{3x} + \cdots + F_{nx} = \sum_{i=1}^{n} F_{ix} \\ F_{Ry} = F_{1y} + F_{2y} + F_{3y} + \cdots + F_{ny} = \sum_{i=1}^{n} F_{iy} \end{gathered} \tag{2-6}$$

简写为：

$$\begin{cases} F_{Rx} = \sum F_x \\ F_{Ry} = \sum F_y \end{cases} \tag{2-7}$$

即合力在任一轴上的投影等于各分力在同一轴上投影的代数和，这就是合力投影定理。

三、平面汇交力系合成与平衡的解析法

设由 n 个力组成的平面汇交力系作用于刚体上，那么此力系的合力 $\boldsymbol{F}_R$ 在直角坐标系中的解析表达式为

$$\boldsymbol{F}_R = \boldsymbol{F}_{Rx} + \boldsymbol{F}_{Ry} \tag{2-8}$$

则

$$F_R = \sqrt{F_{Rx}^2 + F_{Ry}^2} = \sqrt{\left(\sum F_x\right)^2 + \left(\sum F_y\right)^2} \tag{2-9}$$

$$\tan\alpha = \left|\frac{F_{Ry}}{F_{Rx}}\right| = \left|\frac{\sum F_y}{\sum F_x}\right| \tag{2-10}$$

式中，a 为合力 F_R 与轴 x 所夹的锐角。合力指向由 F_{Rx}、F_{Ry} 的正负号从中判定。

这种运用合力投影定理，用解析计算的方法求合力的大小和方向，称为解析法。

【例 2-4】一吊环受到 3 条钢丝绳的拉力，如图 2-9（a）所示。已知 $F_1=2000N$，水平向左；$F_2=2500N$，与水平方向成 30°；$F_3=1500N$，铅垂向下，试用解析法求合力的大小和方向。

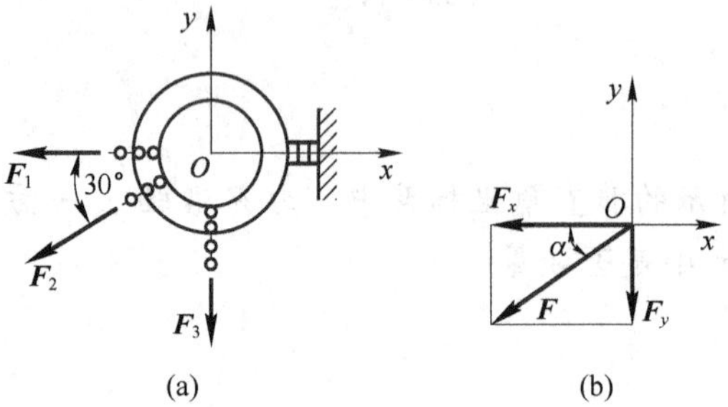

图 2-9

解：

以三力的交点 O 为坐标原点建立直角坐标系，如图 2-9 所示，先分别计算各力的投影。

$$F_{1x}=-F_1=-2000N$$
$$F_{2x}=-F_2\cos30°=-2500\times0.866=-2165N$$
$$F_{3x}=0$$
$$F_{1y}=0$$
$$F_{2y}=-F_2\sin30°=-2500\times0.5=-1250N$$
$$F_{3y}=-F_3=-1500N$$

可得

$$F_x=\sum_{i=1}^{n=3}F_{ix}=-2000-2165+0=-4165N$$
$$F_y=\sum_{j=1}^{n=3}F_{jy}=0-1250-1500=-2750N$$
$$F=\sqrt{F_x^2+F_y^2}=\sqrt{(-4165)^2+(-2750)^2}=4991N$$

由于 F_x 和 F_y 都是负值，所以合力 F 应在第三象限，如图 2-9（b）所示。

$$\tan\alpha=\left|\frac{F_y}{F_x}\right|=\frac{2750}{4165}=0.660$$
$$\alpha=33.4°$$

四、平衡方程

平面汇交力系平衡的必要和充分条件是该力系的合力为零，即 $F_R=0$。由式（2-9）可知，要使 $F_R=0$，必须也只须

$$\sum F_x=0\quad\sum F_y=0\tag{2-11}$$

即平面汇交力系平衡的解析条件是：力系中所有各力在2个坐标轴中每一轴上的投影的代数和均等于零。利用平衡方程，可以求解2个未知量。在求解平衡问题时，若事先不能判明未知力的指向，可暂时假定。如计算结果为正值，则表示所设力的指向是正确的；如为负值，则说明所设力的指向与实际指向相反。

【例2-5】 如图2-10（a）所示，重量为 $\boldsymbol{P}=5\text{kN}$ 的球悬挂在绳上，且和光滑的墙壁接触，绳和墙的夹角为30°。试求绳和墙对球的约束力。

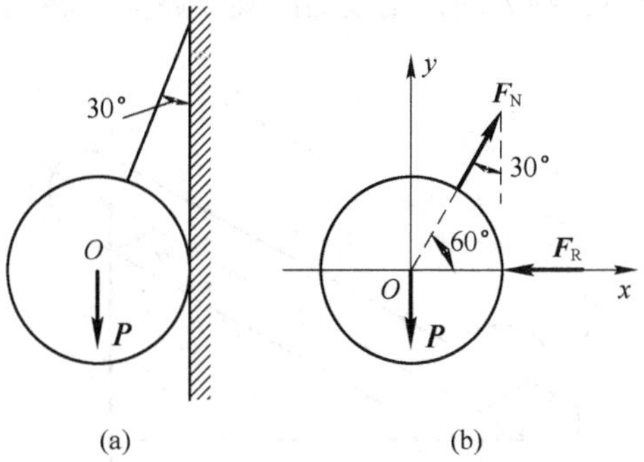

图2-10

解：

（1）选研究对象。因已知的重力 $\boldsymbol{P}$ 和待求的约束力都作用在球上，故应选球为研究对象。

（2）画受力图。图中 $\boldsymbol{F}_{\text{R}}$ 是墙对球的约束力，$\boldsymbol{F}_{\text{N}}$ 为绳对球的约束力，如图2-10（b）所示。

（3）选坐标系。选定水平方向和铅垂方向为坐标轴的方向，则 $\boldsymbol{P}$ 与轴 y 重合，$\boldsymbol{F}_{\text{N}}$ 与轴 x 成60°。

（4）根据平衡条件列平衡方程。可先求出各力在轴 x、y 上的投影，见表2-1，于是解得

$$\sum \boldsymbol{F}_x = 0 \quad \boldsymbol{F}_N\cos60° - \boldsymbol{F}_{\text{R}} = 0$$

$$\sum \boldsymbol{F}_y = 0 \quad \boldsymbol{F}_N\sin60° - \boldsymbol{P} = 0$$

则有

$$\boldsymbol{F}_{\text{N}} = \frac{\boldsymbol{P}}{\sin60°} = \frac{5}{0.866} = 5.77\text{kN}$$

$$\boldsymbol{F}_{\text{R}} = \boldsymbol{F}_{\text{N}}\cos60° = 5.77 \times 0.5 = 2.89\text{kN}$$

表2-1　各力在轴 x、y 上的投影

投影	力		
	$\boldsymbol{F}_{\text{N}}$	$\boldsymbol{F}_{\text{R}}$	$\boldsymbol{P}$
$\boldsymbol{F}_x$	$\boldsymbol{F}_{\text{N}}\cos60°$	$-\boldsymbol{F}_{\text{R}}$	0
$\boldsymbol{F}_y$	$\boldsymbol{F}_{\text{N}}\sin60°$	0	$-\boldsymbol{P}$

第三节　平面力矩与合力矩定理

一、力对点之矩

如图 2-11 所示，用扳手转动螺母时，作用于扳手 A 点的力 $\boldsymbol{F}$ 可使扳手与螺母一起绕螺母中心点 O 转动。螺母中心到力的作用线的距离 d 越大，转动效果就越好，且越省力。

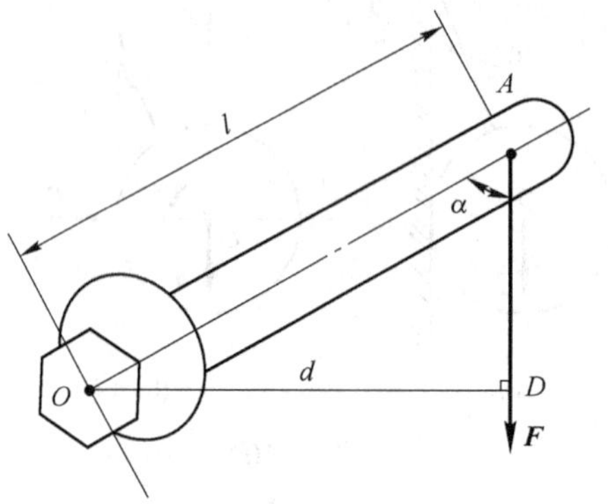

图 2-11

由此可知，力的这种转动效应不仅与力的大小、方向有关，还与转动中心至力的作用线的垂直距离 d 有关。因此，我们用乘积 Fd 定义为力使物体绕点 O 产生转动效应的度量，称为力 $\boldsymbol{F}$ 对点 O 之矩，简称力矩，用符号 $M_O(\boldsymbol{F})$ 表示，即

$$M_O(\boldsymbol{F}) = \pm \boldsymbol{F},\ d \tag{2-12}$$

式中，点 O 称为力矩中心，简称矩心；d 称为力臂。

在平面问题中，力对点的矩是一个代数量，力矩的大小等于力的大小与力臂的乘积。"±"号表示力矩的转向，规定力使物体绕矩心逆时针转动为正，顺时针转动为负。力矩的单位为 N · m 或 kN · m。

由力矩的定义可知：

（1）力对任一已知点之矩，不会因该力沿作用线移动而改变。

（2）力的作用线如通过矩心，则力矩为零；反之，如果一个力其大小不为零，而它对某点之矩为零，则此力的作用线必通过该点。

（3）互成平衡的两个力对同一点之矩的代数和为零。

二、合力矩定理

如果平面力系 $\boldsymbol{F}_1$，$\boldsymbol{F}_2$，…，$\boldsymbol{F}_n$ 可以合成为一个合力 $\boldsymbol{F}_R$，则可以证明

$$M_O(\boldsymbol{F}_R) = M_O(\boldsymbol{F}_1) + M_O(\boldsymbol{F}_2) + \cdots + M_O(\boldsymbol{F}_n) = \sum_{i=1}^{n} M_O(\boldsymbol{F}_i) \tag{2-13}$$

这表明，平面力系的合力对平面内任一点的矩等于力系中各分力对于同一点力矩的代数和。这一结论称为合力矩定理。

利用合力矩定理，可以建立力矩计算的解析表达式。如图 2-12 所示，已知力 $\boldsymbol{F}$ 作用

于点 A（x，y），求力 $\boldsymbol{F}$ 对坐标原点 O 的矩。根据合力矩定理，力 $\boldsymbol{F}$ 对坐标原点 O 的矩等于力 $\boldsymbol{F}$ 的 2 个分力 $\boldsymbol{F}_x$ 和 $\boldsymbol{F}_y$ 对坐标原点 O 的矩的代数和。即

$$M_O(\boldsymbol{F}) = M_O(\boldsymbol{F}_x) + M_O(\boldsymbol{F}_y) = x\boldsymbol{F}_y - y\boldsymbol{F}_x \tag{2-14}$$

式中，$\boldsymbol{F}_x$、$\boldsymbol{F}_y$ 为力 $\boldsymbol{F}$ 在 x、y 轴上的投影。

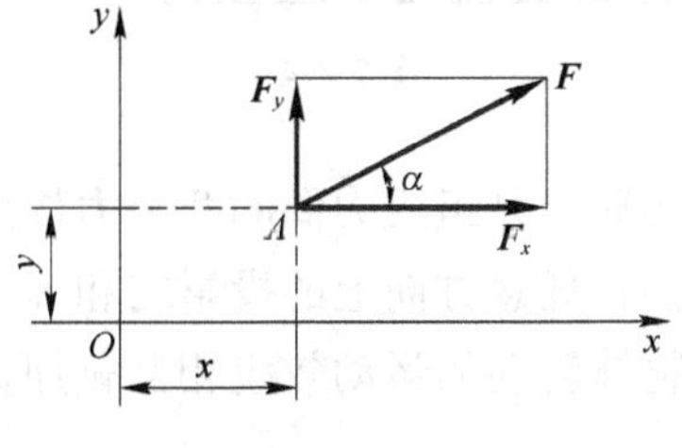

图 2-12

【例 2-6】如图 2-13（a）所示，力 $\boldsymbol{F}$ 作用于支架的 C 点上。已知 $F=1200\text{N}$，$a=140\text{mm}$，$b=120\text{mm}$。试求力 $\boldsymbol{F}$ 对其作用面内点 A 之矩。

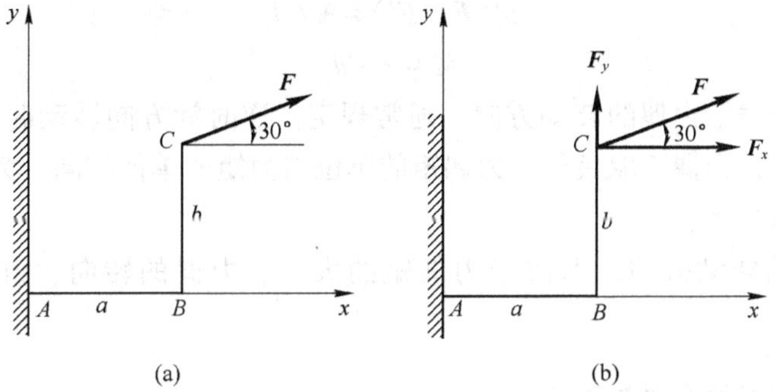

图 2-13

解：如图 2-13（b）所示，为便于计算，可先把力 $\boldsymbol{F}$ 分解为水平和垂直方向上的 2 个分力，并利用合力矩定理求解，即

$$M_A(\boldsymbol{F}) = M_A(\boldsymbol{F}_x) + M_A(\boldsymbol{F}_y) = -b\boldsymbol{F}_x + a\boldsymbol{F}_y \approx -40.7\text{N}\cdot\text{m}$$

负号表示力 $\boldsymbol{F}$ 使支架绕矩心 A 顺时针方向转动。

第四节　平面力偶理论

一、力偶和力偶矩的概念

（一）力偶

在生产和生活实践中，为了使物体发生转动，常常在物体上施加一对大小相等、方向相反的平行力。例如，用螺丝刀装卸螺钉、汽车司机旋转方向盘、钳工用丝锥攻丝等都属于上述情况。把这种大小相等、方向相反、作用线平行的一对力（$\boldsymbol{F}$，$\boldsymbol{F}'$）称为力偶，如图 2-14 所示。力偶中两个力所在的平面称为力偶的作用平面；两个力的作用线之间的垂直距离称为力偶臂，用 d 表示。

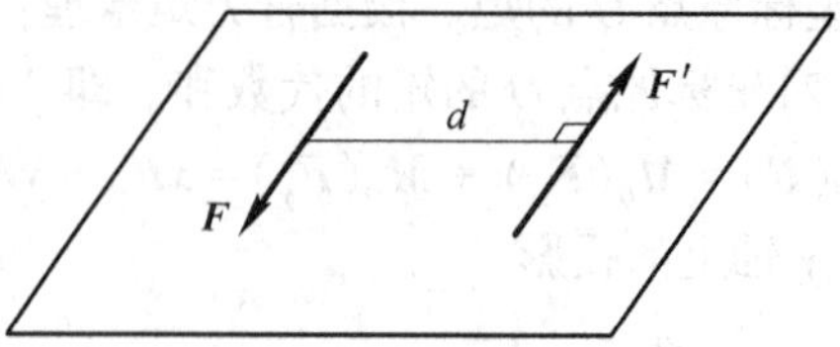

图 2-14

力偶对物体的作用效果，实质上是组成力偶的两个力作用效果的叠加。由于这两个力大小相等、方向相反，所以它们在任意方向上的投影之和等于零，其作用效果是使物体平移的运动效应相互抵消，并使物体转动的运动效应相互叠加。因此，力偶对物体作用的外效应仅使物体发生转动。

（二）力偶矩

力偶对物体的转动效应可用力与力偶臂的乘积 $\boldsymbol{F}d$ 加上区分力偶在作用面内的两种不同转向的正负号来度量，这一物理量称为力偶矩，以符号 M（$\boldsymbol{F}$，$\boldsymbol{F}'$）或 M 表示，即

$$M(\boldsymbol{F},\ \boldsymbol{F}') = \pm \boldsymbol{F}d$$

或

$$M = \pm \boldsymbol{F}d \tag{2-15}$$

式中的正负号表示力偶的转动方向。通常规定：逆时针方向转动时，力偶矩取正号；顺时针方向转动时，力偶矩取负号。力偶矩的单位与力矩的单位相同，为 N · m。

（三）力偶的三要素

力偶对物体的转动效应，取决于力偶矩的大小、力偶的转向、力偶的作用面 3 个因素。

二、平面力偶系的合成与平衡

作用在同一物体上同一平面或平行平面内的多个力偶组成的力系，称为平面力偶系，如图 2-15 所示。由于平面内的力偶对物体的作用效果只取决于力偶的大小和力偶的转向，所以平面力偶系合成的结果必然是一个合力偶，并且其合力偶矩应等于各分力偶矩的代数和。设平面力偶系由力偶矩为 M_1，M_2，…，M_n 的 n 个力偶组成，则该力偶系合成后的合力偶为

$$M = \sum_{i=1}^{n} M_i \tag{2-16}$$

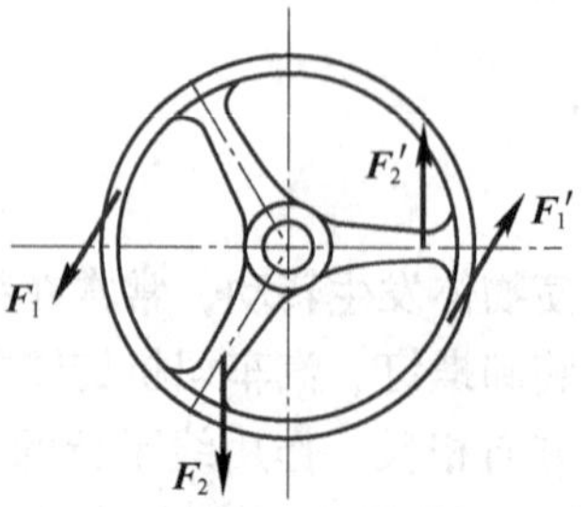

图 2-15

由于平面力偶系合成的结果只能是一个合力偶，当其合力偶矩等于零时，表明使物体转动的力偶矩为零，物体处于平衡状态。因此，平面力偶系平衡的充分和必要条件是：所有力偶矩的代数和等于零。即

$$\sum_{i=1}^{n} M_i = 0 \tag{2-17}$$

式（2-17）称为平面力偶系的平衡方程。应用平面力偶系的平衡方程可以求解一个未知量。

【例 2-7】 如图 2-16 所示，长方体上作用有两个力偶，其中 $\boldsymbol{F}_1 = \boldsymbol{F}_1' = 2\text{kN}$，$\boldsymbol{F}_2 = \boldsymbol{F}_2' = 5\text{kN}$。求此力偶系之合力偶矩。

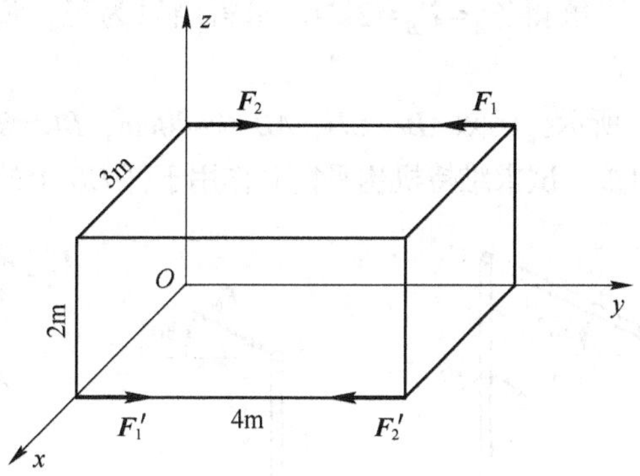

图 2-16

解：各力偶的力偶矩为

$$M_1 = M(\boldsymbol{F}_1,\ \boldsymbol{F}_1') = 2 \times \sqrt{2^2 + 3^2} = 2\sqrt{13}\,\text{kN}\cdot\text{m}$$

$$M_2 = M(\boldsymbol{F}_2,\ \boldsymbol{F}_2') = -5 \times \sqrt{2^2 + 3^2} = -5\sqrt{13}\,\text{kN}\cdot\text{m}$$

故此力偶系之合力偶矩为

$$M = M_1 + M_2 = -3\sqrt{13}\,\text{kN}\cdot\text{m}$$

其值为负，说明合力偶矩为顺时针方向。

【例 2-8】 如图 2-17（a）所示，梁 AB 上作用有两个平行力 $\boldsymbol{F}$、$\boldsymbol{F}'$ 和一个力偶 M。已知 $l = 5.0\text{m}$，$a = 1.0\text{m}$，$\boldsymbol{F} = \boldsymbol{F}' = 30\text{kN}$，$M = 20\sqrt{2}\,\text{kN}\cdot\text{m}$，不计梁自重。试求支座 A 和 B 对梁 AB 的约束反力。

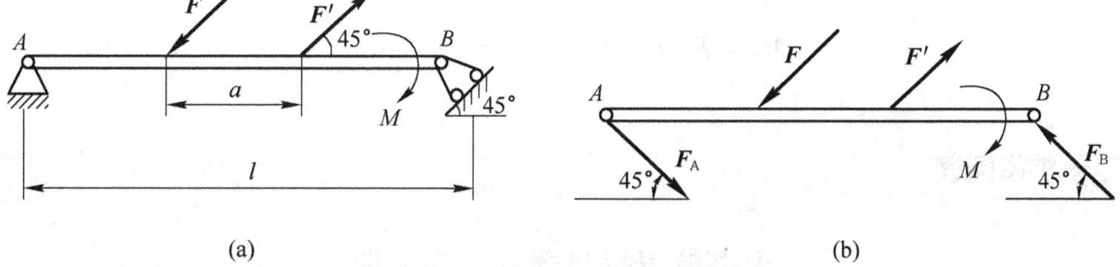

(a)　(b)

图 2-17

解：

(1) 以梁 AB 为研究对象。

(2) 分析梁 AB 受力情况。梁 AB 在水平面内受到两个力偶 $(\boldsymbol{F}, \boldsymbol{F}')$ 和 M，以及两个约束反力 $\boldsymbol{F}_A$ 和 $\boldsymbol{F}_B$ 的作用而处于平衡状态。由力偶系平衡条件知，支座 A 和 B 对梁 AB 的约束反力 $\boldsymbol{F}_A$ 和 $\boldsymbol{F}_B$ 应构成一个力偶，且与原合力偶平衡。又因为力 $\boldsymbol{F}_B$ 的方向垂直于滚动支座支承面，并假设其指向如图2-17 (b) 所示，从而可以确定 $\boldsymbol{F}_A$ 的方向。于是有 $\boldsymbol{F}_A=\boldsymbol{F}_B$，且满足力偶系平衡条件。

(3) 根据力偶系平衡条件列出方程，并求解未知量，该方程为

$$\sum M = aF\cos45° - M + lF_B\cos45° = 0$$

将题中条件代入后，可解得 $\boldsymbol{F}_A=\boldsymbol{F}_B=2\text{kN}$。求得结果为正，说明力 $\boldsymbol{F}_A$ 和 $\boldsymbol{F}_B$ 的方向与假设方向相同。

【例 2-9】 如图2-18 (a) 所示，已知 $AB//CD$，$AB=l=40\text{cm}$，$BC=60\text{cm}$，作用于杆 AB 上的力偶矩 $M_1=60\text{N}\cdot\text{m}$，不计自重，试求维持机构平衡时作用于杆 CD 上的力偶矩 M_2 应为多少。

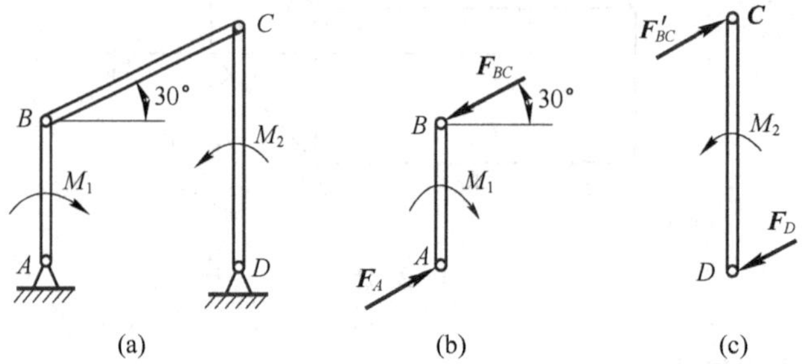

图 2-18

解：

(1) 受力分析。杆件两端铰链连接，不计自重，是二力杆。

(2) 分别取杆 AB、CD 为研究对象，取分离体画受力图如图 2-18 (b)、(c) 所示，杆 AB、CD 作用力偶，分别列平衡方程得

对杆 AB： $\sum_{i=1}^{n} M_i = 0 \qquad \boldsymbol{F}_{BC}\cos30°\cdot l - M_1 = 0$

$$\boldsymbol{F}_{BC}\cos30° = M_1/l = 150\text{N}$$

对杆 CD： $\sum_{i=1}^{n} M_i = 0 \qquad -\boldsymbol{F}_{BC}\cos30°\cdot\overline{CD} + M_2 = 0$

由图可知 $\overline{CD} = 70\text{cm}$

$$M_2 = \boldsymbol{F}_{BC}\cos30°\cdot\overline{CD} = 105\text{N}\cdot\text{m}$$

扩展阅读

大型航母推进器——螺旋桨

螺旋桨是由一群翼面构建而成，因此它的作用原理与机翼相似。机翼是靠翼面的

几何变化与入流的攻角使流经翼面上下的流体有不同的速度，速度的不同会造成翼面上下表面压力的不同，因而产生升力。构成螺旋桨叶片的翼面的运动是由螺旋桨的前进与旋转合成的。若不考虑水与表面间摩擦力的影响，翼面的升力在前进方向的分量就是螺旋桨的推力，而在旋转方向的分量就是航母主机须克服的转矩力。螺旋桨通过加速通过的水，水同时对螺旋桨的转动产生力偶，造成水动量增加，产生反作用力而推动航母前进。

大型船舶的螺旋桨技术曾在相当长的时间里成为阻碍中国大型船舶发展的一个屏障。参照美国布什号航母螺旋桨的数据：尼米兹级 CVN 77 布什号航母螺旋桨直径 6.4m，一艘航母有 4 个螺旋桨，每个螺旋桨有 5 片桨叶，每片桨叶的重量是 30t，大概估算螺旋桨的总重就达 600t。那么中国辽宁号航母的螺旋桨直径至少在 4.5m，总重也在 400t。这是一个考验大国工业巨型构件技术水准的领域，我国在大型船舶建造技术领域已经获得了质的飞跃。

思考与练习

2-1 如题 2-1 图所示，已知 $\boldsymbol{F}_1=150\text{N}$，$\boldsymbol{F}_2=200\text{N}$，$\boldsymbol{F}_3=250\text{N}$ 及 $\boldsymbol{F}_4=100\text{N}$，试分别用几何法和解析法求这四个力的合力。

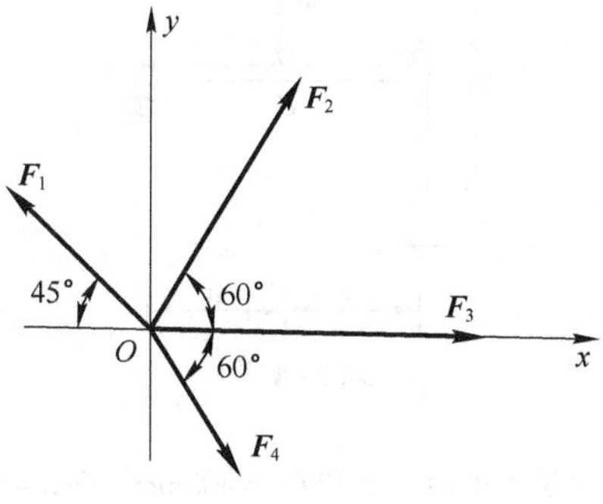

题 2-1 图

2-2 题 2-2 图所示压路的碾子 O 重 $\boldsymbol{P}=20\text{kN}$，半径 $R=400\text{mm}$。试求碾子越过高度 $\delta=80\text{mm}$ 的石块时所需最小的水平拉力 $\boldsymbol{F}_{\min}$（设石块不动）。

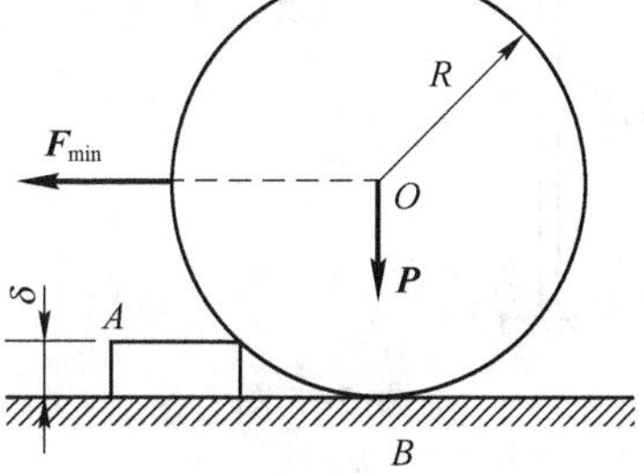

题 2-2 图

2-3　简易起重机用钢丝绳吊起重 $\boldsymbol{P}$=2kN 的物体。题 2-3 图所示起重机由杆 *AB*、*AC* 及滑轮 *A*、*D* 组成，不计杆及滑轮的自重。试求平衡时杆 *AB*、*AC* 所受的力（忽略滑轮尺寸）。

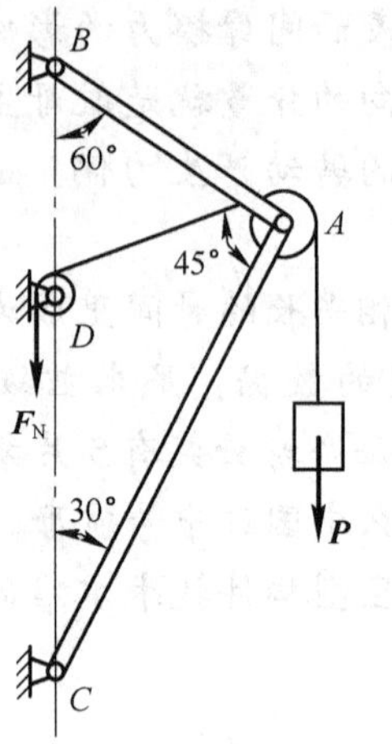

题 2-3 图

2-4　在题 2-4 图所示结构中，已知力偶 *M* 作用在 *DE* 杆上，尺寸如图，各杆自重不计。试求 *A*、*C* 处的约束力。

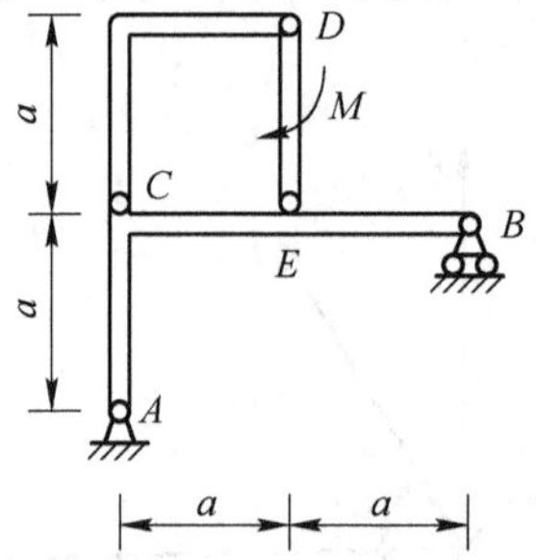

题 2-4 图

2-5　机构 *OABO*，在题 2-5 图所示位置平衡。已知 *OA*=400mm，O_1B=600mm，作用在 *OA* 上的力偶的力偶矩之大小 $|M_{e1}|$=1N. m。试求力偶矩 M_{e2} 的大小和杆 *AB* 所受的力。

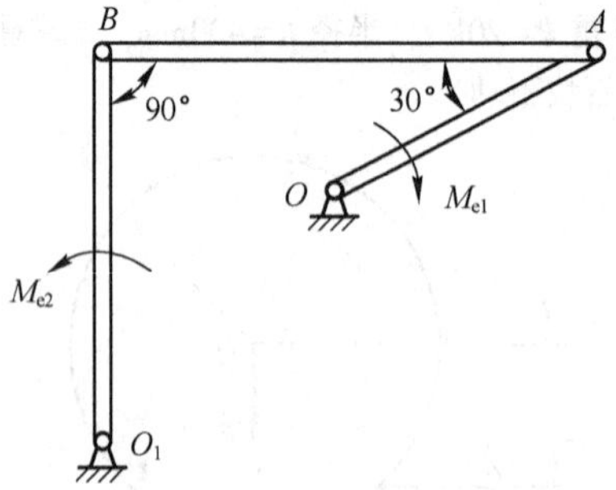

题 2-5 图

第三章　平面任意力系

学习目标

（1）熟练掌握平面任意力系简化的方法。

（2）了解平面任意力系的平衡方程与特殊形式的平衡方程应用。

（3）了解物系平衡以及物系静定与超静定状态。

悬臂吊车如图3-1（a）所示，分析横梁 AB 的受力。画受力分析图，如图3-1（b）所示，可以看出 AB 受到的所有力既不是汇交于一点的汇交力系，也不能形成力偶系。实际上，作用在物体上的力系，若各力的作用线在同一平面内，但既不平行又不汇交于一点，则形成一个平面任意力系。本章主要研究平面任意力系的简化和平衡问题。

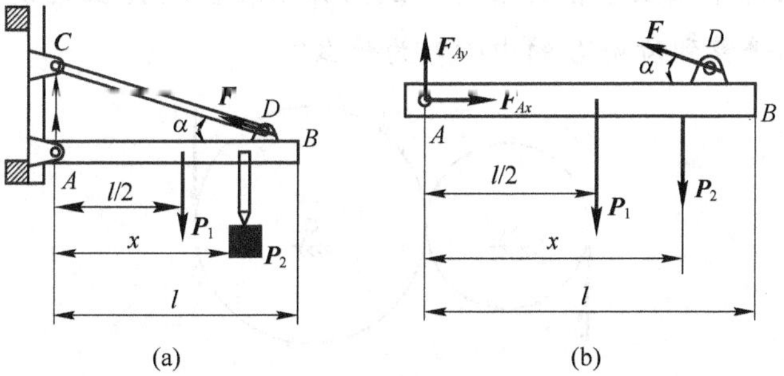

图3-1

第一节　平面任意力系的简化

一、力线平移定理

现在研究将作用在刚体上一点的力等效平移到该刚体上另一点的等效方法。

如图3-2（a）所示，设有一力 $\boldsymbol{F}$ 作用于刚体的 A 点，为将该力平行移到任一点 B，在 B 点加一对作用线与 $\boldsymbol{F}$ 平行的平衡力 $\boldsymbol{F}_1$ 和 $\boldsymbol{F}_1'$，且使 $\boldsymbol{F}_1'=\boldsymbol{F}_1=\boldsymbol{F}$，在 $\boldsymbol{F}$、$\boldsymbol{F}_1$、$\boldsymbol{F}_1'$ 三力中，$\boldsymbol{F}$ 和 $\boldsymbol{F}_1'$ 两力组成一个力偶，其力偶臂为 d，力偶矩恰好等于原力对点 B 的矩，如图3-2（b）所示。显然，3个力组成的新力系与原力 $\boldsymbol{F}$ 等效。这3个力可看作是一个作用在 B 点的力 $\boldsymbol{F}_1$ 和一个力偶（$\boldsymbol{F}$，$\boldsymbol{F}_1'$）。这样，原来作用在 A 点的力 $\boldsymbol{F}$ 便被等效为作用在新作用点 B 的力 $\boldsymbol{F}_1$ 和力偶（$\boldsymbol{F}$，$\boldsymbol{F}_1'$）。力偶（$\boldsymbol{F}$，$\boldsymbol{F}_1'$）称为附加力偶，如图3-2（c）所示，其矩 M 为

$$M = M_B(\boldsymbol{F}) = \boldsymbol{F} \cdot d$$

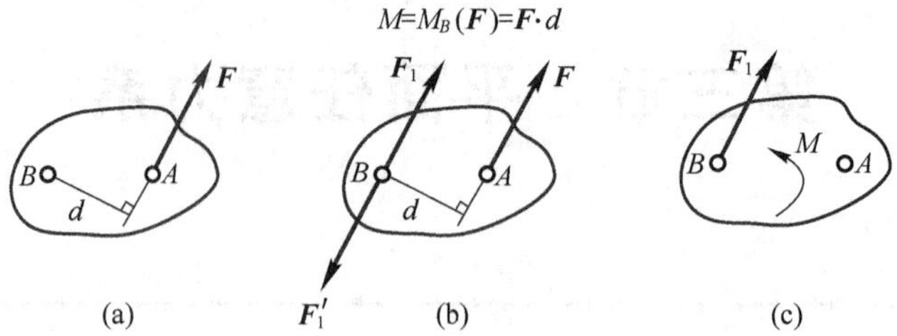

图 3-2

由此可得力线平移定理：作用在刚体上的力，可以平移至刚体内任一指定点，若不改变该力对于刚体的作用则必须附加一力偶，其力偶矩等于原力对新作用点的矩。

可见，一个力可以分解为一个与其等值平行的力和一个位于平移平面内的力偶。反之，一个力偶和一个位于该力偶作用面内的力，也可以用一个位于力偶作用平面内的力来等效替换。

思考题

图 3-3 所示为两个相互啮合的齿轮。试问作用在齿轮 A 上的切向力 $\boldsymbol{F}_1$ 可否应用力线平移定理将其平移到齿轮 B 的中心？为什么？

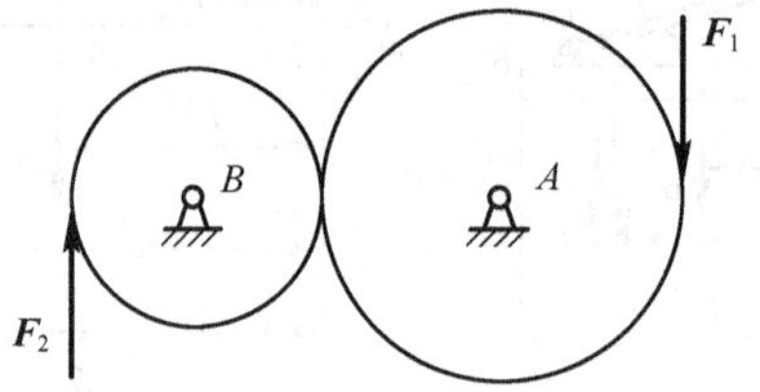

图 3-3

二、平面任意力系的简化

（一）平面任意力系向平面内一点的简化

设有由 3 个力 $\boldsymbol{F}_1$、$\boldsymbol{F}_2$、$\boldsymbol{F}_3$ 组成的平面任意力系作用在刚体上，如图 3-4（a）所示。在平面内任取一点 O，称为简化中心。应用力线平移定理，把各力都等效平移到该点。这样，得到作用于点 O 的力 $\boldsymbol{F}_1'$、$\boldsymbol{F}_2'$、$\boldsymbol{F}_3'$，以及相应的附加力偶矩 M_1、M_2 和 M_3，如图 3-4（b）所示。这些力偶作用在同一平面内，它们的矩分别等于力 $\boldsymbol{F}_1$、$\boldsymbol{F}_2$、$\boldsymbol{F}_3$ 对点 O 的矩，这样，平面任意力系简化成了两个力系：平面汇交力系和平面力偶系。分别将平面汇交力系和平面力偶系合成为一个合力和一个合力偶，如图 3-4（c）所示。因为 $\boldsymbol{F}_1'$、$\boldsymbol{F}_2'$、$\boldsymbol{F}_3'$ 各力分别与 $\boldsymbol{F}_1$、$\boldsymbol{F}_2$、$\boldsymbol{F}_3$ 各力大小相等、方向相同，所以合力

$$\boldsymbol{F}_R = \boldsymbol{F}_1 + \boldsymbol{F}_2 + \boldsymbol{F}_3$$

合力偶矩 M_O 等于各力偶矩的代数和。附加力偶矩等于力对简化中心的矩，故

$$M_O = M_O(\boldsymbol{F}_1) + M_O(\boldsymbol{F}_2) + M_O(\boldsymbol{F}_3)$$

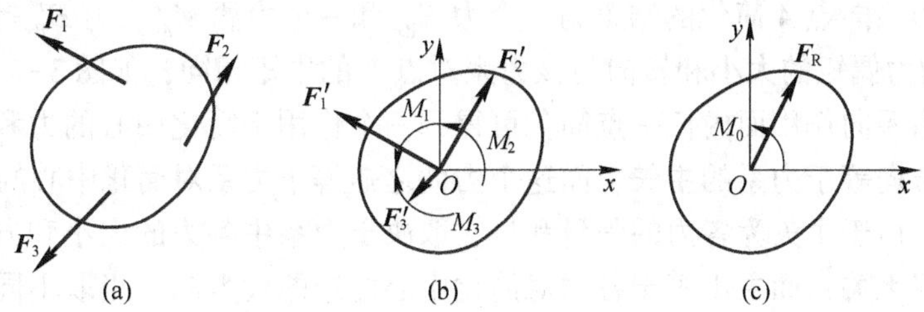

图 3-4

即该力偶的矩等于原来各力对简化中心的矩的代数和。对于由 n 个力组成的平面任意力系，不难推广为

$$\boldsymbol{F}_R = \sum_{i=1}^{n} \boldsymbol{F}_i \tag{3-1}$$

$$M_O = \sum_{i=1}^{n} M_i = \sum_{i=1}^{n} M_O(\boldsymbol{F}_i) \tag{3-2}$$

（二）主矢与主矩

平面任意力系中所有各力的矢量和 $\boldsymbol{F}_R$ 称为该力系的主矢；这些力对任选简化中心 O 之矩的代数和 M_O 称为该力系的主矩。可以看出，主矢与简化中心无关，而主矩一般与简化中心有关。

因此，在一般情况下，平面任意力系向作用面内任一点 O 简化，其结果为作用于该点的一个主矢和一个主矩。

【例 3-1】 如图 3-5（a）所示，边长为 $a=1$m 的正方形受到 3 个力作用，已知各力的大小均为 10N。求此力系向点 A 简化的结果。

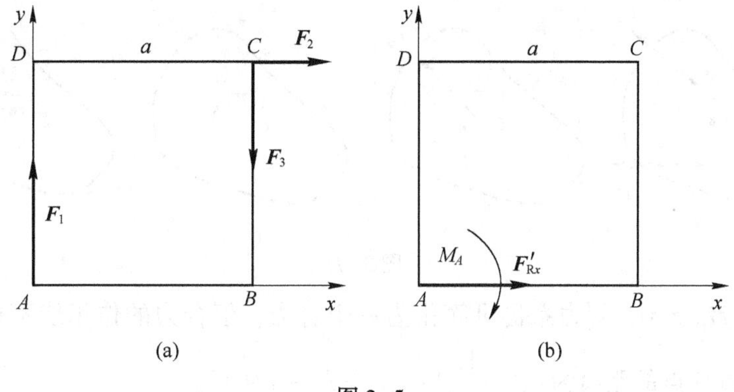

图 3-5

解：求此力系向点 A 简化的结果，就需要计算该力系的主矢及对简化中心 A 的主矩。

该力系的主矢为

$$\left.\begin{aligned} \boldsymbol{F}'_{Rx} &= \boldsymbol{F}_2 = 10\text{N} \\ \boldsymbol{F}'_{Ry} &= \boldsymbol{F}_1 - \boldsymbol{F}_3 = 0 \end{aligned}\right\}$$

该力系对简化中心 A 的主矩为

$$M_A(\boldsymbol{F}) = -\boldsymbol{F}_2 a - \boldsymbol{F}_3 a = -20\text{N} \cdot \text{m}$$

因此，该力系向点 A 简化的结果为一个力 F'_{Rx} 和一个力偶 M_A，力 $\boldsymbol{F}'_{Rx}$ 等于该力系的主矢，力偶 M_A 的力偶矩的大小和转向与该力系对点 A 的主矩相同，如图 3-3（b）所示。

平面任意力系向作用面内任一点简化可得到一个作用于简化中心的力和一个力偶；这个力的大小和方向等于力系的主矢，而这个力偶之矩等于力系对简化中心的主矩。

应该指出，由于主矢为各力的矢量和，它取决于力系中各力的大小和方向，所以它与简化中心的位置无关；而主矩等于各力对简化中心之矩的代数和，当取不同的点为简化中心时，各力臂将有改变，各力对简化中心之矩也将随之而改变，所以在一般情况下主矩与简化中心的位置有关。因此，在说到主矩时，须指出是对于哪一点的主矩。

平面任意力系向一点简化，一般地可得到一个力 $\boldsymbol{F}'_R$ 和一个矩为 M_O 的力偶。实际上有 4 种可能情况，即：（1）$\boldsymbol{F}'_R=0, M_O \neq 0$；（2）$\boldsymbol{F}'_R \neq 0, M_O = 0$；（3）$\boldsymbol{F}'_R \neq 0, M_O \neq 0$；（4）$\boldsymbol{F}'_R=0, M_O = 0$。

若 $\boldsymbol{F}'_R \neq 0, M_O = 0$，则 $\boldsymbol{F}'_R$ 就是原力系的合力 $\boldsymbol{F}_R$，合力的作用线通过简化中心 O，如图 3-6 所示。

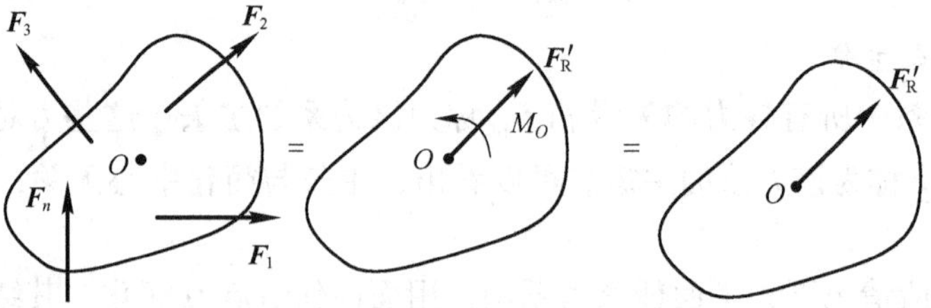

图 3-6

若 $\boldsymbol{F}'_R=0, M_O \neq 0$，则力系简化为一个力偶，其力偶矩等于原力系中各力对于简化中心之矩的代数和。此时主矩和简化中心的选择无关，即 $M = M_O$，如图 3-7 所示。

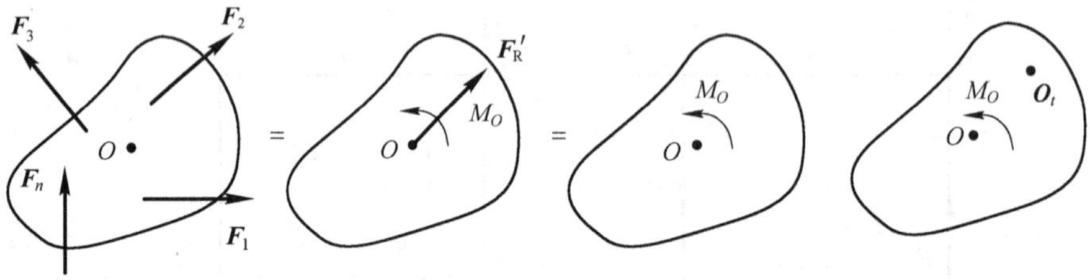

图 3-7

若 $\boldsymbol{F}'_R \neq 0, M_O \neq 0$，则力系仍可简化为一个合力，但合力的作用线不通过简化中心。且合力作用线到 O 点的距离为：$d = \dfrac{|M_O|}{\boldsymbol{F}'_R}$，如图 3-8 所示。

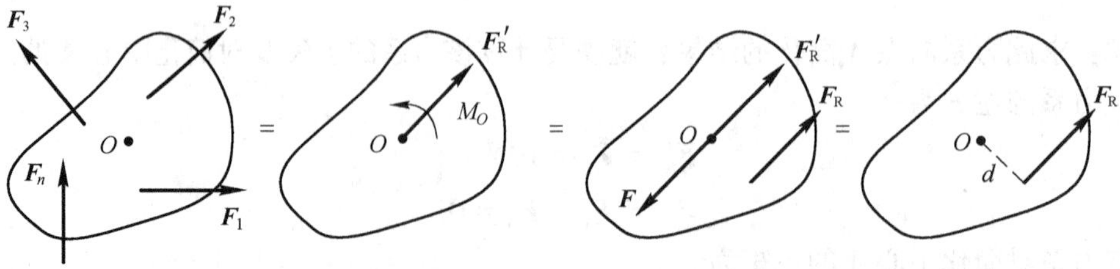

图 3-8

若 $F'_R=0$，$M_O=0$，则刚体处于平衡状态，力系与简化中心无关，如图 3-9 所示。

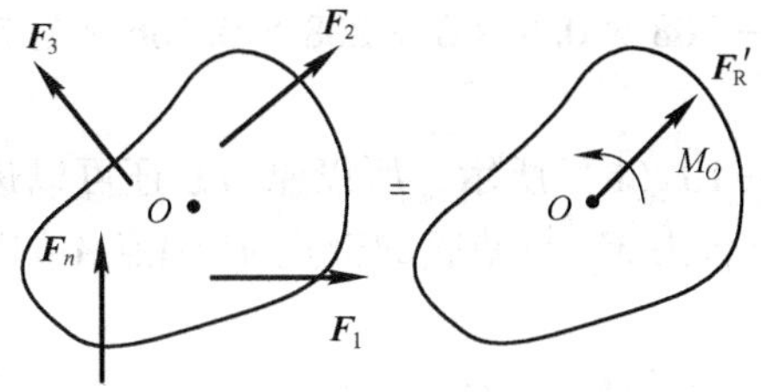

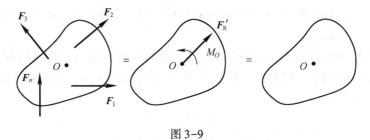

图 3-9

【例 3-2】挡土墙横剖尺寸如图 3-10（a）所示。已知墙重 $P_1=85kN$，直接压在墙上的土重 $P_2=164kN$，线 BC 以右的填土作用在面 BC 上的压力 $F=208kN$。试将这 3 个力向点 A 简化，并求其合力作用线与墙底的交点 A' 到点 A 的距离。

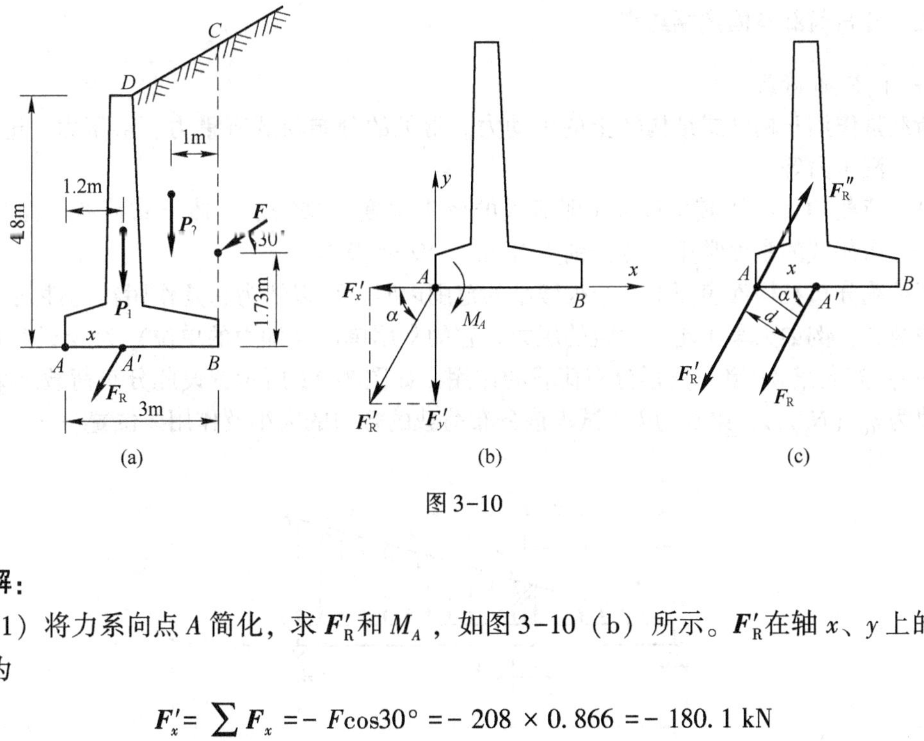

图 3-10

解：

（1）将力系向点 A 简化，求 F'_R 和 M_A，如图 3-10（b）所示。F'_R 在轴 x、y 上的投影分别为

$$F'_x=\sum F_x=-F\cos30°=-208\times0.866=-180.1\ \text{kN}$$

$$F'_y=\sum F_y=-P_1-P_2-F\sin30°=-85-164-208\times\frac{1}{2}=-353\ \text{kN}$$

故

$$F'_R=\sqrt{(F'_x)^2+(F'_y)^2}=\sqrt{(-180.1)^2+(-353)^2}=396\ \text{kN}$$

由于 F'_x、F'_y 均为负值，故 F'_R 在第三象限内。

$$\tan\alpha=\left|\frac{F'_y}{F'_x}\right|=\frac{353}{180.1}=1.960,\qquad \alpha=62.97°$$

力系对点 A 的主矩为

$$M_A = \sum M_A(F) = -1.2 \times P_1 - 2 \times P_2 - F\sin 30^\circ \times 3 + F\cos 30^\circ \times 1.73$$
$$= -1.2 \times 85 - 2 \times 164 - 208 \times 0.5 \times 3 + 208 \times 0.866 \times 1.75$$
$$= -430\text{kN} \cdot \text{m}$$

(2) 因为 $F'_R \neq 0$, $M_A = 0$，如图 3-10（b）所示，所以原力系还可以进一步简化为一合力 F_R，其大小和方向与 F'_R 相同。设合力 F_R 与墙底的交点 A' 到点 A 的距离为 x，由图 3-10（c）所示可见

$$x = AA' = \frac{d}{\sin\alpha} = \frac{|M_A|/F'_R}{\sin\alpha} = \frac{430/396}{\sin 62.97^\circ} = 1.22\text{m}$$

思考题

有一平面任意力系向某一点简化得到一合力，试问能否另选适当的简化中心而使该力系简化为一力偶？为什么？

三、分布荷载与固定端约束

（一）分布荷载

荷载是作用于构件或结构物上的主动力。常见的分布荷载有重力、水压力、土压力、风压力、汽压力等。

分布荷载的大小用其集度 q（即荷载的密集程度）来表示。体分布荷载、面分布荷载、线分布荷载的集度常用单位分别为 N/m^3、N/m^2 及 N/m。

当荷载分布在构件表面上一个很微小的范围内时，可以认为它是作用在构件某一点处的集中荷载，例如火车车轮对钢轨的压力。它的常用单位（即力的单位）为 N 或 kN。

【例 3-3】 简支梁 AB 受三角形分布荷载的作用，如图 3-11 所示，设此分布荷载之集度的最大值为 q_0（N/m），梁长为 l，试求该分布荷载的合力的大小及作用线位置。

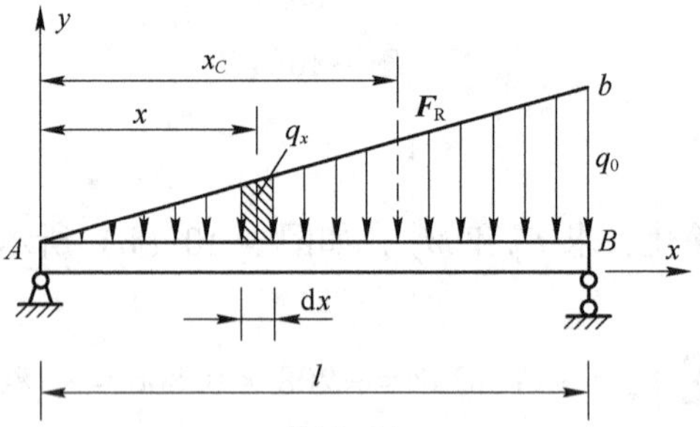

图 3-11

解：

取坐标系 Axy 如图 3-11 所示。在梁上距 A 端为 x 处，荷载集度为

$$q_x = q_0 \frac{x}{l}$$

在该处长为 dx 的微段上，荷载的合力是

$$dF_R = q_x \mathrm{d}x = \frac{q_0}{l} x \mathrm{d}x$$

现在来求整个梁上分布荷载的合力 $\boldsymbol{F}_{\mathrm{R}}$。以 A 为简化中心，有

$$F_{\mathrm{R}x} = \sum F_x = 0$$

$$F_{\mathrm{R}y} = \sum F_y = -\frac{q_0}{l}\int_0^l x\mathrm{d}x = -\frac{q_0}{2}l \text{，则得}$$

$$F_{\mathrm{R}} = \sqrt{(F_{\mathrm{R}x})^2 + (F_{\mathrm{R}y})^2} = \sqrt{0 + \left(-\frac{q_0}{2}l\right)^2} = \frac{q_0}{2}l$$

它正好等于荷载集度 ΔAbB 的面积。此合力的作用线离 A 端的距离 x_C 可根据合力矩定理

$$M_A(F_{\mathrm{R}}) = \sum M_A(F)$$

确定。其中：

$$M_A(F_{\mathrm{R}}) = -F_{\mathrm{R}}x_C = -\frac{q_0}{2}lx_C$$

$$\sum M_A(F) = -\frac{q_0}{l}\int_0^l x^2\mathrm{d}x = -\frac{q_0}{3}l^2$$

解出得

$$x_C = \frac{2}{3}l$$

合力 $\boldsymbol{F}_{\mathrm{R}}$ 的作用线正好通过荷载集度 ΔAbB 的形心。

（二）固定端约束

应用力系简化方法可以分析固定端约束的约束力。如图 3-12（a）、（b）所示，车刀和工件分别夹持在刀架和卡盘上，刀架和卡盘限制了车刀和工件各个方向的移动和转动，车刀和工件是固定不动的，这种约束称为固定端约束，其简图如图 3-12（c）所示。

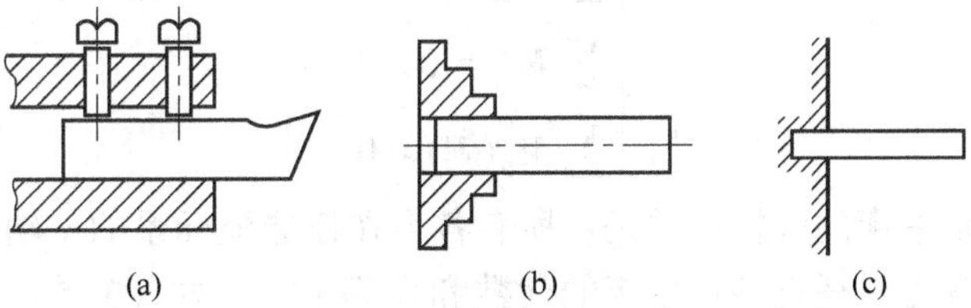
(a)　(b)　(c)

图 3-12

固定端约束对物体的作用是在接触面上作用了一群约束力。在平面问题中，这些力构成一平面任意力系，如图 3-13（a）所示。将这群力向作用平面内的点 A 简化，得到一个力和一个力偶，如图 3-13（b）所示。一般情况下，这个力的大小和方向均为未知量，可用两个未知分力来代替。因此，在平面力系情况下，固定端 A 处的约束力可简化为两个约束力 $\boldsymbol{F}_{Ax}$、$\boldsymbol{F}_{Ay}$ 和一个约束力偶 M_A，如图 3-13（c）所示。

比较固定端约束和固定铰链约束的性质，可以看出固定端约束除了限制物体移动外，还能限制物体在平面内转动。因此，除了约束力外，还有约束反力偶。在工程实际中，固定端约束是经常见到的，除前面讲到的刀架、卡盘外，还有插入地基中的电线杆及悬臂梁等。

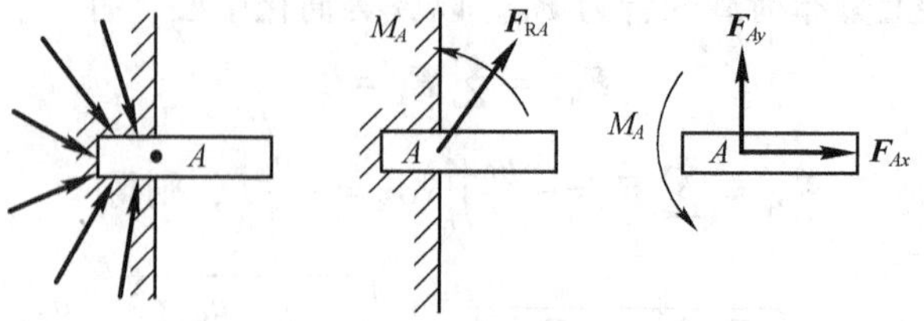

图 3-13

第二节 平面任意力系的平衡

一、平面任意力系的平衡公式

由平面任意力系的简化可知，主矢 $\boldsymbol{F}_{\mathrm{R}}$ 和主矩 M_O 中任何一个不等于零时，力系是不平衡的。因此，要使力系平衡，必须满足

$$\boldsymbol{F}_{\mathrm{R}} = 0$$
$$M_O = 0 \tag{3-3}$$

所以，平面任意力系平衡的充分必要条件是：力系的主矢和对任一点的主矩同时等于零。即

$$\boldsymbol{F}_{\mathrm{R}} = \sqrt{\boldsymbol{F}_{\mathrm{R}x}^2 + \boldsymbol{F}_{\mathrm{R}y}^2} = 0$$
$$M_O = \sum M_O(\boldsymbol{F}) = 0 \tag{3-4}$$

根据平衡条件式（3-4）可得

$$\begin{cases} \sum \boldsymbol{F}_{\mathrm{R}x} = 0 \\ \sum \boldsymbol{F}_{\mathrm{R}y} = 0 \\ \sum M_O(\boldsymbol{F}) = 0 \end{cases} \tag{3-5}$$

即平面任意力系平衡的解析条件是：所有各力在任选坐标系的 x 轴与 y 轴上投影的代数和分别等于零，各力对任意一点之矩的代数和也等于零。式（3-5）称为平面任意力系平衡方程的基本形式或一矩式，其中前面两个方程为投影方程，后一个方程为力矩方程。平面任意力系平衡方程可解 3 个未知力。

平面任意力系的平衡方程也可以写成其他形式，如一个投影方程和两个力矩方程组成的二矩式，即

$$\left.\begin{aligned} \sum \boldsymbol{F}_x = 0 \\ \sum M_A(\boldsymbol{F}) = 0 \\ \sum M_B(\boldsymbol{F}) = 0 \end{aligned}\right\} \tag{3-6}$$

二矩式的附加条件是 x 轴或 y 轴不能垂直于 A，B 两点的连线。

另外，平面任意力系的平衡方程还可以写成三个力矩方程组成的三矩式，即

$$\left.\begin{aligned}\sum M_A(\boldsymbol{F}) = 0\\ \sum M_B(\boldsymbol{F}) = 0\\ \sum M_C(\boldsymbol{F}) = 0\end{aligned}\right\} \tag{3-7}$$

三矩式的附加条件是 A、B、C 三点不能在同一条直线上。

二矩式和三矩式是物体平衡的必要条件，但不是充分条件，必须加上附加条件后，才能成为物体平衡的充要条件。

【例 3-4】 图 3-14（a）所示为一起重机，A、B、C 处均为光滑铰链，水平杆 AB 的重量 $\boldsymbol{P}$=4kN，荷载 $\boldsymbol{F}$=10kN，有关尺寸如图所示，杆 BC 自重不计。试求杆 BC 所受的拉力和铰链 A 给杆 AB 的约束力。

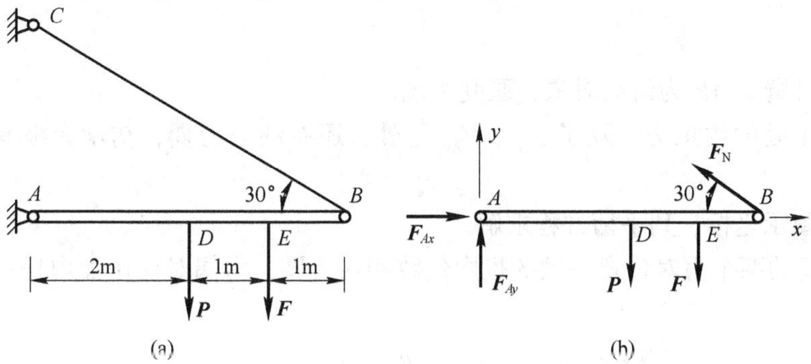

图 3-14

解：

（1）根据题意，选杆 AB 为研究对象。

（2）画受力图。作用于杆上的力有重力 $\boldsymbol{P}$、荷载 $\boldsymbol{F}$、杆 BC 的拉力 $\boldsymbol{F}_{\rm N}$ 和铰链 A 的约束力 $\boldsymbol{F}_A$。杆 BC 的拉力 $\boldsymbol{F}_{\rm N}$ 沿 BC 方向；$\boldsymbol{F}_A$ 方向未知，故将其分解为两个分力 $\boldsymbol{F}_{Ax}$ 和 $\boldsymbol{F}_{Ay}$，指向暂时假定，如图 3-11（b）所示。

（3）根据平面任意力系的平衡条件列平衡方程，求未知量。

$$\sum \boldsymbol{F}_x = 0, \qquad \boldsymbol{F}_{Ax} - \boldsymbol{F}_{\rm N}\cos30° = 0$$

$$\sum \boldsymbol{F}_y = 0, \qquad \boldsymbol{F}_{Ay} + \boldsymbol{F}_{\rm N}\sin30° - \boldsymbol{P} - \boldsymbol{F} = 0$$

$$\sum M_A(\boldsymbol{F}) = 0, \qquad F_{\rm N} \times 4 \times \sin30° - \boldsymbol{P} \times 2 - \boldsymbol{F} \times 3 = 0$$

解得

$$\boldsymbol{F}_{\rm N} = \frac{2 \times 4 + 3 \times 10}{4 \times 0.5} = 19\text{kN}$$

$$\boldsymbol{F}_{Ax} = 16.5\text{kN}, \ \boldsymbol{F}_{Ay} = 4.5\text{kN}$$

即铰链 A 给杆 AB 的约束力为 $\boldsymbol{F}_A = \sqrt{\boldsymbol{F}_{Ax}^2 + \boldsymbol{F}_{Ay}^2} = 17.1\text{kN}$，它与轴 x 的夹角 $\theta = \arctan\dfrac{\boldsymbol{F}_{Ay}}{\boldsymbol{F}_{Ax}} =$ 15.3°。

计算所得 $\boldsymbol{F}_{Ax}$、$\boldsymbol{F}_{Ay}$、$\boldsymbol{F}_{\rm N}$ 皆为正值，表明假定的指向与实际的指向相同。

【例 3-5】 悬臂梁 AB 长为 l，在集度为 q 的均布载荷、力偶矩为 M 的力偶和集中力 $\boldsymbol{F}$ 作用下平衡，如图 3-15 所示。设 $M=ql^2$，$\boldsymbol{F}=ql$。试求固定端 A 处的约束力。

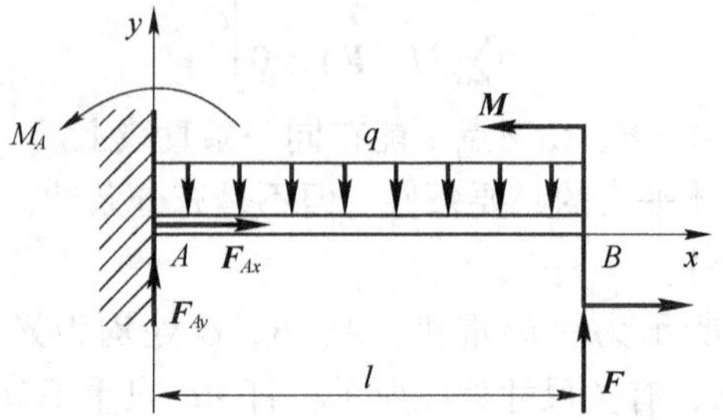

图 3-15

解：

（1）取悬臂梁 AB 为研究对象，画受力图。

固定端 A 处的约束力，除了 $\boldsymbol{F}_{Ax}$、$\boldsymbol{F}_{Ay}$ 之外，还有约束力偶，初学者极易遗漏，如图 3-15 所示。

（2）选图示坐标，列平衡方程求解。

注意力偶的两个力对任意一轴的投影代数和均为零，力偶对作用面内任一点之矩恒等于零。

$$\begin{cases} \sum \boldsymbol{F}_x = 0 & \boldsymbol{F}_{Ax} = 0 \\ \sum \boldsymbol{F}_y = 0 & \boldsymbol{F}_{Ay} + \boldsymbol{F} - ql = 0 \\ \sum M_A(\boldsymbol{F}) = 0 & M_A + \boldsymbol{F}l + M - \dfrac{ql^2}{2} = 0 \end{cases}$$

解得

$$M_A = \frac{1}{2}ql^2 - \boldsymbol{F}l - M = \frac{1}{2}ql^2 - ql^2 - ql^2 = -\frac{3}{2}ql^2$$

$$\boldsymbol{F}_{Ay} = ql - \boldsymbol{F} = ql - ql = 0$$

M_A 为负值，表明约束力偶的方向与假设方向相反，即为顺时针转向。

从以上例题可见，选取适当的坐标轴和矩心，可以减少平衡方程中所含未知量的数目。

二、平衡方程的特殊形式

（一）平面汇交力系

若平面力系中各力的作用线汇交于一点，则该力系称为平面汇交力系，如图 3-16 所示。显然，平面汇交力系恒能满足 $\sum M_O(\boldsymbol{F}) = 0$，故其独立平衡方程为两个投影方程，即

$$\left.\begin{aligned} \sum \boldsymbol{F}_x = 0 \\ \sum \boldsymbol{F}_y = 0 \end{aligned}\right\} \tag{3-8}$$

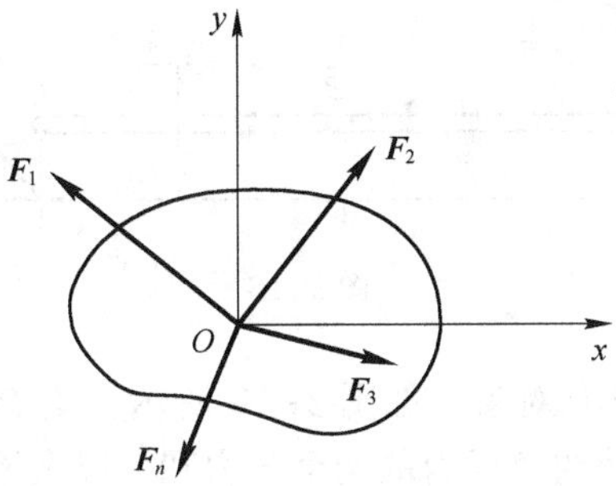

图 3-16

（二）平面平行力系

若平面力系中各力的作用线全部平行，则该力系称为平面平行力系。如图 3-17 所示，取 y 轴平行于各力的作用线。显然，平面平行力系恒能满足 $\sum \boldsymbol{F}_x = 0$，则其独立平衡方程为一个投影方程和一个力矩方程，即

$$\left.\begin{aligned}\sum \boldsymbol{F}_y &= 0\\ \sum M_O(\boldsymbol{F}) &= 0\end{aligned}\right\} \tag{3-9}$$

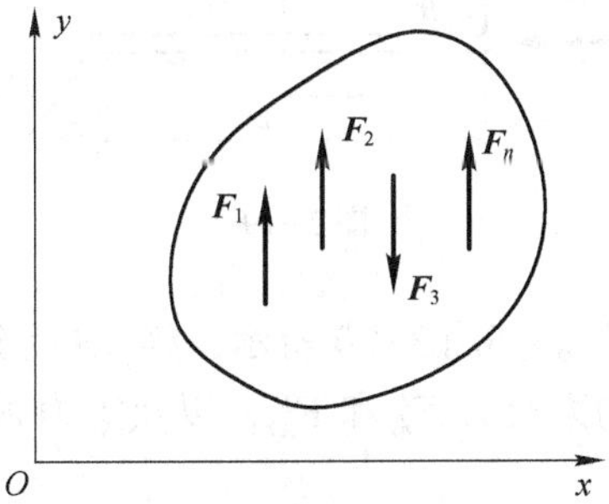

图 3-17

第三节　物体系的静定与超静定问题

一、物体系的平衡

平衡方程是针对一个刚体建立的，但是工程实际中的结构通常都是由许多物体按一定方式连接起来的。这种由若干个物体通过约束组成的系统称为物体系统，简称物系。对物系平衡问题的研究，是静力学平衡方程极为重要的综合应用。

在研究物系的平衡问题时，不仅需要求出物系所受的未知外力，而且还需要求出各个物体之间相互作用的内力。对于整个系统来说，内力总是成对出现的，当需要求出内力时，就要把某些物体分离开来单独研究。即使当不需要求出内力时，有时也需要把一些物体分离开来单独研究，才能求出所有的未知外力。

【例 3-6】 如图 3-18 所示，梁 ABC 是由梁 AB 和梁 BC 组成的连续梁，其中梁 AB 一端为固定端，另一端通过铰链与梁 BC 连接，已知 a、M、θ。求该连续梁在 A、B、C 三处的约束反力。

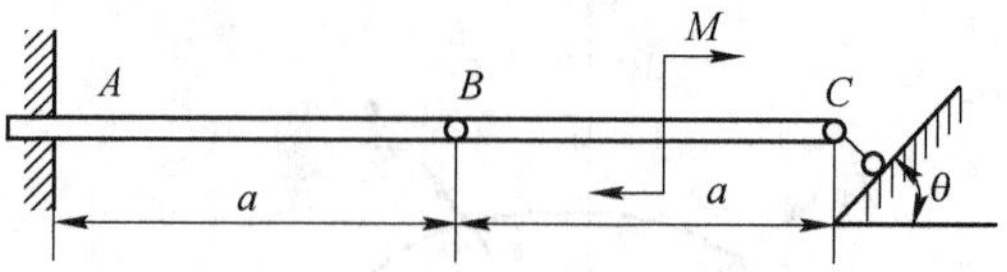

图 3-18

解：首先，以梁 BC 为研究对象。如图 3-19 所示，梁 BC 所受主动力是矩为 M 的力偶；所受约束反力有铰链 B 处约束反力的两个分力和，以及滚动支座 C 处垂直于支撑面向上的约束反力 $\boldsymbol{F}_{NC}$。根据平面任意力系的平衡方程得出

$$\left.\begin{aligned}\sum \boldsymbol{F}_x &= \boldsymbol{F}_{Bx} - \boldsymbol{F}_{NC}\sin\theta = 0\\ \sum \boldsymbol{F}_y &= \boldsymbol{F}_{By} + \boldsymbol{F}_{NC}\cos\theta = 0\\ \sum M_B &= -M + \boldsymbol{F}_{NC}a\cos\theta = 0\end{aligned}\right\}$$

可解得：$\boldsymbol{F}_{Bx} = \dfrac{M}{a}\tan\theta$，$\boldsymbol{F}_{By} = -\dfrac{M}{a}$，$\boldsymbol{F}_{NC} = \dfrac{M}{a\cos\theta}$。

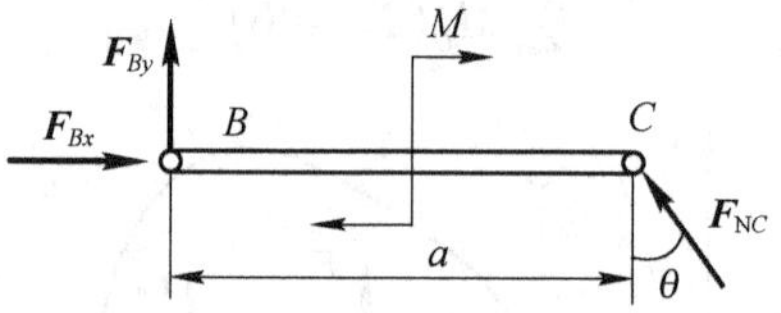

图 3-19

然后，以梁 AB 为研究对象。如图 3-20 所示，梁 AB 受到铰链 B 处约束反力的两个分力 $\boldsymbol{F}'_{Bx}$ 和 $\boldsymbol{F}'_{By}$，固定端 A 处的约束反力 $\boldsymbol{F}'_{Ax}$ 和 $\boldsymbol{F}'_{Ay}$，以及矩为 M_A 的力偶的作用。根据平面任意力系的平衡方程得出

$$\left.\begin{aligned}\sum \boldsymbol{F}_x &= \boldsymbol{F}_{Ax} - \boldsymbol{F}'_{Bx} = 0\\ \sum \boldsymbol{F}_y &= \boldsymbol{F}_{Ay} - \boldsymbol{F}'_{By} = 0\\ \sum M_A &= M_A - \boldsymbol{F}'_{By}a = 0\end{aligned}\right\}$$

可解得：$\boldsymbol{F}_{Ax} = \dfrac{M}{a}\tan\theta$，$\boldsymbol{F}_{Ay} = -\dfrac{M}{a}$，$M_A = -M$。

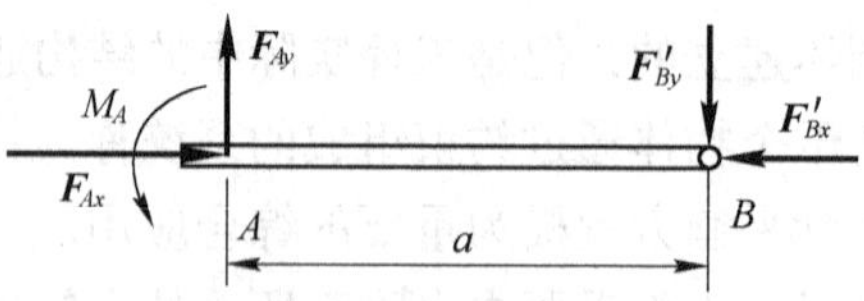

图 3-20

二、静定与超静定

当整个物系平衡时，物系内各个刚体也处于平衡状态。因此对于每个受平面任意力系作用的刚体，都可以列出 3 个独立的平衡方程，那么对于由 n 个刚体组成的物系来说，独

立平衡方程的数目为$3n$。

当物系中的刚体受到平面汇交力系或平面平行力系作用时，整个系统的独立平衡方程数目会相应减少。当物系中未知量的总数等于或小于独立平衡方程的数目时，则所有的未知量都可以由平衡方程求出，这种问题称为静定问题；当物系中未知量的总数大于独立平衡方程的数目时，则未知量不能全部由平衡方程求出，而只能求出其中一部分未知量，这种问题称为静不定问题，又称超静定问题。

下面举例说明静定和超静定问题。

如图3-21所示，吊车起吊重物，重物用两根绳子挂在吊钩上，重物的重力$\boldsymbol{P}$是已知力，而两根绳子的拉力为未知力，那么在这个系统中，重物受到的力形成了一个平面汇交力系。平面汇交力系有两个独立的平衡方程，可以求出两个未知量，因此这是一个静定问题。

但有时出于安全考虑，用3根绳子悬挂重物，如图3-21（b）所示。这时重物受到的力仍是平面汇交力系，但未知力的数目为3个，即系统中未知力的数目大于平衡方程的数目，所以此时就变成了超静定问题。

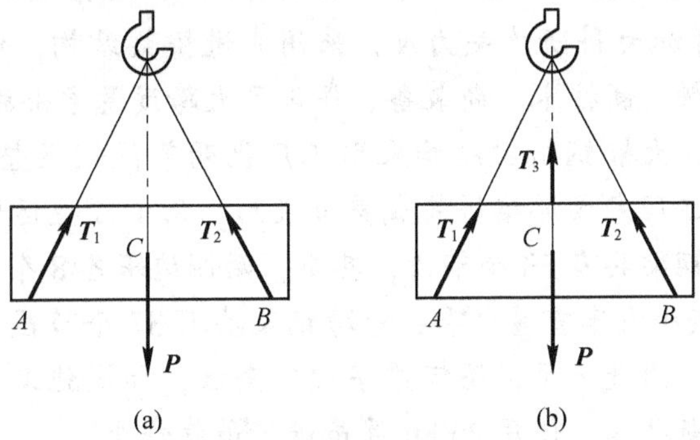

图3-21

扩展阅读

超级工程——连镇高铁五峰山长江大桥

2020年12月11日，我国自主设计建造世界上首座高速铁路悬索桥——连镇高铁五峰山长江大桥建成通车。五峰山长江大桥全长6409m，其中主桥主跨1092m，南岸主塔高191m，北岸主塔高203m，是我国第一座铁路悬索桥，也是世界首座高速铁路悬索桥。在世界上率先研究建立高速铁路悬索桥的设计方案、计算理论和技术标准，在我国乃至世界铁路桥梁建设史上具有里程碑意义。

当浩荡长江奔流至五峰山脚下，宽阔的江面突然变窄，宽度仅有1200m，这是适合建桥的理想桥址，但同时也面临新的问题。由于海轮的航道和内河的航道并行使用这片水域，每天往来大量万吨巨轮，交通十分繁忙，在水面突然变窄的情况下，桥梁建设必须保障航运的通畅与安全。如果能一跨过江，就能最大限度降低桥梁对航道的影响。由于江面窄、航运忙、安全畅达要求高，统筹考虑结构受力、桥址地形条件，悬索桥是最有利、最合适的桥型。而且，相比其他桥梁结构，悬索桥能够实现大跨度、高架空、低造价，抵御地震、沉降等自然灾害能力强。

创造多项世界纪录：

一是世界上首座高速铁路悬索桥。列车设计时速250km，远超既有铁路悬索桥时速180km的运营速度。

二是世界上车道数最多、荷载重量最大的悬索桥。大桥下层为4线铁路，上层为双向8车道高速公路。大桥设计荷载总重每米124t，其中恒载每米101t、活载（可变载荷）每米23t，设计荷载重量远超目前国内外大跨度悬索桥。

三是世界上主缆直径最大的悬索桥。全桥共2根主缆，直径达1.3m，为目前世界上最大直径主缆。每根主缆由352股索股组成，每股索股由127根直径5.5mm镀锌铝高强度钢丝组成。两根主缆的拉力高达18万吨，可以吊起3艘满载的“辽宁号”航空母舰。

创新工艺让大桥“刚柔并济”，相对其他桥梁结构，悬索桥在荷载作用下容易产生变形。为了保障运行安全，必须做到“刚柔并济”，给柔软的悬索桥添几分“硬气”。铁路桥梁建设者加大科研攻关力度，采用先进桥梁结构，创新施工工艺和检测技术，研发应用新材料、新技术、新装备，保证了大跨度悬索桥施工安全和质量。

比如，五峰山长江大桥钢桁梁结构采用工厂化两节段钢梁整体设计制造新工艺，大节段钢梁在专业制造厂完成焊接拼装成整节段后，用1万吨运输船，由水路运输至施工现场。大桥主桥钢梁共有53个节段，其中，两侧边跨各8个节段，最大节段重量1760t，相当于1200辆小汽车重量之和；中跨钢梁共有37个节段，最大节段重1432t，均为国内悬索桥之最。为进一步提高钢梁架设安全性，加快施工进度，钢梁架设采用两节段钢梁整体安装新技术，使用2500t浮吊进行吊装作业。

思考与练习

3-1 在题3-1图所示平板上作用有4个力和1个力偶，其大小分别为：$F_1=80\text{N}$，$F_2=50\text{N}$，$F_3=60\text{N}$，$F_4=40\text{N}$，$M_e=140\text{N}\cdot\text{m}$，方向如题3-1图所示。试求其合成结果。

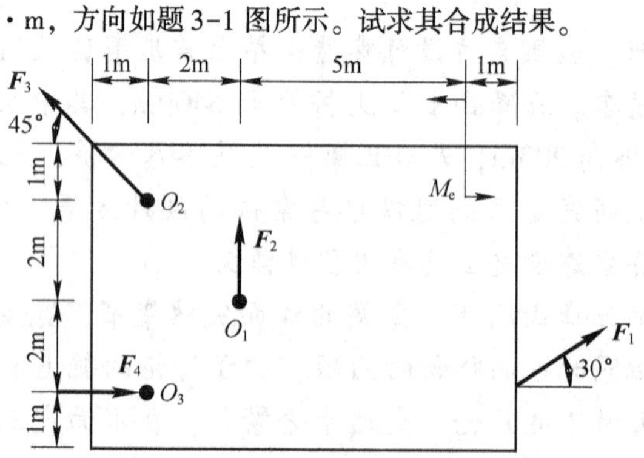

题3-1图

3-2　如题3-2图所示，均质杆*AB*重$\boldsymbol{P}$，在*A*端用光滑铰链连接在水平地板上，另一端*B*则用绳子系在墙上，已知平衡时的角α、β。试求绳中的拉力和铰链*A*处的约束力。

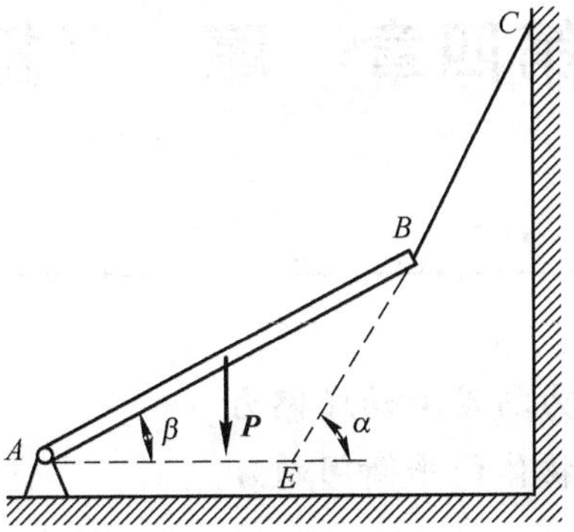

题3-2图

3-3　在题3-3图所示结构中，*A*、*B*、*C*处均为光滑铰接。已知F=400N，杆重不计，尺寸如图题3-3所示。试求*C*点处的约束力。

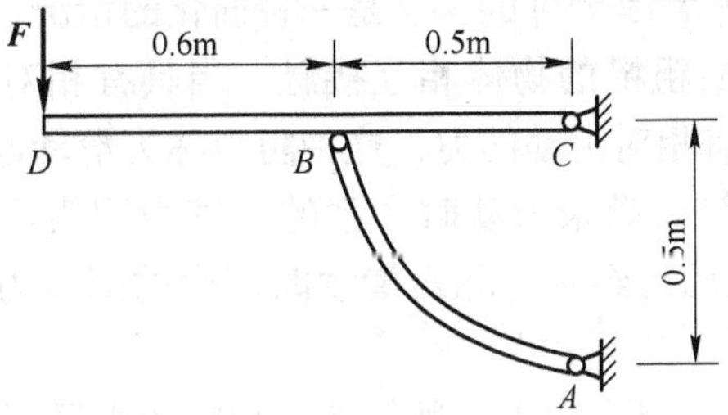

题3-3图

3-4　如题3-4图所示，左端*A*固定而右端*B*自由的悬臂梁*AB*，其自重不计，承受集度为q（N/m）的均布荷载，并在自由端受集中荷载$\boldsymbol{F}$作用。梁的长度为l。试求固定端*A*处的约束力。

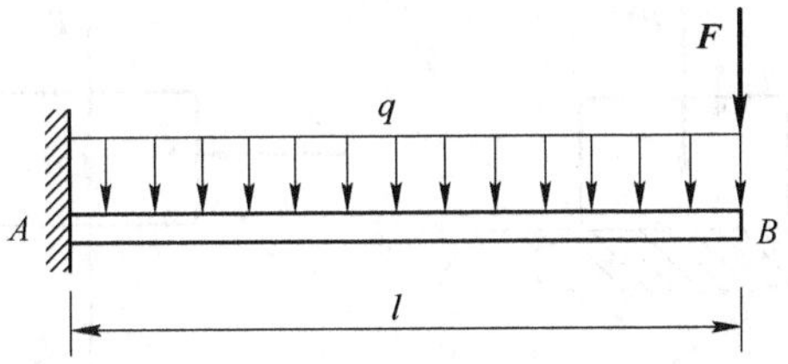

题3-4图

第四章 摩 擦

学习目标

（1）了解静滑动摩擦力与动滑动摩擦力。

（2）掌握考虑摩擦时物体的平衡问题。

（3）了解滚动摩擦。

在前面几章关于平衡问题的分析中，把物体之间的接触面看作是绝对光滑的，亦即忽略了摩擦的存在。这在接触面比较光滑或接触面之间有良好润滑条件，且摩擦力在所研究的问题中不起主要作用时常常是允许的，这是一种简化的情况。实际上，一方面完全无摩擦的表面不存在，两个表面粗糙的物体相互接触，当具有相对滑动趋势或发生相对滑动时，在接触面上会产生阻碍相对滑动的力，这种阻力称为滑动摩擦力，简称摩擦力。当物体之间仅出现相对滑动趋势而尚未滑动时产生的摩擦力称为静滑动摩擦力，简称静摩擦力，用 $\boldsymbol{F}_s$ 表示；当物体之间已经发生相对滑动时产生的摩擦力称为动滑动摩擦力，简称动摩擦力，用 $\boldsymbol{F}_d$ 表示。

如图 4-1（a）所示，将重力为 $\boldsymbol{P}$ 的物体放在粗糙的水平面上，并施加一个水平力 $\boldsymbol{F}$。实验发现，当力 $\boldsymbol{F}$ 的大小不超过某一数值时，物体虽然有向右滑动的趋势，但仍保持相对静止状态。这说明，物体除了受法向反力 $\boldsymbol{F}_N$ 作用之外，还有一个水平向左的静摩擦力 $\boldsymbol{F}_s$，如图 4-1（b）所示。由平衡条件可知 $\boldsymbol{F}_s=\boldsymbol{F}$。

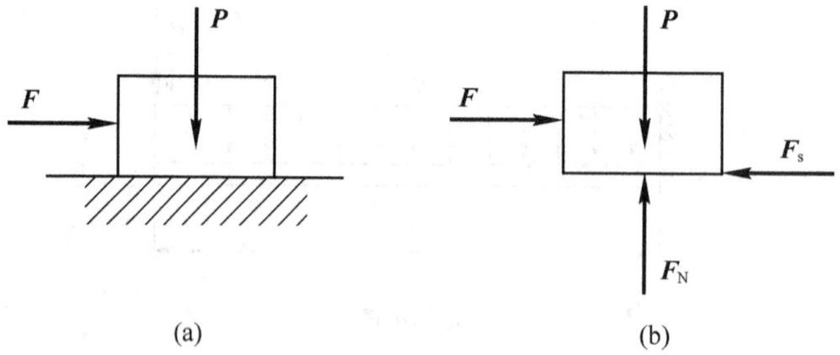

图 4-1

第一节 滑动摩擦

一、库仑摩擦定律

库仑摩擦定律是通过实验来证实的。如图 4-2（a）所示，一放置在水平的粗糙支撑面上的物块，其自重为 $\boldsymbol{P}$，此时，因为主动力 $\boldsymbol{P}$ 没有水平分量，根据平衡条件可知，物块的底面上只有与接触面垂直的法向约束力 $\boldsymbol{F}_N$，在此情况下，物块与支承面的接触表面（水平面）并没有相对滑动的趋势，因而不存在摩擦问题。

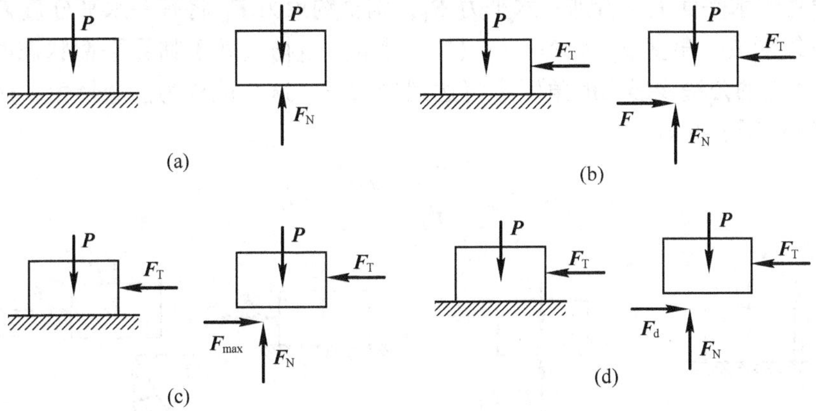

图 4-2

现在，如果在物块上再施加一个水平力 $\boldsymbol{F}_T$ 如图 4-2（b）所示，那么当这个力较小时，物块仍保持静止，但已存在着物块沿支承面滑动的趋势。从物块的平衡条件可以看出，此时物块的底面上除法向约束力 $\boldsymbol{F}_N$ 外，必然还有与滑动趋势相反方向的切向阻力 $\boldsymbol{F}$，且 $\boldsymbol{F}=-\boldsymbol{F}_T$。

如果 $\boldsymbol{F}_T$ 增大，则静摩擦力 $\boldsymbol{F}$ 随着增大，当 $\boldsymbol{F}$ 达到某个最大值 $\boldsymbol{F}_{max}$ 时，物块就处于即将滑动而尚未滑动的临界平衡状态，如图 4-2（c）所示。这个临界平衡状态下的静摩擦力 $\boldsymbol{F}_{max}$ 是摩擦力的最大值，有时称为极限摩擦力或临界摩擦力。因此静摩擦力的大小随主动力情况的变化而变化，即 $0 \leqslant \boldsymbol{F}_s \leqslant \boldsymbol{F}_{max}$。

实验表明，最大静摩擦力的大小与两个接触物体之间法向约束力 $\boldsymbol{F}_N$ 的大小成正比，即

$$\boldsymbol{F}_{max}=f_s\boldsymbol{F}_N \tag{4-1}$$

式中，比例常数 f_s 称为静摩擦因数，是一个量纲一的量。

静摩擦因数与接触物体的材料及接触面的状况（粗糙程度、温度、湿度等）有关，通常与接触面面积的大小无关。混凝土与岩石之间的静摩擦因数为 0.5～0.8，而金属与金属之间的静摩擦因数为 0.15～0.3。式（4-1）所示的规律称为库仑摩擦定律。

当企图使物块滑动的沿接触面切线方向的主动力 $\boldsymbol{F}_T$ 的大小超过最大摩擦力 $\boldsymbol{F}_{max}$ 时，物块不能保持平衡，即开始滑动。此时，滑动摩擦力简称动摩擦力，如图 4-1（d）所示，它近似保持常数。实验表明，动摩擦力 $\boldsymbol{F}_d$ 的大小与两个接触物体之间法向约束力 $\boldsymbol{F}_N$ 的大小成正比，即

$$\boldsymbol{F}_d=f_d\boldsymbol{F}_N \tag{4-2}$$

式中，比例常数 f_d 称为动摩擦因数。

在一般情况下，动摩擦因数略小于静摩擦因数，因此动摩擦力小于最大静摩擦力，即 $\boldsymbol{F}_d<\boldsymbol{F}_{max}$。动摩擦因数不仅与接触物体的材料及接触面的状况有关，还与接触点的相对滑动速度之大小有关。对于特殊问题，若要用较为精确的摩擦因数的值，尚需从相关工作手册中查到。

二、摩擦角与自锁现象

我们把正压力 $\boldsymbol{F}_N$ 与静摩擦力 $\boldsymbol{F}_s$ 的合力 $\boldsymbol{F}_R$ 称为全约束反力。如图 4-3 所示，自重为 $\boldsymbol{P}$ 的物块静置于水平面上，若加一水平力 $\boldsymbol{F}_T$，则全约束力 $\boldsymbol{F}_R$ 将有一水平分量 $\boldsymbol{F}$，$\boldsymbol{F}_R$ 与接触面的公法线形成一角度 φ，如图 4-3（b）所示。当物块处于临界平衡状态时，全约束力 $\boldsymbol{F}_R$ 与接触面的公法线形成的角度 φ 将达到最大值，这个值称为静摩擦角，用 φ_m 表示。从图 4-3（c）所示可知

$$\tan\varphi_m = \frac{\boldsymbol{F}_{max}}{\boldsymbol{F}_N} = \frac{f_s\boldsymbol{F}_N}{\boldsymbol{F}_N} = f_s \tag{4-3}$$

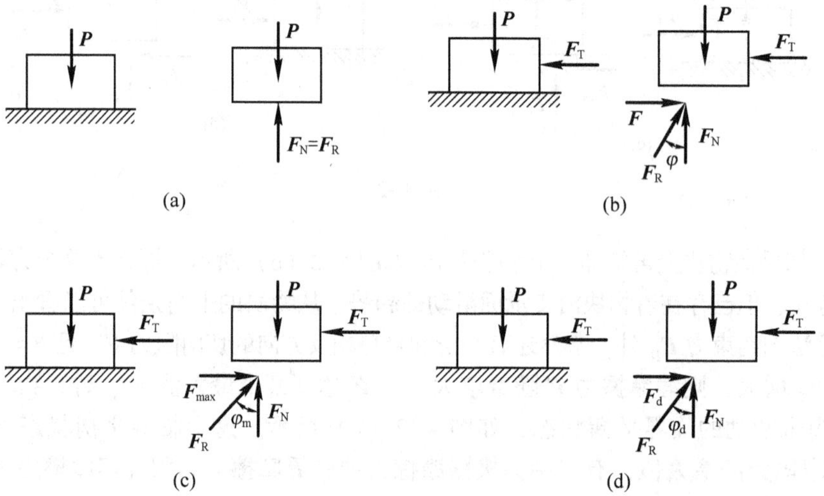

图 4-3

由此可知：$0 \leqslant \varphi \leqslant \varphi_m$。通过以上分析可知，当作用于物体上全部主动力的合力的作用线在摩擦角之内时，不论该力多大，物块都不会滑动，这种现象称为摩擦自锁。如图 4-4 所示。

自锁现象在工程中具有广泛的应用，如机床夹具、固定或锁紧螺丝、压榨机、千斤顶等，自锁现象使它们始终保持在平衡状态下工作。

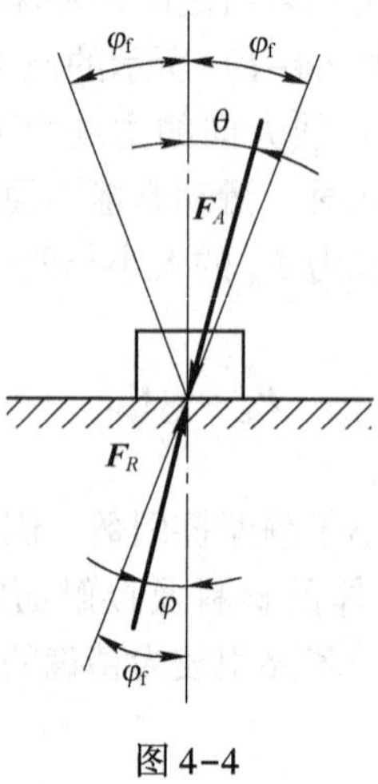

图 4-4

第二节 考虑摩擦时物体的平衡问题

考虑摩擦时的物体平衡问题的解法与前面章节类似。即取研究对象，画研究对象的受力图，列平衡方程，然后求解，最后对结果做必要的讨论。需要注意的是，在分析物体受力情况时，必须考虑摩擦力。求解时，需要判断物体处于何种状态。若物体处于非临界状态，则摩擦力是一个未知量，且满足 $0 \leqslant \boldsymbol{F}_s \leqslant \boldsymbol{F}_{max}$，摩擦力的大小需要根据平衡方程确定；若物体处于临界状态，则此时的摩擦力为 $\boldsymbol{F}_{max} = f_s \boldsymbol{F}_N$。

此外，由于静摩擦力 $\boldsymbol{F}_s$ 的大小可以在 $0 \sim \boldsymbol{F}_{max}$ 之间变化，所以在分析考虑摩擦时物体的平衡问题时，主动力的值也允许在一定范围内变化。

【例 4-1】 自重 $\boldsymbol{P}=1.0$kN 的物块置于水平支撑面上，受倾斜力 $\boldsymbol{F}_1=0.5$kN 作用，并分别如图 4-5（a）、（b）所示。物块与水平支撑面之间的静摩擦因数 $f_s=0.40$，动摩擦因数 $f_d=0.30$，试问在图中两种情况下物块是否滑动？并求出摩擦力。

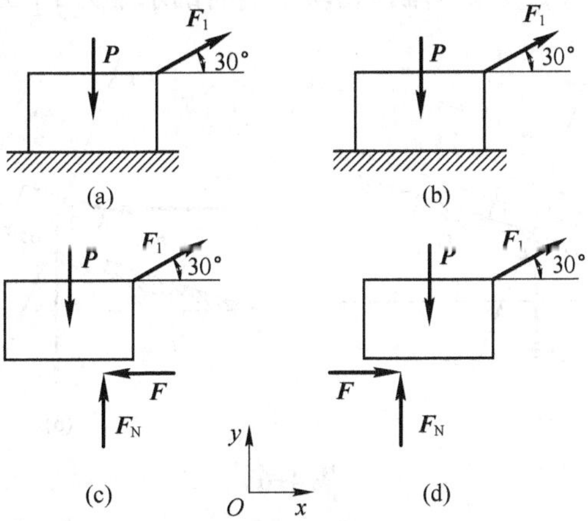

图 4-5

解：假设物块处于平衡状态，求保持平衡所需的摩擦力。

（1）对图 4-5（a）所示的物块画出受力图，如图 4-5（c）所示。作用于物块上主动力有 $\boldsymbol{P}$、$\boldsymbol{F}_1$，约束力有摩擦力 $\boldsymbol{F}$ 和法向约束力 $\boldsymbol{F}_N$。列平衡方程

$$\sum \boldsymbol{F}_x = 0 \qquad \boldsymbol{F}_1 \cos 30° - \boldsymbol{F} = 0$$

$$\boldsymbol{F} = \boldsymbol{F}_1 \cos 30° = 0.5\cos 30° = 0.433\text{kN}$$

$$\sum \boldsymbol{F}_y = 0 \qquad \boldsymbol{F}_N + \boldsymbol{F}_1 \sin 30° - P = 0$$

$$\boldsymbol{F}_N = \boldsymbol{P} - \boldsymbol{F}_1 \sin 30° = 1.0 - 0.5\sin 30° = 0.75\text{kN}$$

最大静摩擦力为

$$\boldsymbol{F}_{max} = f_s \boldsymbol{F}_N = 0.4 \times 0.75 = 0.3\text{kN}$$

由于保持平衡所需的摩擦力 $\boldsymbol{F} = 0.433\text{kN} > \boldsymbol{F}_{max} = 0.3\text{kN}$，因此物块不可能平衡，而是向右滑动。此时的摩擦力

$$\boldsymbol{F}_d = f_d \boldsymbol{F}_N = 0.3 \times 0.75 = 0.225\text{kN}$$

（2）对图 4-5（b）所示的物块画出受力图，如图 4-5（d）所示。作用于物块上的主动力有 $\boldsymbol{P}$、$\boldsymbol{F}_1$，约束力有摩擦力 $\boldsymbol{F}$ 和法向约束力 $\boldsymbol{F}_{\mathrm{N}}$。列平衡方程

$$\sum F_x = 0 \quad F_1\cos30° - F = 0$$

$$F = F_1\cos30° = 0.5\cos30° = 0.433\text{kN}$$

$$\sum F_y = 0 \quad F_{\mathrm{N}} - F_1\sin30° - P = 0$$

$$F_{\mathrm{N}} = P + F_1\sin30° = 1.0 + 0.5\sin30° = 1.25\text{kN}$$

最大静摩擦力为

$$F_{\max} = f_s F_{\mathrm{N}} = 0.4 \times 1.25 = 0.5\text{kN}$$

由于保持平衡所需的摩擦力 $F=0.433\text{kN}<F_{\max}=0.5\text{kN}$，因此物块保持平衡，没有滑动。值得注意的是，此时的摩擦力 $F=0.433\text{kN}$ 是由平衡方程确定的，而不是 $F_{\max}=0.5\text{kN}$。只有在临界平衡状态，摩擦力才等于最大静摩擦力 $F_{\max}$。

【例 4-2】 如图 4-6（a）所示，已知斜面的倾角为 θ，斜面上放有一个物块，物块重力为 $\boldsymbol{P}$，与斜面的静摩擦系数为 f_s。试求维持物块平衡时的水平力 $\boldsymbol{F}_1$ 的大小。

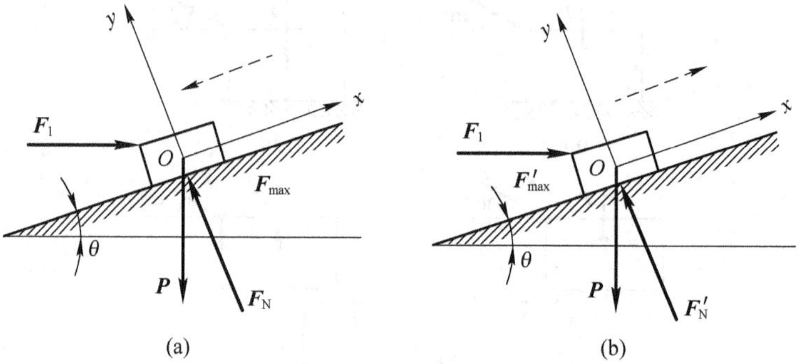

图 4-6

解： 由经验可知，若水平力 $\boldsymbol{F}_1$ 太大，物块可能上滑；$\boldsymbol{F}_1$ 太小，物块可能下滑。所以，物块有 2 种运动趋势，而 $\boldsymbol{F}_1$ 的数值必在一个范围之内。

首先，求维持物块不下滑的 $\boldsymbol{F}_1$ 的大小，此时对应 $\boldsymbol{F}_1$ 的最小值。

以物块为研究对象，对其进行受力分析。物块受到的力有主动力 $\boldsymbol{P}$、水平力 $\boldsymbol{F}_1$、约束反力 $\boldsymbol{F}_{\mathrm{N}}$、摩擦力 $\boldsymbol{F}_{\max}$。此时，由于物块有向下滑动的趋势，所以 $\boldsymbol{F}_{\max}$ 的方向为沿斜面向上，如图 4-6（a）所示。列出平衡方程为

$$\left.\begin{aligned}\sum F_x &= F_1\cos\theta - P\sin\theta + F_{\max} = 0\\ \sum F_y &= -F_1\sin\theta - P\cos\theta + F_{\mathrm{N}} = 0\end{aligned}\right\}$$

此外，再列出补充方程

$$F_{\max} = f_s F_{\mathrm{N}}$$

上述三式联立，可解得水平力 $\boldsymbol{F}_1$ 的最小值为

$$F_{1\min} = P\frac{\sin\theta - f_s\cos\theta}{\cos\theta + f_s\sin\theta}$$

然后，求维持物块不上滑的 $\boldsymbol{F}_1$ 的大小，此时对应 $\boldsymbol{F}_1$ 的最大值。

仍以物块为研究对象，对其进行受力分析。物块受到的力有主动力 $\boldsymbol{P}$、水平力 $\boldsymbol{F}_1$、约束反力 $\boldsymbol{F}'_N$、摩擦力 $\boldsymbol{F}'_{max}$。此时，由于物块有向上滑动的趋势，所以 $\boldsymbol{F}'_{max}$ 的方向为沿斜面向下，如图 4-4（b）所示。列出平衡方程为

$$\left.\begin{aligned}\sum \boldsymbol{F}_x &= \boldsymbol{F}_1\cos\theta - \boldsymbol{P}\sin\theta - \boldsymbol{F}'_{max} = 0\\ \sum \boldsymbol{F}_y &= -\boldsymbol{F}_1\sin\theta - \boldsymbol{P}\cos\theta + \boldsymbol{F}'_N = 0\end{aligned}\right\}$$

此外，再列出补充方程为

$$\boldsymbol{F}'_{max} = f_s\boldsymbol{F}'_N$$

上述三式联立，可解得水平力 $\boldsymbol{F}_1$ 的最大值为

$$\boldsymbol{F}_{1max} = \boldsymbol{P}\frac{\sin\theta + f_s\cos\theta}{\cos\theta - f_s\sin\theta}$$

综上所述，为维持物块静止，水平力 $\boldsymbol{F}_1$ 的大小应满足

$$\boldsymbol{P}\frac{\sin\theta - f_s\cos\theta}{\cos\theta + f_s\sin\theta} \leqslant \boldsymbol{F}_1 \leqslant \boldsymbol{P}\frac{\sin\theta + f_s\cos\theta}{\cos\theta - f_s\sin\theta}$$

第三节 滚动摩擦

我国古代就发明了轮子，实践证明，利用轮子可以用相对较小的力来移动重物。轮子在地面滚动过程中，轮子与地面接触点可以没有相对滑动，即并不需要克服最大静摩擦力就可使轮滚动。但轮子在滚动中也有阻力，产生这种阻力的原因有两方面：一方面是由于轴承的摩擦；另一方面是由于轮与地面的变形，即轮与地面的接触处不是一个点，而是一个面。

图 4-7（a）所示为一个没有支撑在轴承上的轮，如果轮与地面都是刚性的，只要在轮心上有一个非常小的水平力，轮总不能平衡，它可在地面上滚动。但事实表明，轮和地面有变形，即使在轮心加一水平力 $\boldsymbol{F}_T$，如图 4-7（b）所示，当 $\boldsymbol{F}_T$ 较小时，轮仍能保持静止。因为轮在自重 $\boldsymbol{P}$ 与 $\boldsymbol{F}_T$ 作用下，轮与地面接触在一小区域内，地面约束力是一个不对称分布荷载，阻止了轮的滚动（图 4-7（c））。此分布荷载向点 A 简化，得到一个力和一个力偶，再将力分解为法向约束力 $\boldsymbol{F}_N$ 和静摩擦力 $\boldsymbol{F}$，而力偶 M 就是对轮滚动的阻力，称为滚动摩阻力偶。当轮有滚动趋势时，力偶 M 的转向与轮相对滚动趋势的转向相反，大小由平衡方程确定，如图 4-7（d）所示，即

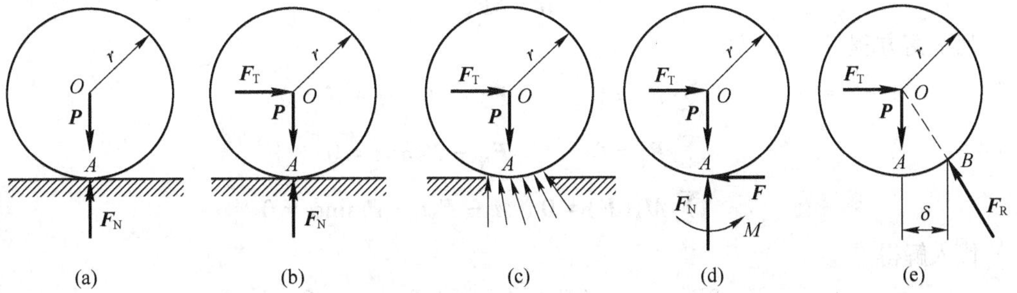

图 4-7

$$\sum M_A(\boldsymbol{F}) = 0,\ M - \boldsymbol{F}_T r = 0$$

$$M = \boldsymbol{F}_T r$$

式中，r 为轮的半径。

当 $\boldsymbol{F}_T$ 增大到某一值，M 增大到最大值 M_{max}，此时轮处于即将滚而未滚的临界平衡状态，力 $\boldsymbol{F}_T$ 继续增大，则轮开始滚动，即

$$0 \leqslant M \leqslant M_{max}$$

此式可表明滚动摩阻力偶的最大值与法向约束力成正比，即

$$M_{max} = \delta \boldsymbol{F}_N$$

式中的比例系数 δ 称为滚动摩阻系数，其单位一般用 mm 表示。它表示轮与地面接触处的合力与轮交点 B 到点 A 的最大偏移距离。δ 一般取决于相互接触物体表面的材料性质和表面状况（硬度、光洁度、温度及湿度等），还与法向约束力、轮的半径等有关。

【例 4-3】 图 4-8（a）所示为一个重为 $\boldsymbol{P}$=20kN 的均质圆柱置于倾角为 α =30°的斜面上，已知圆柱半径 r=0.5m，圆柱与斜面之间的滚动摩阻系数 δ =5mm，静摩擦因数 f_s =0.65。试求：（1）欲使圆柱沿斜面向上滚动所需施加最小的力 $\boldsymbol{F}_T$（平行于斜面）的大小以及圆柱与斜面之间的摩擦力；（2）阻止圆柱向下滚动所需的力 $\boldsymbol{F}_T$ 的大小以及圆柱与斜面之间的摩擦力。

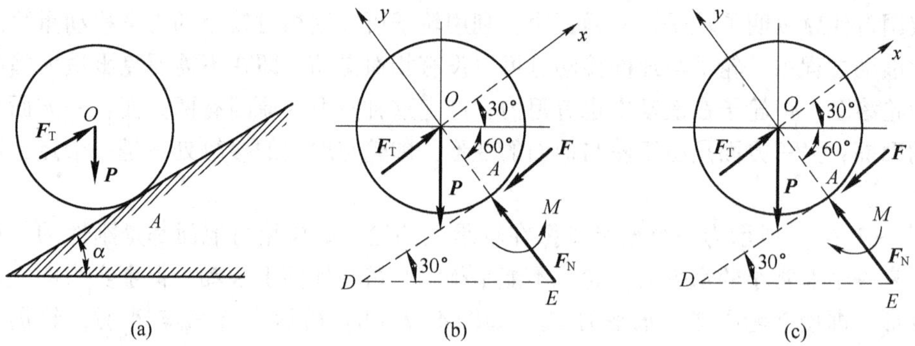

图 4-8

解：

（1）取圆柱为研究对象，画受力图如图 4-8（b）所示。圆柱即将向上滚动，即顺时针滚动，则滚动摩阻力偶 M 为逆时针。此时有

$$M = \delta \boldsymbol{F}_N$$

列平衡方程

$$\sum \boldsymbol{F}_x = 0 \qquad \boldsymbol{F}_T - \boldsymbol{P}\sin\alpha - \boldsymbol{F} = 0$$

$$\sum \boldsymbol{F}_y = 0 \qquad \boldsymbol{F}_N - \boldsymbol{P}\cos\alpha = 0$$

$$\sum M_A(\boldsymbol{F}) = 0 \quad M - \boldsymbol{F}_T r + \boldsymbol{P} r\sin\alpha = 0$$

代入解得

$$\delta \boldsymbol{P}\cos\alpha - r(\boldsymbol{F} + \sin\alpha) + \boldsymbol{P} r\sin\alpha = 0$$

$$F = P\frac{\delta}{r}\cos\alpha = 20 \times \frac{5 \times 10^{-3}}{0.5}\cos 30° = 0.173\text{kN}$$

最大静摩擦力

$$F_{max} = f_s F_N = 0.65 \times 20\cos 30° = 11.3\text{kN}$$

因此圆柱与斜面之间的实际摩擦力 F=0.173kN，圆柱滚动而未发生滑动，且有

$$F_T = P\sin\alpha + F = 20\sin 30° + 0.173 = 10.2\text{kN}$$

使圆柱沿斜面向上滚动所需施加的力 F_T>10.2kN。

(2) 取圆柱为研究对象，画受力图如图 4-8 (c) 所示。圆柱即将向下滚动，即逆时针滚动，则滚动摩阻力偶 M 为顺时针。此时有

$$M = \delta F_N$$

列平衡方程

$$\sum F_x = 0 \qquad F_T - P\sin\alpha - F = 0$$

$$\sum F_y = 0 \qquad F_N - P\cos\alpha = 0$$

$$\sum M_A(F) = 0 \qquad -M - F_T r + Pr\sin\alpha = 0$$

代入解得

$$-\delta P\cos\alpha - r(F + P\sin\alpha) + Pr\sin\alpha = 0$$

$$F = -P\frac{\delta}{r}\cos\alpha = -20 \times \frac{5 \times 10^{-3}}{0.5}\cos 30° = -0.173\text{kN}$$

负号说明摩擦力 F 的实际指向沿斜面向上，大小为 0.173kN，则

$$F_T = P\sin\alpha + F = 20\sin 30° - 0.173 = 9.83\text{kN}$$

阻止圆柱沿斜面向下滚动所需要施加的力 F_T>9.83kN。

扩展阅读

重新认识摩擦力

一、摩擦力的本质是什么?

自然界有四大基本作用力，分别是强作用力、弱作用力、电磁力和引力。

很明显摩擦力不属于引力，也不是弱作用力，更不是强作用力，产生它的唯一来源是电磁作用力，如果没有摩擦力，我们可以假设没有的电磁相互作用吗？因为摩擦力的电磁力本质是核外电子的排斥，而在更远的距离上则表现互相吸引，这就是物质能结合在一起却难以压缩的最根本原因。因为压缩就要与电子之间的斥力对抗，极度压缩就是电子简并压力的对抗。

二、假如没有了电磁力世界会怎样?

(1) 原子之间的结合是电磁力作用的结果，假如没有了电磁力，那么每个原子都如一盘散沙，这将会导致一个结果，任何物质可能会成为超精细研磨后的粉末？而且单位是原子，这是一个粉末世界。

(2) 电磁力的介质是光子，真正的原因是光子消失了？因为它不再传递电磁力，那么将会变成一个怎样的世界？一片漆黑？这只是直观的结果而已，另一个意义是无比寒冷，因为光和热都是核外电子跃迁跌落后释放的光子作用的结果，如果没有了光子，你可以想象到这将是一个堪比绝对零度的结果。

(3) 质子+质子结合将再无电磁力对抗，因此强作用力下的原子核会变得十分稳定，不会再有衰变、裂变等，原子核的质子数可以无限增加，这是个什么世界？重物质世界，轻元素不再存在，宇宙中再无生命的可能。

(4) 其实还有一个终极的结果，如果没有电子的跃迁以及释放光子的过程（两者可能都是游离的，原子核碰撞几率增加，自发核聚变），那么宇宙将不会再有什么温度，只有无比的寒冷与黑暗，也许宇宙都不会诞生。

思考与练习

4-1 题4-1图所示物块A置于斜面上，斜面倾角$\theta=30°$，物块自重$\boldsymbol{P}=350\text{N}$，在物块上加一水平力$\boldsymbol{F}_{\text{T}}=100\text{N}$，物块与斜面间的静摩擦因数$f_{\text{s}}=0.35$，动摩擦因数$f_{\text{d}}=0.25$。试问物块是否平衡？并求出摩擦力的大小和方向。

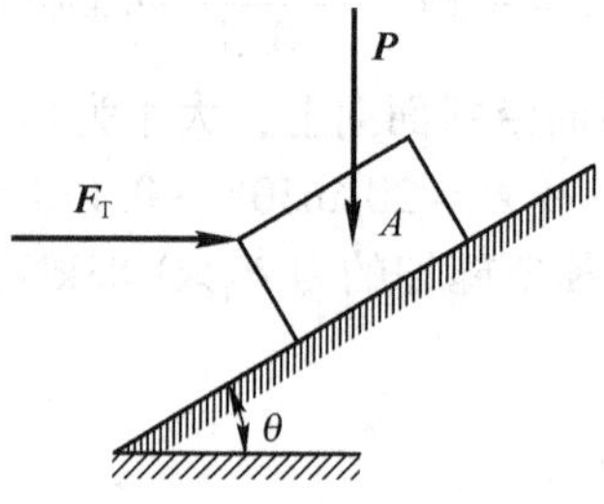

题4-1图

4-2 如果题4-1图中的倾角$\theta=40°$，水平力$\boldsymbol{F}_{\text{T}}=50\text{N}$，其余条件不变，试问物块$A$是否平衡？并求出摩擦力的大小和方向。

4-3 题4-3图所示一折梯置于水平面上，倾角为60°，在点E作用一铅垂力$\boldsymbol{F}=500\text{N}$，$BC=l$，$CE=l/3$。折梯$A$、$B$处与水平面间的静摩擦因数分别是$f_{sA}=0.4$，$f_{sB}=0.35$，动摩擦因数$f_{dA}=0.35$，$f_{dB}=0.25$。若不计折梯自重。试问折梯是否平衡？

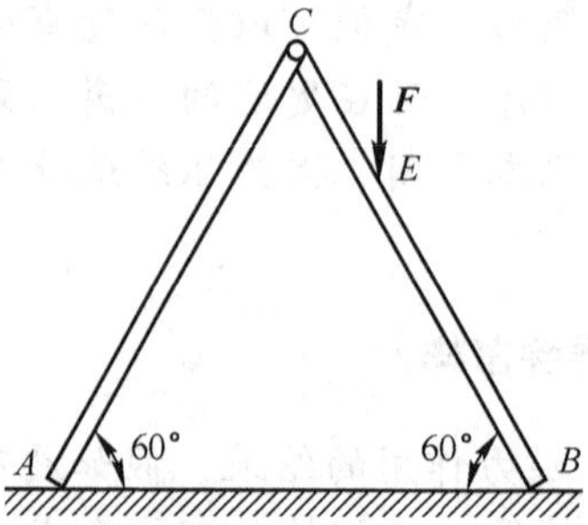

题4-3图

4-4 均质光滑球重为 $\boldsymbol{P}_1$，与无重杆 OA 铰接支撑，并靠在重为 $\boldsymbol{P}_2$ 的物块 M 上，如题 4-4 图所示。试求物块平衡被破坏开始时，物块与水平面间的静摩擦因数 f_s。

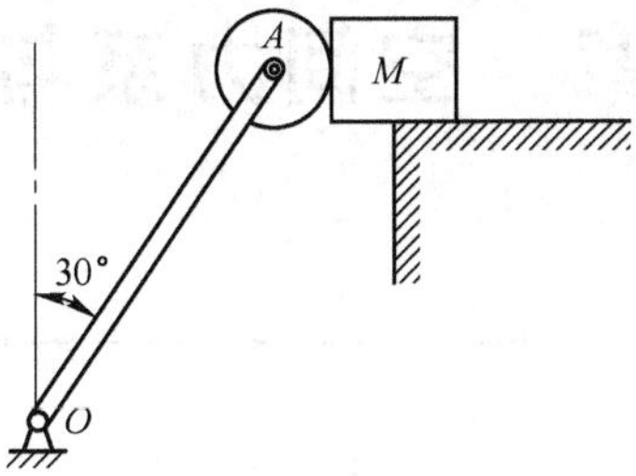

题 4-4 图

4-5 攀登电线杆的脚套钩如题 4-5 图所示。设 A、B 间垂直距离 $h=10\text{cm}$，套钩与电线杆间静摩擦因数 $f_s=0.5$，试问欲保证套钩在电线杆上不打滑 l 应为多少。

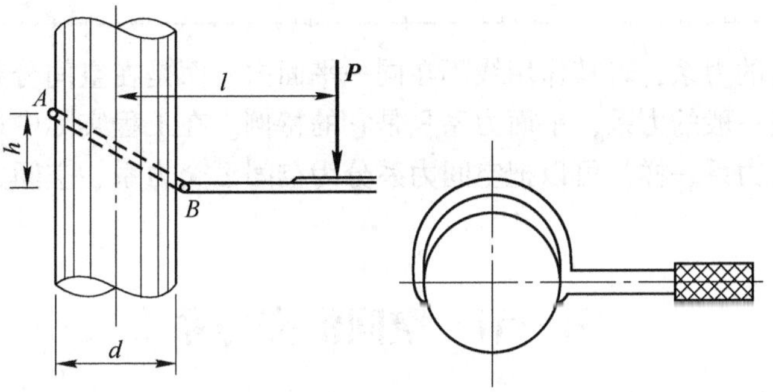

题 4-5 图

第五章 空间力系与重心

学习目标

(1) 熟练掌握空间汇交力系下力在空间坐标轴上的投影和分力。
(2) 了解空间力对点之矩和力对轴之矩的相关问题。
(3) 掌握多种空间力系下的平衡方程的学习与应用。
(4) 掌握求重心的方法。

作用在物体上的力系，若其作用线不在同一平面内，而是在空间分布，则称为空间力系。空间力系是最一般的力系，平面力系只是它的特例。在工程实际中遇到的空间力系有各种形式，和平面力系一样，可以把空间力系分为空间汇交力系、空间力偶系和空间任意力系。

第一节 空间汇交力系

一、力在空间直角坐标轴上的分解和投影

空间力系的研究方法与平面力系基本相同，只是将平面问题中的概念、理论和方法推广并引申到空间问题中。同平面力系一样，研究空间力系的简化和平衡问题时也需要将力系在空间坐标轴上投影。

如果以立方体的对角线 OA 表示力 $\boldsymbol{F}$，则 $\boldsymbol{F}_x$、$\boldsymbol{F}_y$ 和 $\boldsymbol{F}_z$ 为立方体的三条边（见图 5-1），如用 α、β、γ 分别表示力 $\boldsymbol{F}$ 与坐标轴 x、y、z 正向间的夹角，则得到

$$F_x = F\cos\alpha \quad F_y = F\cos\beta \quad F_z = F\cos\gamma \tag{5-1}$$

这种求投影的方法称为直投影法。力在空间直角坐标轴上投影的正负规定如下：如果力的起点投影到终点投影连线的方向与坐标轴的正向一致，则取正值；反之，取负值。

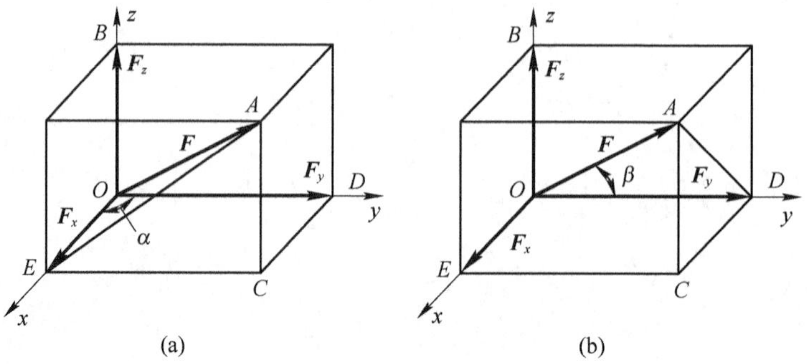

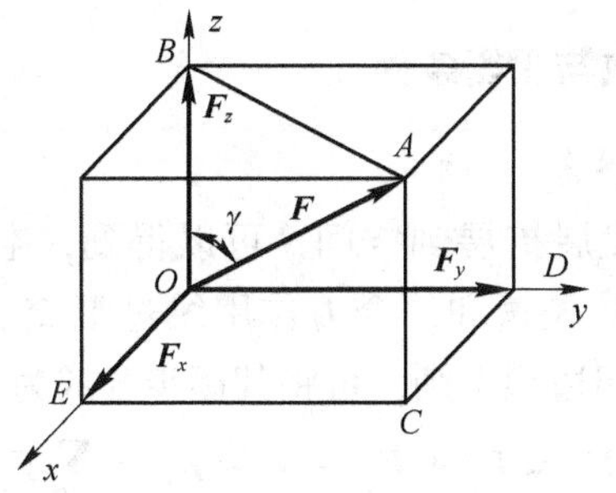

(c)

图 5-1

当力与 3 个坐标轴的夹角不易全部得到时，可先将力投影到坐标面上，然后再投影到坐标轴上，这种求投影的方法称为二次投影法。

如图 5-2 所示，已知力 $\boldsymbol{F}$ 与 z 轴正向的夹角为 γ，力 $\boldsymbol{F}$ 在 Oxy 平面上的投影 $\boldsymbol{F}_{xy}$ 与 x 轴正向的夹角为 φ，求力 $\boldsymbol{F}$ 在各坐标轴上的投影。

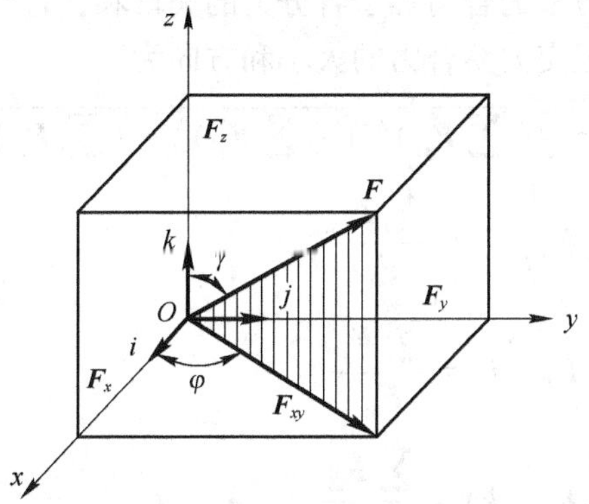

图 5-2

首先，将力 $\boldsymbol{F}$ 向 z 轴和 Oxy 平面上投影，得

$$\left.\begin{aligned} F_z &= F\cos\gamma \\ F_{xy} &= F\sin\gamma \end{aligned}\right\}$$

然后再将 $\boldsymbol{F}_{xy}$ 向 x、y 轴上投影，得

$$\left.\begin{aligned} F_x &= F_{xy}\cos\varphi = F\sin\gamma\cos\varphi \\ F_y &= F_{xy}\sin\varphi = F\sin\gamma\sin\varphi \end{aligned}\right\}$$

即力 $\boldsymbol{F}$ 在 x、y、z 轴上的投影为

$$\left.\begin{aligned} F_x &= F\sin\gamma\cos\varphi \\ F_y &= F\sin\gamma\sin\varphi \\ F_z &= F\cos\gamma \end{aligned}\right\} \tag{5-2}$$

若以 $\boldsymbol{F}_x$、$\boldsymbol{F}_y$、$\boldsymbol{F}_z$ 表示力 $\boldsymbol{F}$ 在坐标轴方向的分力，则

$$\boldsymbol{F} = \boldsymbol{F}_x + \boldsymbol{F}_y + \boldsymbol{F}_z = F_x\boldsymbol{i} + F_y\boldsymbol{j} + F_z\boldsymbol{k} \tag{5-3}$$

式中，$\boldsymbol{i}$、$\boldsymbol{j}$、$\boldsymbol{k}$ 分别为 x、y、z 坐标轴方向的单位矢量。可见，分力的大小就等于同方向的投影的绝对值。

二、空间汇交力系的合成与平衡条件

（一）空间汇交力系的合成

将平面汇交力系的合成发展扩展到空间，可以得到，空间汇交力系可以合成一个合力，该合力等于力系各分力的矢量和，合力作用线过汇交点。即空间汇交力系中各 $\boldsymbol{F}_1$，$\boldsymbol{F}_2$，…，$\boldsymbol{F}_n$，利用力的平行四边形法则，可将其逐步合成为合力 $\boldsymbol{F}_R$，且有

$$\boldsymbol{F}_R = \boldsymbol{F}_1 + \boldsymbol{F}_2 + \cdots + \boldsymbol{F}_n = \sum \boldsymbol{F}_i$$

根据 $\boldsymbol{F} = \boldsymbol{F}_x i + \boldsymbol{F}_y j + \boldsymbol{F}_z k$ 可得

$$\boldsymbol{F}_{Rx} = \sum \boldsymbol{F}_{xi} \quad \boldsymbol{F}_{Ry} = \sum \boldsymbol{F}_{yi} \quad \boldsymbol{F}_{Rz} = \sum \boldsymbol{F}_{zi} \tag{5-4}$$

故有

$$\boldsymbol{F}_R = \sum \boldsymbol{F}_{xi} i + \sum \boldsymbol{F}_{yi} j + \sum \boldsymbol{F}_{zi} k \tag{5-5}$$

式中，$\sum \boldsymbol{F}_{xi}$，$\sum \boldsymbol{F}_{yi}$，$\sum \boldsymbol{F}_{zi}$ 分别为合力 $\boldsymbol{F}_R$ 在 x，y，z 轴上的投影。

由此可知，空间汇交力系的合力等于各分力的矢量和，且合力的作用线通过汇交点。

从而，可以得到空间汇交力系合力的大小和方向为

$$\left.\begin{aligned} \boldsymbol{F}_R &= \sqrt{\left(\sum \boldsymbol{F}_{xi}\right)^2 + \left(\sum \boldsymbol{F}_{yi}\right)^2 + \left(\sum \boldsymbol{F}_{zi}\right)^2} \\ \cos(\boldsymbol{F}_R,\ i) &= \frac{\sum \boldsymbol{F}_{xi}}{\boldsymbol{F}_R} \\ \cos(\boldsymbol{F}_R,\ j) &= \frac{\sum \boldsymbol{F}_{yi}}{\boldsymbol{F}_R} \\ \cos(\boldsymbol{F}_R,\ k) &= \frac{\sum \boldsymbol{F}_{zi}}{\boldsymbol{F}_R} \end{aligned}\right\} \tag{5-6}$$

式中，$\cos(\boldsymbol{F}_R,\ i)$，$\cos(\boldsymbol{F}_R,\ j)$，$\cos(\boldsymbol{F}_R,\ k)$ 称为合力 $\boldsymbol{F}_R$ 的方向余弦。

（二）空间汇交力系的平衡方程

由于空间汇交力系的合成结果是一个合力，因此，若要使空间汇交力系平衡，则应使该力系的合力等于零，即

$$\boldsymbol{F}_R = 0$$

故有

$$\left.\begin{aligned} \sum \boldsymbol{F}_{xi} &= 0 \\ \sum \boldsymbol{F}_{yi} &= 0 \\ \sum \boldsymbol{F}_{zi} &= 0 \end{aligned}\right\} \tag{5-7}$$

因此，空间汇交力系平衡的充要条件是：该力系中所有各力在 3 个相互正交的坐标轴上投影的代数和分别等于零。式（5-7）称为空间汇交力系的平衡方程。

【例 5-1】 由 3 根无重直杆组成的挂物架如图 5-3 所示。各点光滑铰链连接，BOC 平面是水平面，且 $OB=OC$，角度如图 5-3 所示。若 O 点所挂重物重力 $\boldsymbol{P}=1000\text{N}$，求三杆所受的力。

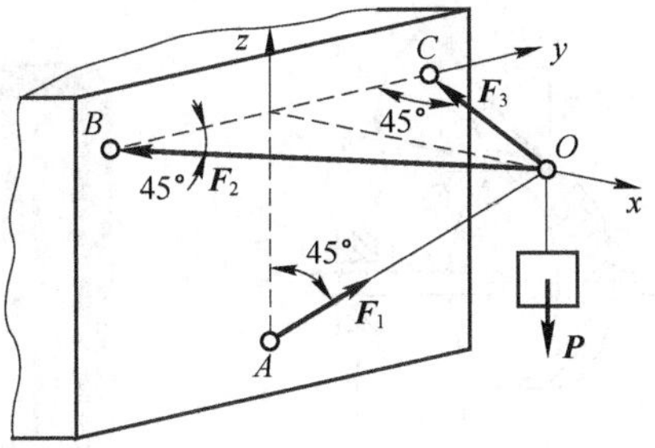

图 5-3

解:

(1) 取整个系统研究，分析受力。

由于三杆均不计自重且两端受力，为二力杆，所以 A、B、C 三点约束力的方向沿杆的方向，如图 5-3 所示。

(2) 建立图示坐标系，列平衡方程

$$\begin{cases} \sum X = 0 \\ \sum Y = 0 \\ \sum Z = 0 \end{cases}$$

得

$$\begin{cases} \boldsymbol{F}_1 \sin 45° - \boldsymbol{F}_2 \sin 45° - \boldsymbol{F}_3 \sin 45° = 0 \\ - \boldsymbol{F}_2 \cos 45° + \boldsymbol{F}_3 \cos 45° = 0 \\ \boldsymbol{F}_1 \cos 45° - \boldsymbol{P} = 0 \end{cases}$$

代入数据，解得

$$\boldsymbol{F}_1 = 1414\text{N}$$

$$\boldsymbol{F}_2 = \boldsymbol{F}_3 = 707\text{N}$$

第二节　空间力对点之矩与力对轴之矩

传动轴圆柱斜齿轮所受的力如图 5-4（a）所示。由工程实践可以知道，$\boldsymbol{F}$ 对于轴的作用效果不仅仅与其大小有关，还与其方向及其作用方位有关。为了清楚描述空间转动效果，采用空间的力对点之距或空间力偶进行描述。

日常生活中，开门、关门几乎每天都会遇到，如图 5-4（b）所示。我们在进行此项活动时，手对门的作用力的位置、力的大小和力的方向都直接影响关门的效果。为了清楚描述这一效果，采用空间的力对轴之矩进行描述。

一、空间力对点的矩

在平面力系中，力 $\boldsymbol{F}$ 与矩心 O 在同一个平面内，用代数量 $M_O(\boldsymbol{F})$ 就足以概括力对点 O 之矩的全部要素。但在空间力系中，由于各力与矩心 O 所决定的平面可能不同，导致各

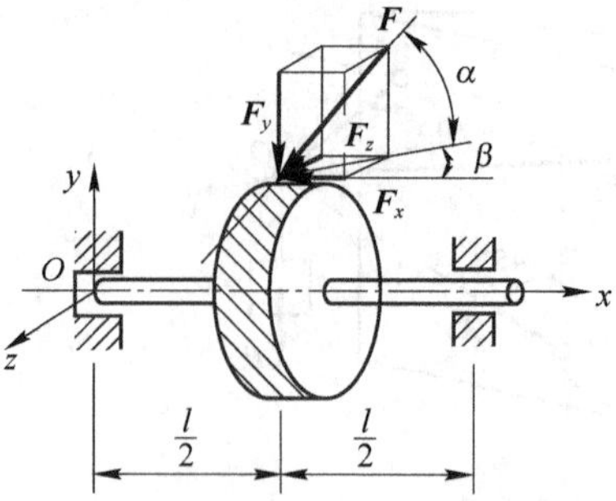

(a)

(b)

图 5-4

力使刚体绕同一点转动的方位不同。当方位不同时，即使力矩的大小相同，作用效果也会完全不同。

因此，对于空间力系，力对点之矩应该用矢量表示，且该矢量由力与矩心所构成的平面的方位、力矩在该平面内的转向、力矩的大小三个因素来决定。

如图 5-5 所示，设力 $\boldsymbol{F}$ 的作用线沿 AB，点 O 为矩心，则力 $\boldsymbol{F}$ 对点 O 之矩可用矢量来表示，称为力矩矢，记为 $\boldsymbol{M}_O(\boldsymbol{F})$。力矩矢 $\boldsymbol{M}_O(\boldsymbol{F})$ 的始端为点 O，它的模（即大小）等于力 $\boldsymbol{F}$ 与力臂 d 的乘积，方向垂直于力 $\boldsymbol{F}$ 与矩心 O 所决定的平面，指向可用右手法则来确定。于是可得

$$|\boldsymbol{M}_O(\boldsymbol{F})| = Fd = 2A_{\triangle OAB}$$

式中，$A_{\triangle OAB}$ 表示三角形 OAB 的面积。

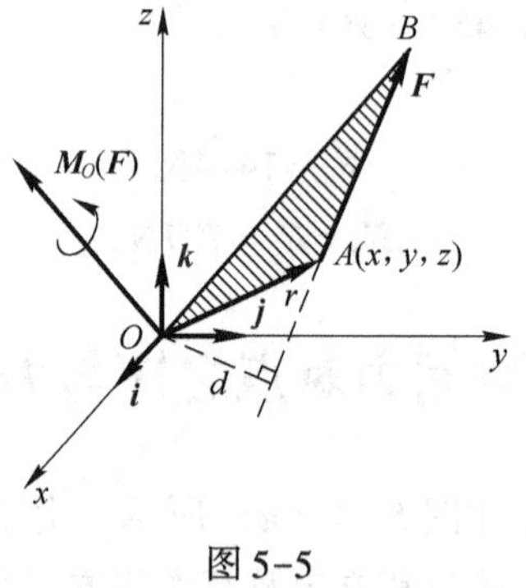

图 5-5

由以上定义可知，力矩矢 $\boldsymbol{M}_O(\boldsymbol{F})$ 的大小和方向与矩心 O 的位置有关，即力矩矢 $\boldsymbol{M}_O(\boldsymbol{F})$ 是一个定位矢量。

用 $\boldsymbol{r}$ 表示点 O 到力 $\boldsymbol{F}$ 作用点的矢径，则矢径 $\boldsymbol{r}$ 与力 $\boldsymbol{F}$ 的矢量积 $\boldsymbol{r}\times\boldsymbol{F}$ 也是一个矢量。根据矢量积的定义，其大小等于三角形 OAB 面积的两倍，其方向垂直于 $\boldsymbol{r}$ 和 $\boldsymbol{F}$ 决定的平面，指向也符合右手法则。可见矢量积 $\boldsymbol{r}\times\boldsymbol{F}$ 与力矩矢 $\boldsymbol{M}_O(\boldsymbol{F})$ 的大小相等，方向相同，于是有

$$\boldsymbol{M}_O(\boldsymbol{F}) = \boldsymbol{r} \times \boldsymbol{F} \tag{5-8}$$

即力矩矢 $\boldsymbol{M}_O(\boldsymbol{F})$ 等于矩心到该力作用点的矢径与该力的矢量积。

二、空间力对轴的矩

在空间力系中，除了用力对点之矩来描述力对刚体的转动效应外，还要用到力对轴之矩的概念，这里我们以手推门的实例引入力对轴之矩的定义。

从实践中可知，如果推门时力的作用线与门的转轴平行或相交，无论力多大，门都不会发生转动。如图5-6（a）所示，当力 $\boldsymbol{F}$ 与门的转轴 z 共面时，力对轴不产生转动效应，即力对轴之矩为零。

如图5-6（b）所示，如果推门时力 $\boldsymbol{F}$ 在垂直于转轴 z 的平面内，此时就能把门推开。实践证明，力 $\boldsymbol{F}$ 越大或其作用线与转轴间的垂直距离 d 越大，转动效果就越明显。因此，可以用力 $\boldsymbol{F}$ 的大小与垂直距离 d 的乘积来度量力 $\boldsymbol{F}$ 对刚体绕定轴的转动效应，其转向可用正负号区分。若将力 $\boldsymbol{F}$ 对 z 轴之矩用 $M_z(\boldsymbol{F})$ 表示，则

$$M_z(\boldsymbol{F}) = M_O(\boldsymbol{F}) = \pm Fd$$

一般情况下，力 $\boldsymbol{F}$ 既不平行于 z 轴，又不与 z 轴相交，也不在垂直于 z 轴的平面内，如图5-6（c）所示。为了确定力 $\boldsymbol{F}$ 使门绕 z 轴转动的效应，可将力分解为两个分力 $\boldsymbol{F}_z$ 和 $\boldsymbol{F}_{xy}$。其中，$\boldsymbol{F}_z$ 与 z 轴平行，$\boldsymbol{F}_{xy}$ 在垂直于 z 轴的平面内。

因为分力 $\boldsymbol{F}_z$ 不能使门转动，只有分力 $\boldsymbol{F}_{xy}$ 才能使门绕 z 轴转动，所以力 $\boldsymbol{F}$ 使门绕 z 轴转动的效应完全由分力 $\boldsymbol{F}_{xy}$ 来确定，该分力对点 O 之矩为 $F_{xy}d$。因此，力对轴之矩等于此力在垂直于该轴的平面上的分力对该轴与此平面的交点之矩，即

$$M_z(\boldsymbol{F}) = M_O(\boldsymbol{F}_{xy}) = \pm F_{xy}d \tag{5-9}$$

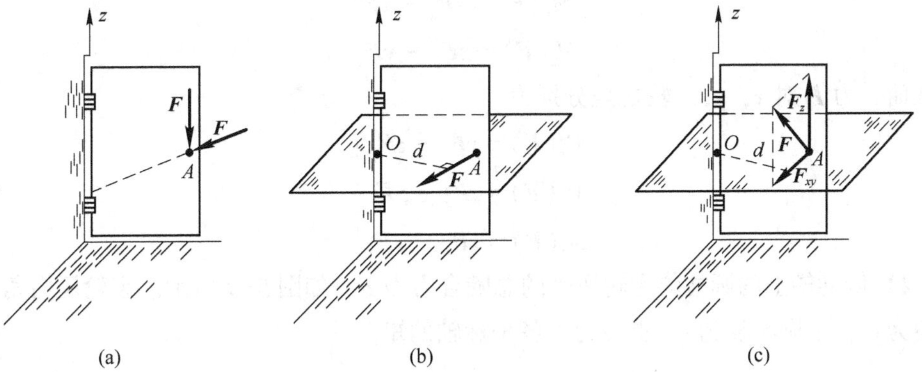

图5-6

力对轴之矩是代数量，正负号也可以用右手法则来确定，如图5-7（b）和图5-7（c）所示。用右手4指握轴并使握向与力使物体绕 z 轴转动的方向一致，若拇指的指向与 z 轴的正向相同，则力对轴之矩为正；反之，为负。

力对轴的矩也可以用解析表达式表示。如图5-8所示，力 $\boldsymbol{F}$ 在3个直角坐标轴上的投影分别用 F_x、F_y、F_z 表示，力的作用点的坐标为 $A(x,y,z)$，则由合力矩定理得

$$M_x(\boldsymbol{F}) = M_x(\boldsymbol{F}_x) + M_x(\boldsymbol{F}_y) + M_x(\boldsymbol{F}_z) = 0 - zF_y + yF_z = yF_z - zF_y$$

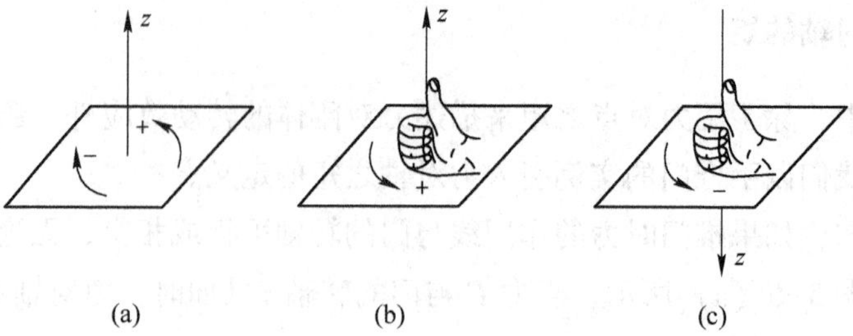

图 5-7

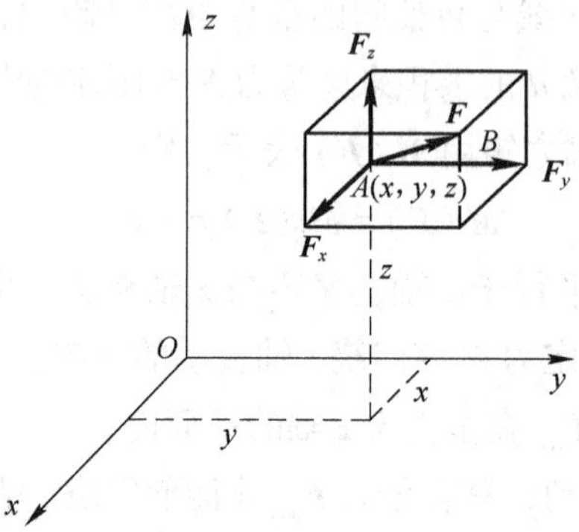

图 5-8

同理，可得

$$M_y(\boldsymbol{F}) = z\boldsymbol{F}_x - x\boldsymbol{F}_z$$
$$M_z(\boldsymbol{F}) = x\boldsymbol{F}_y - y\boldsymbol{F}_x$$

从而，力 $\boldsymbol{F}$ 对 x，y，z 轴之矩分别为

$$\left.\begin{aligned} M_x(\boldsymbol{F}) &= y\boldsymbol{F}_z - z\boldsymbol{F}_y \\ M_y(\boldsymbol{F}) &= z\boldsymbol{F}_x - x\boldsymbol{F}_z \\ M_z(\boldsymbol{F}) &= x\boldsymbol{F}_y - y\boldsymbol{F}_x \end{aligned}\right\} \tag{5-10}$$

【例 5-2】传动轴上的圆柱斜齿轮所受的总啮合力为 $\boldsymbol{F}$，如图 5-9 所示。齿轮压力角为 α，螺旋角为 β，节圆半径为 r。求该力对各坐标轴的矩。

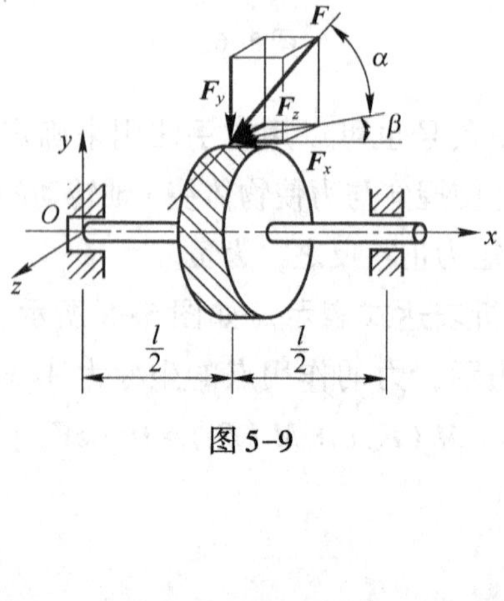

图 5-9

解：

（1）将力 $\boldsymbol{F}$ 沿坐标方向分解，得

$$F_x = F\cos\alpha\cos\beta$$
$$F_y = F\sin\alpha$$
$$F_z = F\cos\alpha\sin\beta$$

（2）力作用点坐标为 $\left(\frac{l}{2},\ r,\ 0\right)$，按式（5-10）计算力对各轴的矩，得

$$M_x(F) = rF\cos\alpha\sin\beta$$
$$M_y(F) = -\frac{l}{2}F\cos\alpha\sin\beta$$
$$M_z(F) = \frac{l}{2}(-F\sin\alpha) - r(-F\cos\alpha\cos\beta) = F\left(r\cos\alpha\cos\beta - \frac{l}{2}\sin\alpha\right)$$

三、力对点之矩与力对轴之矩的关系

已知力对点之矩公式为 $\boldsymbol{M}_O(\boldsymbol{F})=\boldsymbol{r}\times\boldsymbol{F}$，用沿坐标轴的分量表示成

$$\left.\begin{aligned}\boldsymbol{F} &= F_x\boldsymbol{i} + F_y\boldsymbol{j} + F_z\boldsymbol{k}\\ \boldsymbol{r} &= x\boldsymbol{i} + y\boldsymbol{j} + z\boldsymbol{k}\end{aligned}\right\} \tag{5-11}$$

则力 $\boldsymbol{F}$ 对 O 点之矩为

$$\boldsymbol{M}_O(\boldsymbol{F}) = \boldsymbol{r}\times\boldsymbol{F} = \begin{vmatrix}\boldsymbol{i} & \boldsymbol{j} & \boldsymbol{k}\\ x & y & z\\ F_x & F_y & F_z\end{vmatrix} = (yF_z - zF_y)\boldsymbol{i} + (zF_x - xF_z)\boldsymbol{j} + (xF_y - yF_x)\boldsymbol{k} \tag{5-12}$$

式中，单位矢量 $\boldsymbol{i}$、$\boldsymbol{j}$、$\boldsymbol{k}$ 前的 3 个系数，分别表示力 $\boldsymbol{F}$ 对点 O 之矩矢 $\boldsymbol{M}_O(\boldsymbol{F})$ 在 3 个坐标轴上的投影，即

$$\boldsymbol{M}_O(\boldsymbol{F}) = [\boldsymbol{M}_O(\boldsymbol{F})]_x\boldsymbol{i} + [\boldsymbol{M}_O(\boldsymbol{F})]_y\boldsymbol{j} + [\boldsymbol{M}_O(\boldsymbol{F})]_z\boldsymbol{k}$$

则力矩矢 $\boldsymbol{M}_O(\boldsymbol{F})$ 在 3 个坐标轴上的投影分别为

$$\left.\begin{aligned}[\boldsymbol{M}_O(\boldsymbol{F})]_x &= yF_z - zF_y\\ [\boldsymbol{M}_O(\boldsymbol{F})]_y &= zF_x - xF_z\\ [\boldsymbol{M}_O(\boldsymbol{F})]_z &= xF_y - yF_x\end{aligned}\right\} \tag{5-13}$$

由力对轴之矩公式可知

$$\left.\begin{aligned}M_x(F) &= yF_z - zF_y\\ M_y(F) &= zF_x - xF_z\\ M_z(F) &= xF_y - yF_x\end{aligned}\right\} \tag{5-14}$$

对比可知：

$$\left.\begin{aligned}[\boldsymbol{M}_O(\boldsymbol{F})]_x &= M_x(F)\\ [\boldsymbol{M}_O(\boldsymbol{F})]_y &= M_y(F)\\ [\boldsymbol{M}_O(\boldsymbol{F})]_z &= M_z(F)\end{aligned}\right\} \tag{5-15}$$

说明，力对点之矩与力对通过该点的轴之矩的关系是：力对点之矩在通过该点的某轴上的投影等于力对该轴之矩。

第三节 空间力系的平衡方程

一、空间任意力系的简化

空间任意力系是指力系中各力作用线在空间任意分布的力系。研究该力系的简化和平衡问题，和平面任意力系的简化方法一样，空间任意力系简化也是根据力线平移定理，依次将力系中的每一个力向简化中心 O 平移，同时附加一个力偶。这样，原来的空间任意力系，如图 5-10（a）所示，就等效为一个空间汇交力系和一个空间力偶系，如图 5-10（b）所示。其中

$$\boldsymbol{F}_i' = \boldsymbol{F}_i, \ \boldsymbol{M}_i = \boldsymbol{M}_O(\boldsymbol{F}_i) \qquad (i = 1, 2, \cdots, n)$$

作用于 O 点的空间汇交力系可以合成为一个力 $\boldsymbol{F}_{\mathrm{R}}$（图 5-10（c）），此力的作用线过 O 点，大小和方向等于力系的主矢，即

$$\boldsymbol{F}_{\mathrm{R}} = \boldsymbol{F}_1' + \boldsymbol{F}_2' + \cdots + \boldsymbol{F}_n' = \sum_{i=1}^{n} \boldsymbol{F}_i$$

空间力偶系可合成为一个力偶 M_O（图 5-10（c）），其力偶矩矢等于各附加力偶矩矢的矢量和，也就是原力系中各力对简化中心 O 取矩的矢量和，即力系对 O 点的主矩

$$\boldsymbol{M}_O = \boldsymbol{M}_1 + \boldsymbol{M}_2 + \cdots + \boldsymbol{M}_n = \sum_{i=1}^{n} \boldsymbol{M}_O(\boldsymbol{F}_i)$$

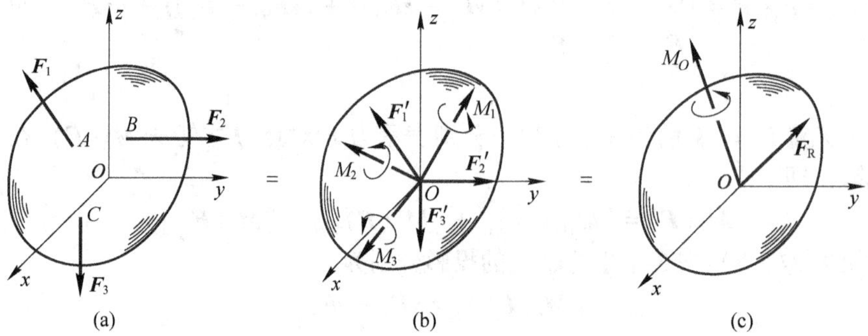

图 5-10

因此可得如下结论：空间任意力系向空间任一点 O 简化可以得到一个力和一个力偶。该力的大小和方向等于该力系的主矢，作用线过简化中心 O；该力偶的矩矢等于该力系对简化中心 O 的主矩。

则可得该合力的大小为

$$F_R = \sqrt{(\sum F_{ix})^2 + (\sum F_{iy})^2 + (\sum F_{iz})^2} \tag{5-16}$$

也可得该合力偶矩矢的大小为

$$\begin{aligned} M &= \sqrt{(\sum_{i=1}^{n} M_{ix})^2 + (\sum_{i=1}^{n} M_{iy})^2 + (\sum_{i=1}^{n} M_{iz})^2} \\ &= \sqrt{[\sum M_x(F)]^2 + [\sum M_y(F)]^2 + [\sum M_z(F)]^2} \end{aligned} \tag{5-17}$$

思考题

试问空间平行力系是否总能简化成一个力？

二、空间任意力系的平衡方程

空间任意力系平衡的充分必要条件是：该力系的主矢和对任意一点的主矩都等于零，即空间任意力系的平衡方程为：

$$\left.\begin{aligned}\sum F_x &= 0\\ \sum F_y &= 0\\ \sum F_z &= 0\\ \sum M_x(F) &= 0\\ \sum M_y(F) &= 0\\ \sum M_z(F) &= 0\end{aligned}\right\} \tag{5-18}$$

即空间任意力系平衡的充要条件是：力系中各力在3个坐标轴上投影的代数和分别等于零，且各力对3个坐标轴之矩的代数和也分别等于零。

空间任意力系的平衡方程中包含3个投影方程和3个力矩方程。在研究空间任意力系作用下的刚体平衡问题时，最多只能列出6个独立的平衡方程，可求解出6个未知量。

将空间汇交力系、空间平行力系等特殊力系看成是空间任意力系的特殊情况，可以从空间任意力系平衡方程中得到其他特殊力系的平衡方程。

设刚体受到空间汇交力系作用而平衡，若把力系的汇交点作为空间直角坐标系的原点，则力系中各力都通过该点并与坐标轴相交，因此，各力对3个坐标轴之矩都恒等于零，即 $\sum M_x(F) \equiv 0$，$\sum M_y(F) \equiv 0$，$\sum M_z(F) \equiv 0$。于是，空间汇交力系的平衡方程

$$\left.\begin{aligned}\sum F_x &= 0\\ \sum F_y &= 0\\ \sum F_z &= 0\end{aligned}\right\} \tag{5-19}$$

设刚体受到空间平行力系作用而平衡，若该力系中各力均与 z 轴平行，则各力对 z 轴之矩恒等于零，又由于各力与 x 轴和 y 轴都垂直，所以各力在 x 轴和 y 轴上的投影也都恒等于零，即 $\sum M_z(F) \equiv 0$，$\sum F_x \equiv 0$，$\sum F_y \equiv 0$。于是，空间平行力系的平衡方程为

$$\left.\begin{aligned}\sum F_z &= 0\\ \sum M_x(F) &= 0\\ \sum M_y(F) &= 0\end{aligned}\right\} \tag{5-20}$$

【提示】求解空间力系平衡问题的基本方法和步骤与平面力系平衡问题相同，即

(1) 确定研究对象，取分离体，画受力图。

(2) 确定力系类型，列出平衡方程。

(3) 代入已知条件，求解未知量。

三、空间约束

空间约束是指限制物体在空间运动的约束。当一个物体在空间运动时，可能有 6 种独立的位移，即沿空间直角坐标轴 x、y、z 的移动和绕 x、y、z 轴的转动。空间约束的作用就是限制这 6 种独立位移中的部分或全部。约束通过约束反力限制物体的移动，通过约束反力偶限制物体的转动。分析实际的约束时，也常忽略一些次要因素，抓住主要因素，做一些合理的简化。常见的几种空间约束及其约束反力见表 5-1。

表 5-1　常见的几种空间约束及其反约束力

<table>
<tr><th>约束类型</th><th>约束力未知量</th></tr>
<tr><td>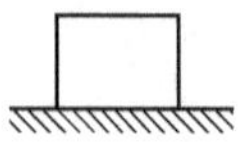
光滑表面
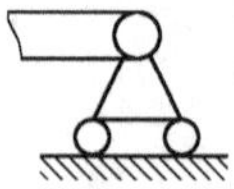
滚动支座</td><td>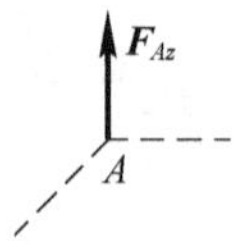
</td></tr>
<tr><td>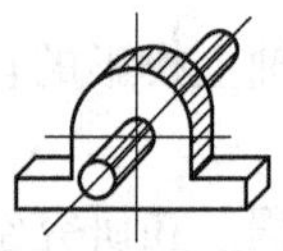
径向轴承

圆柱铰链</td><td>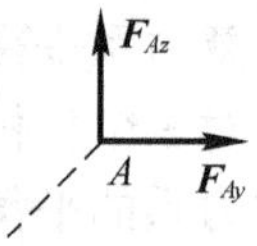
</td></tr>
<tr><td>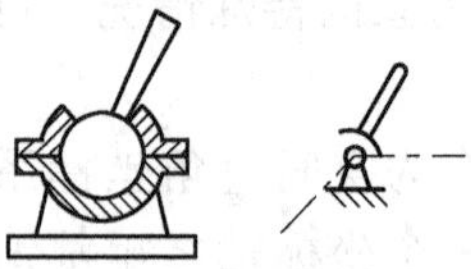
球形铰链
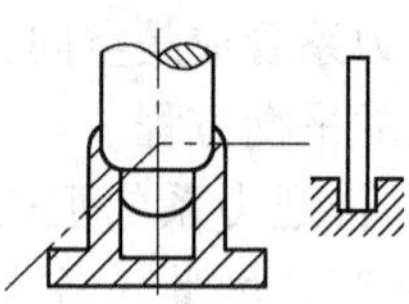
止推轴承</td><td>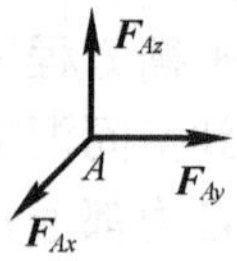
</td></tr>
<tr><td>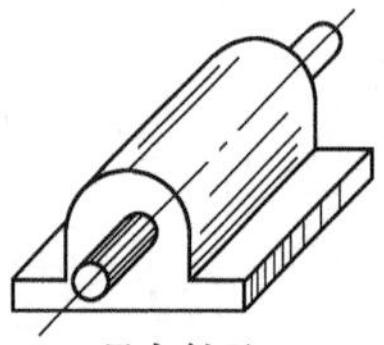
导向轴承</td><td>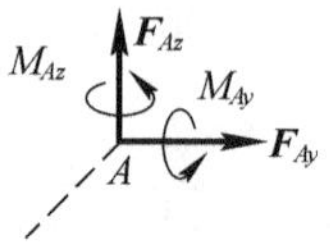
</td></tr>
<tr><td>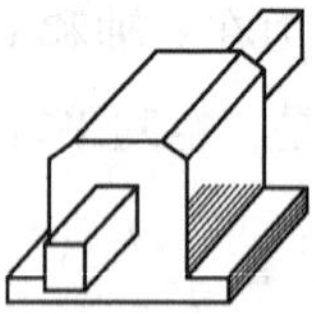
导轨</td><td>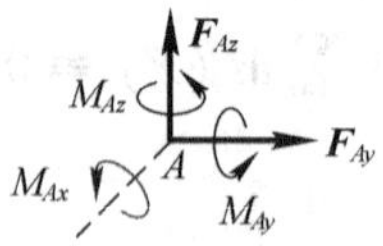
</td></tr>
<tr><td>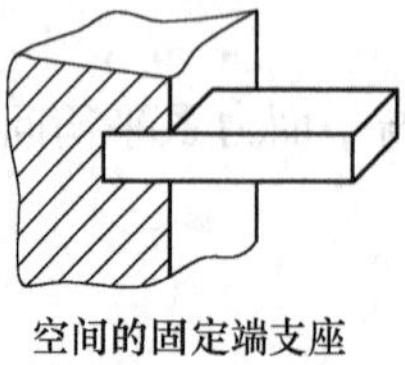
空间的固定端支座</td><td>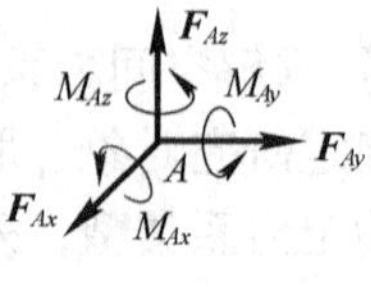
</td></tr>
</table>

【例 5-3】水平面内的刚架 ABC 如图 5-11 所示，自由端 C 处作用着平行于 y 轴的力 $\boldsymbol{F}_y$ 和平行于 x 轴的力 $\boldsymbol{F}_x$，以及绕 BC 轴转动的力偶 M_C。求固定端 A 处的约束反力。

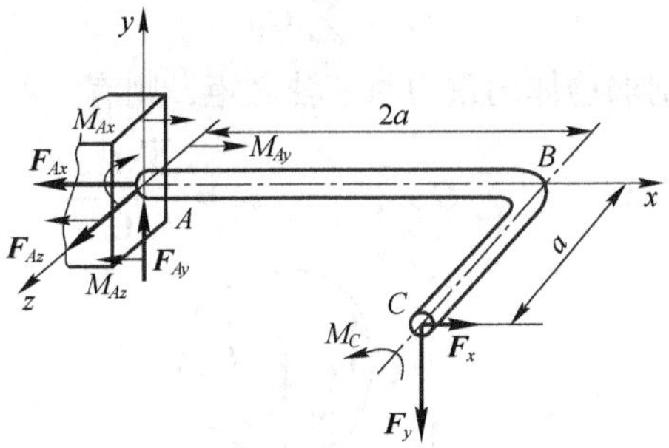

图 5-11

解：

（1）取 ABC 刚架作为研究对象，进行受力分析。

A 端是固定端，其约束反力包括 3 个坐标方向的约束力 M_{Ax}、M_{Ay}、M_{Az} 和 3 个方向的约束反力偶矩 M_{Ax}、M_{Ay}、M_{Az}，如图 5-11 所示。可见，这是空间任意力系。

（2）列平衡方程求解。

$$\sum \boldsymbol{F}_x = 0, \qquad \boldsymbol{F}_x - \boldsymbol{F}_{Ax} = 0$$

$$\boldsymbol{F}_{Ax} = \boldsymbol{F}_x$$

$$\sum \boldsymbol{F}_y = 0, \qquad \boldsymbol{F}_{Ay} - \boldsymbol{F}_y = 0$$

$$\boldsymbol{F}_{Ay} = \boldsymbol{F}_y$$

$$\sum \boldsymbol{F}_z = 0, \qquad \boldsymbol{F}_{Az} = 0$$

$$\sum M_x(\boldsymbol{F}) = 0, \qquad \boldsymbol{F}_y \cdot a - M_{Ax} = 0$$

$$M_{Ax} = \boldsymbol{F}_y \cdot a = a\boldsymbol{F}_y$$

$$\sum M_y(\boldsymbol{F}) = 0, \qquad \boldsymbol{F}_x \cdot 2a - M_{Ay} = 0, \qquad M_{Ay} = 2a\boldsymbol{F}_x$$

$$\sum M_z(\boldsymbol{F}) = 0, \qquad M_C - \boldsymbol{F}_y \cdot 2a - M_{Az} = 0, \qquad M_{Az} = M_C - 2a\boldsymbol{F}_y$$

第四节　重　　心

地面上及其临近区域中的物体都受到地球的引力作用，这种分布于物体每一微小部分的地心引力组成一个汇交于地心的空间力系；但由于物体相较于地球非常小，因此可近似地认为这个力系是一个空间平行力系，而它的合力就是物体的重力。刚体在地球表面无论怎样放置，其重力的作用线始终通过一个确定的点，这个点就是物体重力的作用点，称为物体的重心。此外，物体重心所在的位置与该物体在空间的位置无关。

一、重心坐标的一般公式

如图 5-12 所示，设有一个物体，将它分成许多微小单元，每个微小单元所受的重力分别用 $\boldsymbol{G}_i$ 来表示，各微小单元在空间直角坐标系中的坐标分别为（ x_i , y_i , z_i ），物体的

重心以 C 来表示，重心坐标为（x_C，y_C，z_C）。

这些微小单元重力的合力即为整个物体的重力 $\boldsymbol{G}$，即

$$\boldsymbol{G}=\sum \boldsymbol{G}_i$$

应用合力矩定理，分别求物体的重力对 y 轴之矩，则有

$$\boldsymbol{G}x_C=\sum \boldsymbol{G}_i x_i,\qquad x_C=\frac{\sum \boldsymbol{G}_i x_i}{\boldsymbol{G}}$$

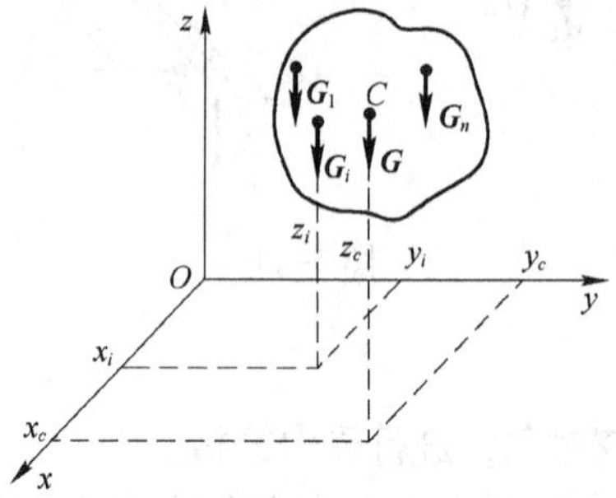

图 5-12

同理，可得

$$y_C=\frac{\sum \boldsymbol{G}_i y_i}{\boldsymbol{G}}$$

$$z_C=\frac{\sum \boldsymbol{G}_i z_i}{\boldsymbol{G}}$$

则物体重心的坐标公式为

$$\left.\begin{aligned}x_C&=\frac{\sum \boldsymbol{G}_i x_i}{\boldsymbol{G}}\\ y_C&=\frac{\sum \boldsymbol{G}_i y_i}{\boldsymbol{G}}\\ z_C&=\frac{\sum \boldsymbol{G}_i z_i}{\boldsymbol{G}}\end{aligned}\right\}\tag{5-21}$$

二、质心坐标的一般公式

物体所受的重力为物体的质量与重力加速度的乘积，则 $G=mg$，$G_1=m_1g$，$G_2=m_2g$，…，$G_n=m_ng$，代入式（5-21）中，可得

$$\left.\begin{aligned}x_C&=\frac{\sum m_i x_i}{m}\\ y_C&=\frac{\sum m_i y_i}{m}\\ z_C&=\frac{\sum m_i z_i}{m}\end{aligned}\right\}\tag{5-22}$$

式（5-22）称为物体质心（物体质量中心）的坐标公式。

三、形心的坐标公式

若物体为均质的，设其密度为ρ，总体积为V，每个微小单元的体积为V_i，则$m=\rho V$，$m_1=\rho V_1$，$m_2=\rho V_2$，$\cdots$，$m_n=\rho V_n$，代入式（5-22）中，可得

$$\left.\begin{aligned}x_C&=\frac{\sum V_i x_i}{V}\\ y_C&=\frac{\sum V_i y_i}{V}\\ z_C&=\frac{\sum V_i z_i}{V}\end{aligned}\right\}\tag{5-23}$$

式（5-23）称为物体形心（物体几何中心）的坐标公式。

如图5-13所示，若物体是均质等厚薄平板，设薄平板及其各微小单元的面积分别为A和A_i，板的厚度为δ，则板及其各微小单元的体积分别为$V=A\delta$，$V_1=A_1\delta$，$V_2=A_2\delta$，$\cdots$，$V_n=A_n\delta$，取板的对称面为坐标平面xOy，则$z_C=0$。将上述关系代入式（5-23）中，则有

$$\left.\begin{aligned}x_C&=\frac{\sum A_i x_i}{A}\\ y_C&=\frac{\sum A_i y_i}{A}\end{aligned}\right\}\tag{5-24}$$

由式（5-24）所确定的点C称为薄板的形心或平面图形的形心。

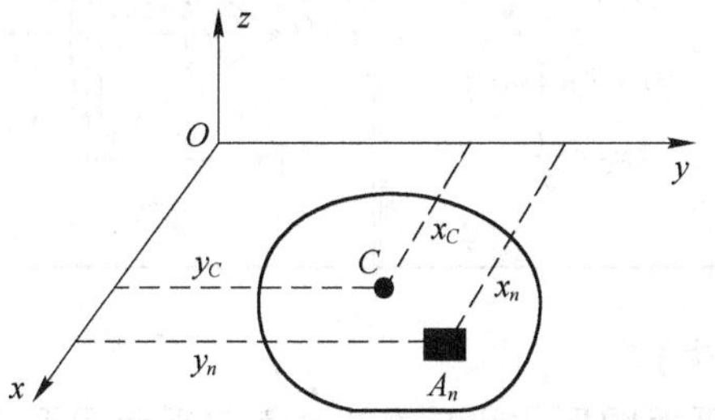

图5-13

四、求重心的几种常见方法

（一）查表法

当均质物体具有对称面、对称轴或对称中心时，该物体的重心或形心一定在其相应的对称面、对称轴或对称中心上。例如，工字钢的重心在其对称面上；正圆锥体的重心在其对称轴上。简单几何形状物体的重心或形心可以从工程手册上查到，几种常见的简单几何形状物体的重心或形心位置见表5-2。

表 5-2　简单几何形状物体的重心或形心位置

图形	重心位置	图形	重心位置
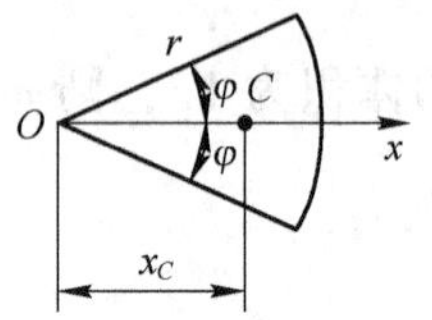 扇形	$x_C=\frac{2}{3}\frac{r\sin\varphi}{\varphi}$ 对于半圆： $x_C=\frac{4r}{3\pi}$	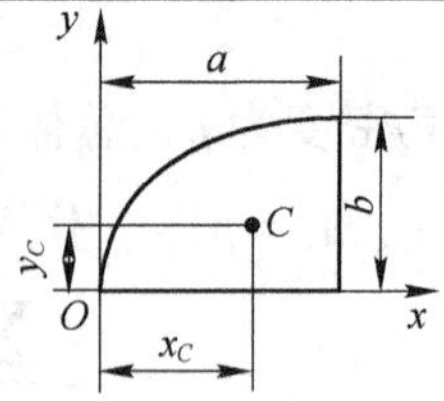 二次抛物线形	$x_C=\frac{3a}{5}$ $y_C=\frac{3}{8}b$
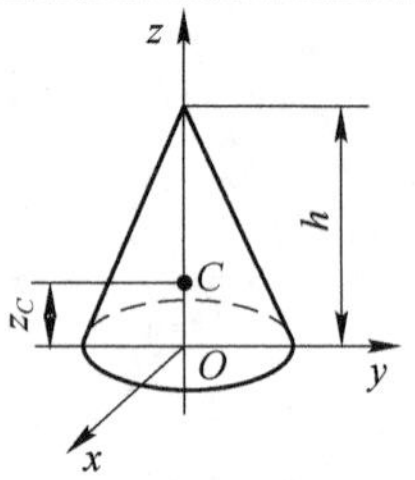 正圆锥体	$z_C=\frac{h}{4}$	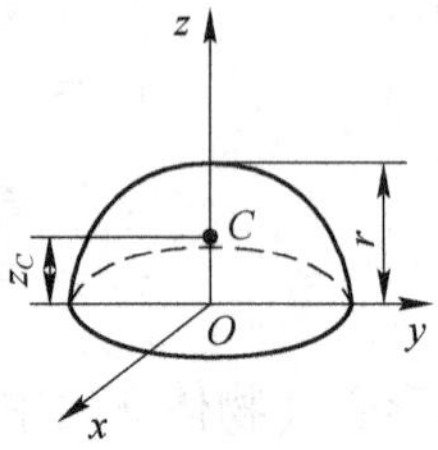 半圆球	$z_C=\frac{3r}{8}$
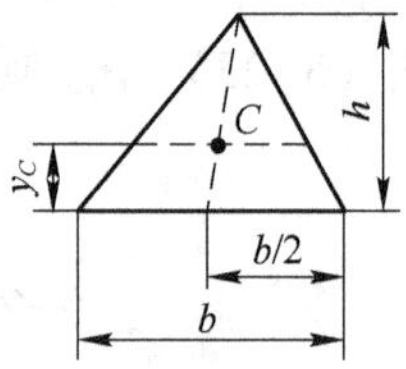 三角形	在中线的交点 $y_C=\frac{1}{3}h$	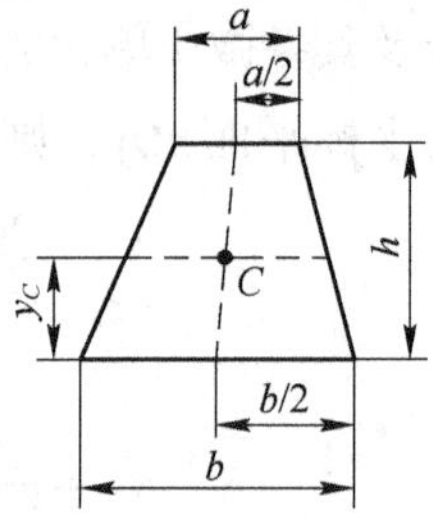 梯形	$y_C=\frac{h(2a+b)}{3(a+b)}$
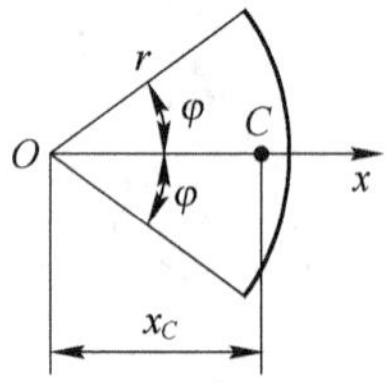 圆弧形	$x_C=\frac{r\sin\varphi}{\varphi}$ 对于半圆弧： $x_C=\frac{2r}{\pi}$	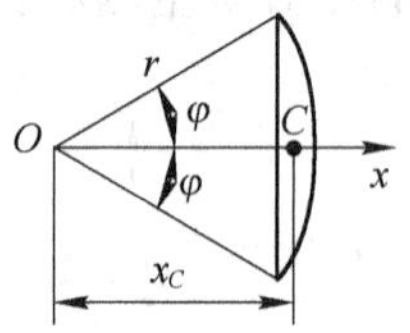 弓形	$x_C=\frac{2}{3}\frac{r^3\sin^3\varphi}{A}$ 面积： $A=\frac{r^2(2\varphi-\sin 2\varphi)}{2}$

（二）组合法（分割法）

有些形状比较复杂的平面图形往往是由几个简单平面图形组合而成的，每个简单平面图形的形心位置可以根据对称性或查表法确定，整个复杂平面图形的形心坐标则可以用式(5-24) 求得。这种求形心的方法称为分割法。

（三）负面积法（负体积法）

如果图形可以看作是从一个简单或有规则的图形中挖去另一个简单或有规则的图形而成，则可把挖去部分的面积或体积取为负值，然后采用形心公式求解。这种求形心的方法称为负面积法或负体积法。

【例 5-4】 用分割法求图 5-14 所示图形均质物体的重心。设 $a=20\text{cm}$，$b=30\text{cm}$，$c=40\text{cm}$。

解：因 Ox 轴为对称轴，故重心在此轴上，$y_C=0$，只需求 x_C。按图 5-14 所示进行分割，由图上的尺寸可以算出这 3 块矩形的面积及其重心的 x 坐标如下：

$$A_1 = 300\text{cm}^2,\quad x_1 = 15\text{cm}$$
$$A_2 = 200\text{cm}^2,\quad x_2 = 5\text{cm}$$
$$A_3 = 300\text{cm}^2,\quad x_3 = 15\text{cm}$$

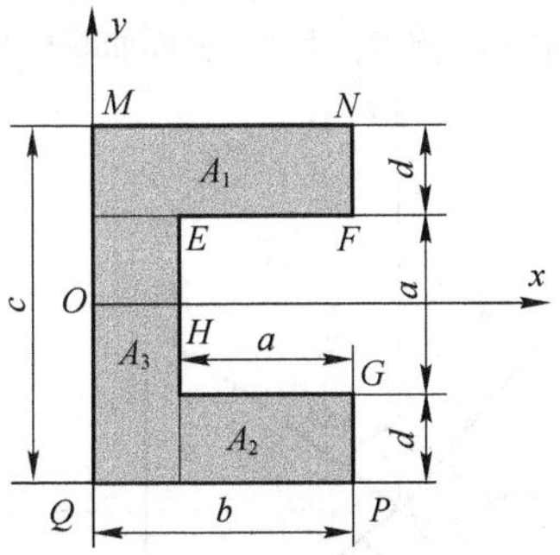

图 5-14

故图 5-14 所示图形均质物体的重心坐标为：

$$x_C = \frac{A_1x_1 + A_2x_2 + A_3x_3}{A_1 + A_2 + A_3} = 12.5\text{cm},\qquad y_C = 0$$

扩展阅读

背越式跳高为什么重心在人体之下？

由于运动员过杆的姿势不同、肢体位置的变化，人体重心的位置也是变化的。根据重心模型估算：用跨越式过杆，重心在横杆上方约 40cm；用俯卧式过杆，重心在横杆上方约 10～15cm；用背越式过杆，重心在横杆下方约 0～5cm。

从以上比较可以看出，在相同弹跳能力的情况下，跨越式的重心相对于横杆最高，跳高成绩也最差；而背越式时的重心相对于横杆最低，跳高成绩也最好。可以看一些实际的数据：一个身高 1.80m 的运动员，直立时重心距地面的高度为 1.1m，最大弹跳高度为 1.00m，当他竖直向上跳起后，重心高度为 2.10m。当他用不同姿势过杆时，跳高成绩分别为：跨越式的跳高成绩约为 1.70m；俯卧式的跳高成绩约为 1.95～2.00m；背越式的跳高成绩约为 2.10～2.15m。在背越式中，人在越过横杆时，臀部、腹部位置较高，头、四肢位置较低，往往低于横杆，人呈弓形，重心在人体外，在横杆的下方。故而跳高成绩可以好于正常竖直跳起人体重心的高度。

用“背越式”重心可以几乎“贴杆”的高度过杆，而“跨越式”则需要把重心再提高“从跨下到重心”这段高度，无形间就增加了运动员需要的起跳高度了。

因为人在背越过杆时，人身体是弯曲的。这时候人的质心不在人身上，而是在腰部下方。这样的话，实际是质心是从杆下过，而人却从杆上过了，所以跳得更高。

还是重心的问题，背越式要提高重心的高度要小于跨越式重心提高的高度。地球有引力，那么重心提高的高度是要人体克服地球引力做的功，这就是为什么背越式比跨越式要跳得高的原因。

思考与练习

5-1 已知$F_1=300N$，$F_2=220N$，两力作用于点O，大小、方向如题5-1图所示，试求两力在坐标轴上的投影。

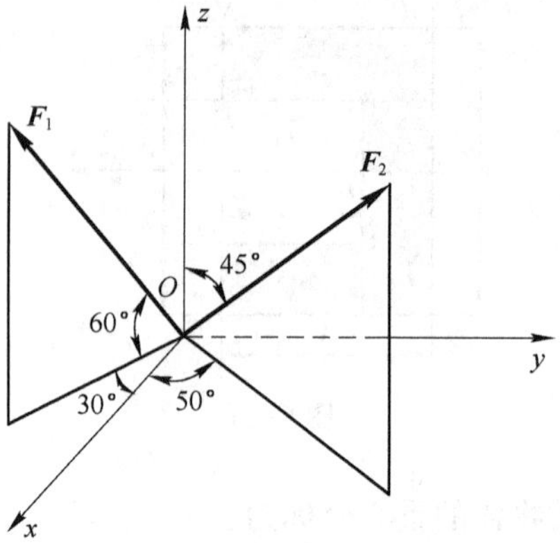

题5-1图

5-2 如题5-2图所示，平行于Oyz平面的力$F=500N$作用在支架C点上，试计算它对点A的矩。（图中长度单位：mm）

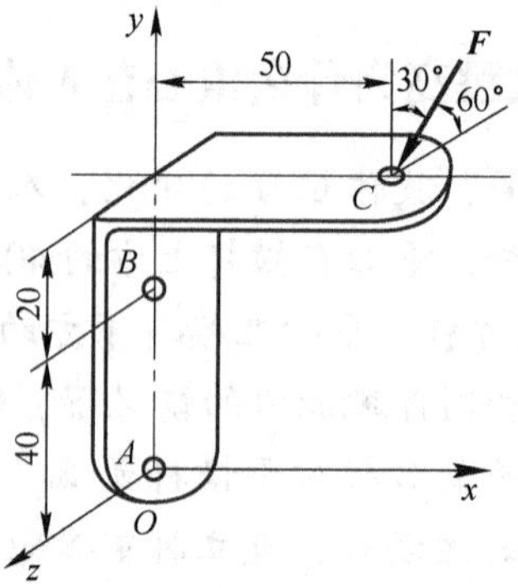

题5-2图

5-3 如题5-3图所示，杆DA、DB、DC铰接于D点，A、B、C三点为光滑球铰，在D点悬挂重物。已知$P=10kN$，求A、B、C处的约束反力。

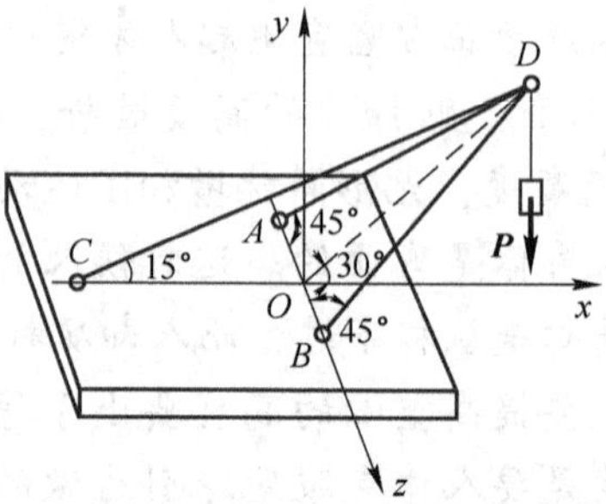

题5-3图

5-4　如题5-4图所示，3个圆盘A、B、C的半径分别为$r_A=0.15\text{m}$，$r_B=0.1\text{m}$，$r_C=0.05\text{m}$。在3个圆盘上分别作用力偶，各力偶的力作用在圆盘边缘上，已知$F_A=100\text{N}$，$F_B=200\text{N}$。轴AO、BO、CO在同一平面内，且系统不受约束，求力$\boldsymbol{F}_C$和夹角α。

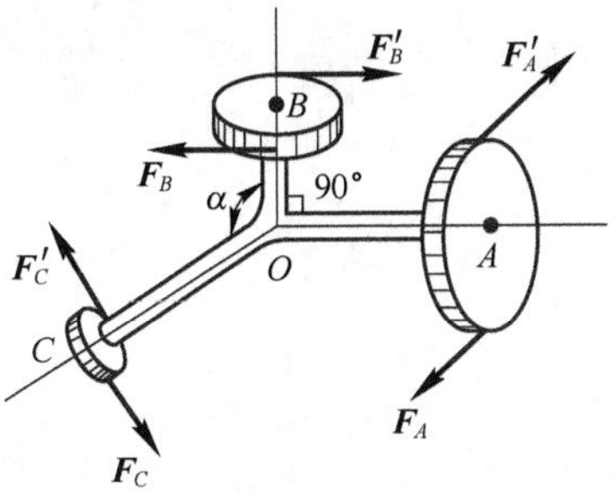

题5-4图

5-5　三脚架3条腿的位置如题5-5图所示。作用力$\boldsymbol{F}=200\text{N}$，方向平行于$x$轴。不计杆重，求各杆所受约束反力。

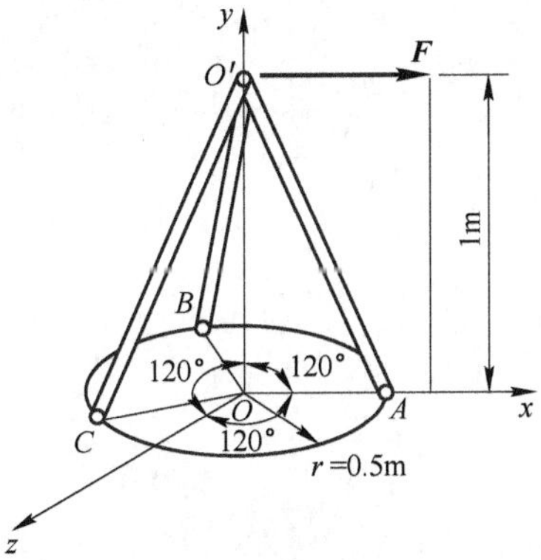

题5-5图

第二篇　运动学与动力学

第六章　点的运动与刚体的基本运动

学习目标

（1）熟练掌握点的运动的矢量表示法、直角坐标表示法。

（2）了解刚体的平轴移动和定轴转动。

（3）掌握刚体运动时的各点的速度和加速度。

从本章开始将研究运动学。在运动学中仅从几何学的角度研究物体的运动规律，并不涉及物体的质量及其所受的力等物理因素，同时把所研究的物体抽象为点或刚体。运动学中谈及的点即几何点，它既无大小，也不考虑其质量；而刚体则是由无数这样的点所组成的不变形物体。

运动学的任务在于建立描述物体机械运动规律的方法，确定物体运动的有关特征：点的运动方程、轨迹、速度和加速度，刚体的角速度和角加速度，刚体上任一点的速度和加速度，以及它们之间的关系等。

第一节　点的运动学

点运动时，它在空间所走过的路线称为点的轨迹。轨迹为直线时，称该点做直线运动；为曲线时，称该点做曲线运动。

一、点的运动的矢量表示法

（一）点的运动方程

设动点 M 做平面曲线运动（见图6-1）。在任意瞬时，动点的位置可用从某参考系原点 O 向动点 M 所作的矢量 $\overrightarrow{OM}$ 来确定，记为 $\boldsymbol{r}$，并称为动点对于原点 O 的位置矢量，或称矢径。点运动时，矢径 r 的大小和方向都随时在变化，即 r 是时间的函数

$$\boldsymbol{r}=\boldsymbol{r}(t) \tag{6-1}$$

这就是动点以矢量表示的运动方程。矢径 $\boldsymbol{r}$ 的端点所描出的曲线（矢端曲线）就是动点的轨迹。

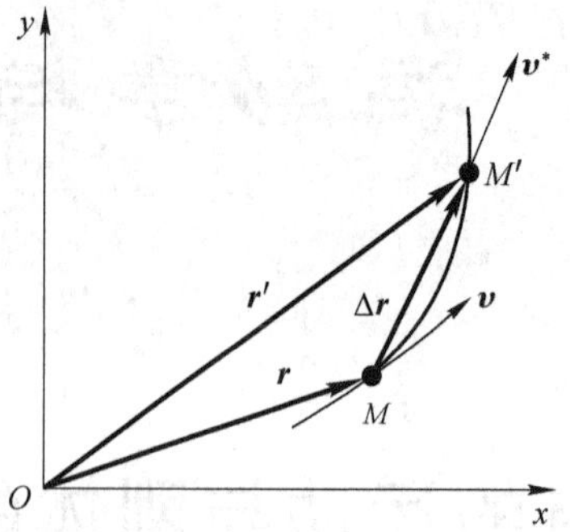

图 6-1

（二）点的速度

点的速度是描述点运动的快慢和方向的物理量。如图 6-2 所示，设动点沿曲线运动，在某瞬时 t，点在位置 M，其矢径为 $\boldsymbol{r}$，经过时间间隔 Δt，点运动到位置 M'，其矢径为 $\boldsymbol{r}'$。则在时间间隔 Δt 内，矢径的改变量为

$$\Delta\boldsymbol{r} = \boldsymbol{r}' - \boldsymbol{r}$$

则 $\Delta\boldsymbol{r}$ 称为点在时间间隔 Δt 内的位移。

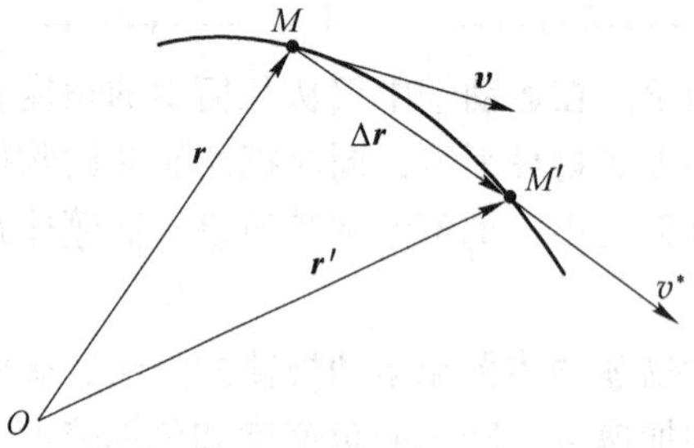

图 6-2

比值 $\dfrac{\Delta\boldsymbol{r}}{\Delta t}$ 称为动点在 Δt 时间内的平均速度 v^*。当 $\Delta t \to 0$ 时，v^* 的极限值称为动点在瞬时 t 的瞬时速度，即

$$\boldsymbol{v} = \lim_{\Delta t \to 0}\frac{\Delta\boldsymbol{r}}{\Delta t} = \frac{\mathrm{d}r}{\mathrm{d}t} = \dot{\boldsymbol{r}} \tag{6-2}$$

也就是说，动点的速度等于其矢径对时间的一阶导数。矢径 $\boldsymbol{r}$、位移 $\Delta\boldsymbol{r}$ 均为矢量，速度 $\boldsymbol{v}$ 也是矢量。

速度的大小 $\boldsymbol{v} = \left|\dfrac{\mathrm{d}\boldsymbol{r}}{\mathrm{d}t}\right|$ 称为速率，表示点运动的快慢。速度的单位为 m/s（米/秒）、km/h（千米/小时）等。

（三）点的加速度

点的加速度是描述点的速度变化快慢的物理量。如图 6-3 所示，设动点沿曲线运动，

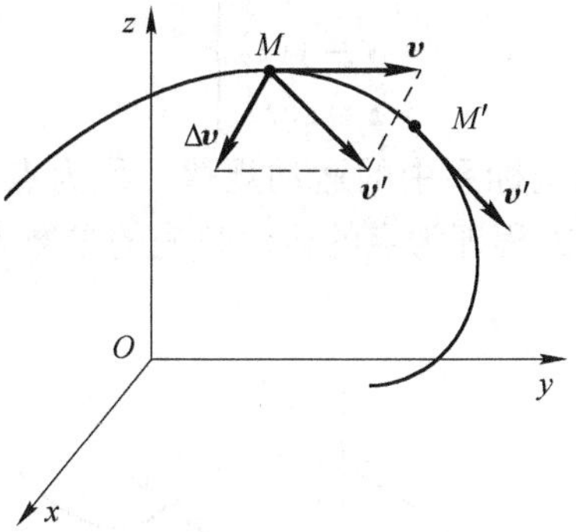

图 6-3

在某瞬时 t，点在位置 M，其速度为 $\boldsymbol{v}$，经过时间间隔 Δt，点运动到位置 M'，速度变为 $\boldsymbol{v}'$。则在时间间隔 Δt 内，速度的改变量为

$$\Delta\boldsymbol{v}=\boldsymbol{v}'-\boldsymbol{v}$$

$\Delta\boldsymbol{v}$ 与对应时间间隔 Δt 的比值，表示点在 Δt 内速度的平均变化率，称为点在该时间间隔内的平均加速度，用 $\boldsymbol{a}$ 表示，即

$$\boldsymbol{a}=\frac{\Delta\boldsymbol{v}}{\Delta t}$$

平均加速度是一个矢量，其大小等于 $\left|\dfrac{\Delta\boldsymbol{v}}{\Delta t}\right|$，方向与 $\Delta\boldsymbol{v}$ 的方向相同。

当 $\Delta t\to 0$ 时，点 M' 趋近于 M，平均加速度 $\boldsymbol{a}$ 趋近于一个极限值，此极限值称为动点 M 在瞬时 t 的瞬时加速度，简称加速度，用 a 表示，且有

$$a=\lim_{\Delta t\to 0}\overline{a}=\lim_{\Delta t\to 0}\frac{\Delta\boldsymbol{v}}{\Delta t}=\frac{\mathrm{d}\boldsymbol{v}}{\mathrm{d}t}=\frac{\mathrm{d}^2\boldsymbol{r}}{\mathrm{d}t^2}=\ddot{\boldsymbol{r}} \tag{6-3}$$

式（6-3）说明点的加速度等于其速度 $\boldsymbol{v}$ 对时间的一阶导数，或等于其矢径 $\boldsymbol{r}$ 对时间的二阶导数。加速度是一个矢量，其大小等于 $\left|\dfrac{\mathrm{d}\boldsymbol{v}}{\mathrm{d}t}\right|$，表示动点在瞬时 t 速度变化的快慢，其方向与 $\Delta t\to 0$ 时 $\Delta\boldsymbol{v}$ 的极限方向一致。在国际单位制中，加速度的单位是 $\mathrm{m/s^2}$。

思考题

当点做直线运动时，已知点在某瞬时的速度 $v=5\mathrm{m/s}$，试问这时的加速度是否为 $a=\dfrac{\mathrm{d}v}{\mathrm{d}t}=0$？为什么？

二、点的运动的直角坐标表示法

（一）点的运动方程

如图 6-4 所示，设动点 M 相对于固定的直角坐标系 $Oxyz$ 运动，点 M 在空间的位置由其坐标 x、y、z 唯一确定。当点 M 运动时，坐标 x、y、z 都是时间 t 的单值连续函数，即

$$\left.\begin{aligned} x &= x(t) \\ y &= y(t) \\ z &= z(t) \end{aligned}\right\} \tag{6-4}$$

式（6-4）表示点在直角坐标系中的运动规律，称为点的直角坐标形式的运动方程。此外，把时间 t 看成参数，该方程即为点的运动轨迹的参数方程，由此方程可以确定任一时刻动点 M 的坐标 x、y、z。

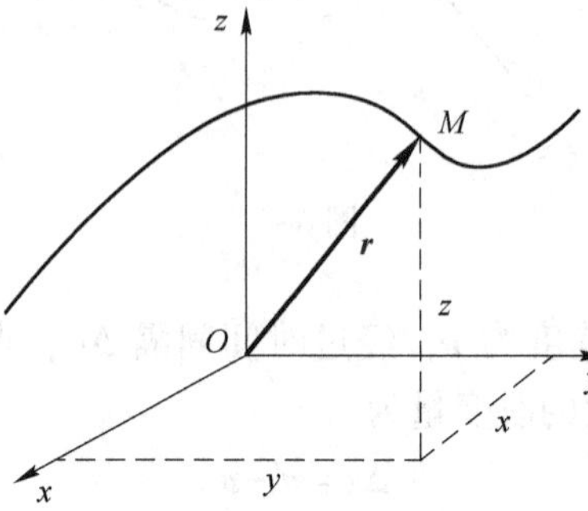

图 6-4

（二）点的速度

如图 6-4 所示，在直角坐标系 $Oxyz$ 中，矢径的起点与直角坐标系的原点重合，因此有如下关系

$$\boldsymbol{r} = x\boldsymbol{i} + y\boldsymbol{j} + z\boldsymbol{k} \tag{6-5}$$

式中，$\boldsymbol{i}$、$\boldsymbol{j}$、$\boldsymbol{k}$ 分别为沿 3 个坐标轴方向的单位矢量。

将式（6-5）对时间求一阶导数，得到动点的速度 $\boldsymbol{v}$，即

$$\boldsymbol{v}\boldsymbol{r} = \frac{\mathrm{d}r}{\mathrm{d}t} = \frac{\mathrm{d}x}{\mathrm{d}t}\boldsymbol{i} + \frac{\mathrm{d}y}{\mathrm{d}t}\boldsymbol{j} + \frac{\mathrm{d}z}{\mathrm{d}t}\boldsymbol{k} = \dot{x}\boldsymbol{i} + \dot{y}\boldsymbol{j} + \dot{z}\boldsymbol{k} \tag{6-6}$$

设动点的速度 $\boldsymbol{v}$ 在直角坐标轴上的投影分别为 $\boldsymbol{v}_x$、$\boldsymbol{v}_y$、$\boldsymbol{v}_z$，则 $\boldsymbol{v}$ 可表示为

$$\boldsymbol{v} = \boldsymbol{v}_x\boldsymbol{i} + \boldsymbol{v}_y\boldsymbol{j} + \boldsymbol{v}_z\boldsymbol{k} \tag{6-7}$$

对比上述两式，可得

$$\boldsymbol{v}_x = \dot{x}, \quad \boldsymbol{v}_y = \dot{y}, \quad \boldsymbol{v}_z = \dot{z} \tag{6-8}$$

即点的速度在直角坐标系中的投影等于点对应的坐标对时间的一阶导数。

速度 $\boldsymbol{v}$ 的大小和方向可由其在直角坐标轴上的投影完全确定。速度 $\boldsymbol{v}$ 的大小为

$$\boldsymbol{v} = \sqrt{\boldsymbol{v}_x^2 + \boldsymbol{v}_y^2 + \boldsymbol{v}_z^2} \tag{6-9}$$

速度 $\boldsymbol{v}$ 的方向可用速度与各坐标轴之间夹角的方向余弦来确定，即

$$\left.\begin{aligned} \cos(\boldsymbol{v},\ \boldsymbol{i}) &= \frac{\boldsymbol{v}_x}{\boldsymbol{v}} \\ \cos(\boldsymbol{v},\ \boldsymbol{j}) &= \frac{\boldsymbol{v}_y}{\boldsymbol{v}} \\ \cos(\boldsymbol{v},\ \boldsymbol{k}) &= \frac{\boldsymbol{v}_z}{\boldsymbol{v}} \end{aligned}\right\} \tag{6-10}$$

（三）点的加速度

将式（6-6）和式（6-7）分别对时间求一阶导数，就得到动点的加速度 $\boldsymbol{a}$，即

$$\boldsymbol{a}=\frac{\mathrm{d}\boldsymbol{v}}{\mathrm{d}t}=\frac{\mathrm{d}^2x}{\mathrm{d}t^2}\boldsymbol{i}+\frac{\mathrm{d}^2y}{\mathrm{d}t^2}\boldsymbol{j}+\frac{\mathrm{d}^2z}{\mathrm{d}t^2}\boldsymbol{k} \tag{6-11}$$

$$\boldsymbol{a}=\frac{\mathrm{d}v_x}{\mathrm{d}t}\boldsymbol{i}+\frac{\mathrm{d}v_y}{\mathrm{d}t}\boldsymbol{j}+\frac{\mathrm{d}v_z}{\mathrm{d}t}\boldsymbol{k} \tag{6-12}$$

设动点的加速度 $\boldsymbol{a}$ 在直角坐标轴上的投影分别为 a_x、a_y、a_z，则 $\boldsymbol{a}$ 可表示为

$$\boldsymbol{a}=\boldsymbol{a}_x\boldsymbol{i}+\boldsymbol{a}_y\boldsymbol{j}+\boldsymbol{a}_z\boldsymbol{k}$$

对比上述三式，可得

$$\left.\begin{aligned}\boldsymbol{a}_x&=\frac{\mathrm{d}\boldsymbol{v}_x}{\mathrm{d}t}=\frac{\mathrm{d}^2x}{\mathrm{d}t^2}\\ \boldsymbol{a}_y&=\frac{\mathrm{d}\boldsymbol{v}_y}{\mathrm{d}t}=\frac{\mathrm{d}^2y}{\mathrm{d}t^2}\\ \boldsymbol{a}_z&=\frac{\mathrm{d}\boldsymbol{v}_z}{\mathrm{d}t}=\frac{\mathrm{d}^2z}{\mathrm{d}t^2}\end{aligned}\right\} \tag{6-13}$$

即点的加速度在直角坐标轴上的投影等于该点速度对应的投影对时间的一阶导数，或等于该点对应的坐标对时间的二阶导数。

加速度 $\boldsymbol{a}$ 的大小和方向可由其在直角坐标轴上的投影完全确定。加速度 $\boldsymbol{a}$ 的大小为

$$\boldsymbol{a}=\sqrt{\boldsymbol{a}_x^2+\boldsymbol{a}_y^2+\boldsymbol{a}_z^2}=\sqrt{\left(\frac{\mathrm{d}^2x}{\mathrm{d}t^2}\right)^2+\left(\frac{\mathrm{d}^2y}{\mathrm{d}t^2}\right)^2+\left(\frac{\mathrm{d}^2z}{\mathrm{d}t^2}\right)^2} \tag{6-14}$$

加速度 $\boldsymbol{a}$ 的方向可用加速度与各坐标轴之间夹角的方向余弦来确定，即

$$\left.\begin{aligned}\cos(\boldsymbol{a},\ \boldsymbol{i})&=\frac{\boldsymbol{a}_x}{\boldsymbol{a}}\\ \cos(\boldsymbol{a},\ \boldsymbol{j})&=\frac{\boldsymbol{a}_y}{\boldsymbol{a}}\\ \cos(\boldsymbol{a},\ \boldsymbol{k})&=\frac{\boldsymbol{a}_z}{\boldsymbol{a}}\end{aligned}\right\} \tag{6-15}$$

【例 6-1】 在平面 Oxy 内运动的一个点，其矢径 $\boldsymbol{r}=5t^2\boldsymbol{i}+2t^3\boldsymbol{j}$，$t$ 以 s 计，$\boldsymbol{r}$ 的大小以 m 计。试求：（1）动点在任意瞬时的速度和加速度；（2）$t=2\mathrm{s}$ 时动点的速度和加速度。

解：

（1）根据式（6-6）及式（6-11），动点在任意瞬间的速度、加速度分别为

$$\boldsymbol{v}=\frac{\mathrm{d}\boldsymbol{r}}{\mathrm{d}t}=\frac{\mathrm{d}}{\mathrm{d}t}(5t^2\boldsymbol{i}+2t^3\boldsymbol{j})=10t\boldsymbol{i}+6t^2\boldsymbol{j}\ (\mathrm{m/s})$$

$$\boldsymbol{a}=\frac{\mathrm{d}\boldsymbol{v}}{\mathrm{d}t}=\frac{\mathrm{d}}{\mathrm{d}t}(10t\boldsymbol{i}+6t^2\boldsymbol{j})=10\boldsymbol{i}+12t\boldsymbol{j}\ (\mathrm{m/s^2})$$

（2）当 $t=2\mathrm{s}$ 时，求动点的速度、加速度。

速度

$$\boldsymbol{v}_2=(10\times2\boldsymbol{i}+6\times2^2\boldsymbol{j})=20\boldsymbol{i}+24\boldsymbol{j}(\mathrm{m/s})$$

其大小（图6-5）为

$$v_2 = \sqrt{v_{2x}^2 + v_{2y}^2} = \sqrt{20^2 + 24^2} = 31.2\ (\mathrm{m/s})$$

其方向为

$$\tan\alpha = \frac{v_{2y}}{v_{2x}} = \frac{24}{20} = 1.2, \qquad \alpha = 50.2°$$

加速度

$$\boldsymbol{a}_2 = 10\boldsymbol{i} + 12 \times 2\boldsymbol{j} = 10\boldsymbol{i} + 24\boldsymbol{j}(\mathrm{m/s^2})$$

其大小（图6-6）为

$$a_2 = \sqrt{a_{2x}^2 + a_{2y}^2} = \sqrt{10^2 + 24^2} = 26(\mathrm{m/s^2})$$

其方向为

$$\tan\theta = \frac{a_{2y}}{a_{2x}} = \frac{24}{10} = 2.4, \qquad \theta = 67.4°$$

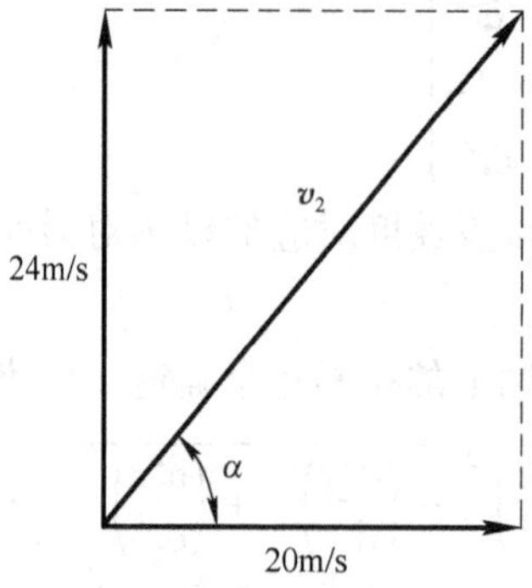

图6-5

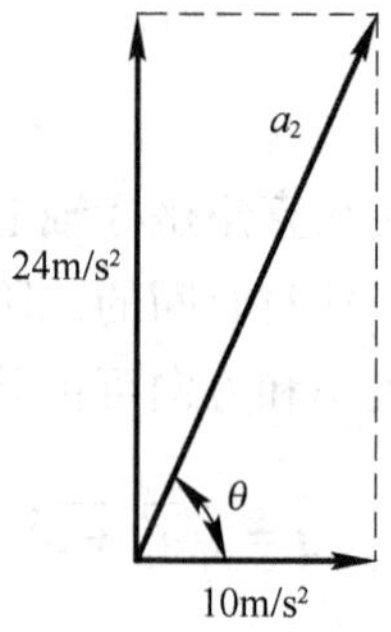

图6-6

第二节 刚体的基本运动

刚体的基本运动包括刚体的移动和刚体的定轴转动。刚体的平面运动可看作这两种运动的组合。同时，单纯的移动或定轴转动在工程上也经常见到。

一、刚体的平行移动

刚体运动时，若其上的任一直线始终与它原先的位置平行，则称此种运动为刚体的平行移动，也称平行移动或平移。例如：气缸中活塞的运动、刨床工作台的移动。刚体移动时，其上各点的轨迹若为直线，则称为直线移动；若为曲线，则称为曲线移动。

根据以上所述，易推知刚体移动的3个运动学特点：

（1）刚体上各点的轨迹完全相同（或平行）；

（2）在同一瞬时，各点的速度相同；

（3）在同一瞬时，各点的加速度相同。

如图6-7所示，刚体平动时，刚体上任意两点 A、B 的矢径具有如下关系

$$\boldsymbol{r}_A = \boldsymbol{r}_B + \boldsymbol{BA}$$

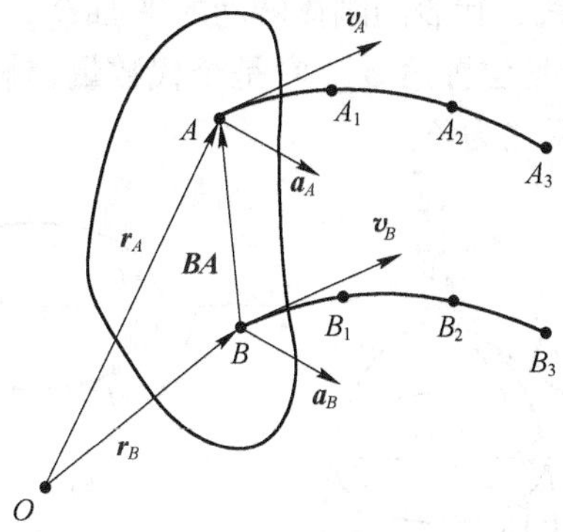

图 6-7

将上式对时间 t 求导，由于常矢量 $\boldsymbol{BA}$（刚体平动时，线段 BA 的长度和方向都不改变）的导数等于零，故有

$$\frac{\mathrm{d}\boldsymbol{r}_A}{\mathrm{d}t}=\frac{\mathrm{d}\boldsymbol{r}_B}{\mathrm{d}t}\qquad\frac{\mathrm{d}^2\boldsymbol{r}_A}{\mathrm{d}t^2}=\frac{\mathrm{d}^2\boldsymbol{r}_B}{\mathrm{d}t^2}$$

所以，可以得出

$$\boldsymbol{v}_A=\boldsymbol{v}_B\qquad\boldsymbol{a}_A=\boldsymbol{a}_B$$

因此，研究刚体的平动可以归纳为研究刚体内任意一点（如质心）的运动，即归纳为点的运动学问题。

思考题

（1）行驶在弯道上的车厢是否做移动，为什么？

（2）在平面问题中，能否根据刚体上的一条直线判定该刚体是否做移动，为什么？

二、刚体的定轴转动

刚体运动时，若刚体内或其扩展部分有一直线，其上各点始终不动，则称此种运动为刚体定轴转动，简称转动，而不动的那条直线称为转轴。

做转动的刚体上，转轴以外的各点，其轨迹均为圆（或一段圆弧），且这些圆（弧）所在的平面均垂直于转轴。这是刚体定轴转动的特点。

刚体定轴转动在工程上极为常见。电机的转子、飞轮、带轮以及混凝土搅拌机的滚筒等都做定轴转动。但是滚动的车轮及钻进中的钻头它们的运动则不是定轴转动，因为它们都没有一条始终不动的直线。

（一）刚体的转动方程

设刚体绕轴 Oz 转动，如图 6-8（a）所示。为了确定刚体的位置，可通过 Oz 假想地作两个平面 P 和 Q，使平面 P 固定不动，使平面 Q 固结于刚体，随它一起转动。显然这两个平面的夹角 φ 就可以确定刚体的位置。角 φ 称为刚体的位置角或转角。为了方便起见，用垂直于转轴 Oz 的横截面代表转动刚体，如图 6-8（b）所示。图中，O_1 是横截面与转轴 Oz 的交点，代表转轴 Oz；线段 O_1M_0 是平面 P 与横截面的交线，代表固定平面 P；

O_1M 是平面 Q 与横截面的交线，代表随刚体转动的平面 Q 。这样，图中的动直线 O_1M 与固定直线 O_1M_0 之间的夹角就是位置角 φ 。它是个代数量，规定从轴 z 正向往负向看，如果转角 φ 为逆时针则为正；反之为负。

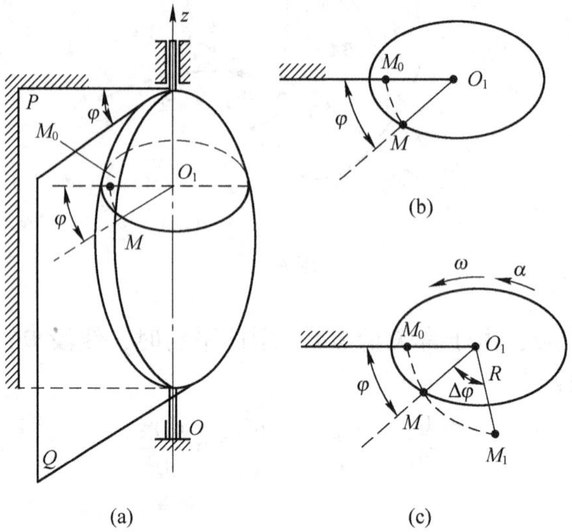

图 6-8

刚体转动时，角 φ 随时间 t 变化而连续地变化。它与时间 t 的函数关系

$$\varphi = f(t) \tag{6-16}$$

称为刚体的转动方程，它反映了刚体定轴转动的转动规律，由此方程可确定任一瞬时刚体的位置。

（二）刚体的角速度

为了度量刚体转动的快慢和方向，定义转角 φ 对时间 t 的一阶导数为刚体的角速度，用字母 ω 表示，即

$$\omega = \lim_{\Delta t \to 0} \frac{\Delta\varphi}{\Delta t} = \frac{\mathrm{d}\varphi}{\mathrm{d}t} = \dot{\varphi} \tag{6-17}$$

角速度是一个代数量，其单位为 rad/s，正负表示转动方向。角速度正负的规定与转角正负的规定相同。

（三）刚体的角加速度

由于刚体在开始运动或是停止运动阶段，其角速度都是变化的。为了描述角速度的变化情况，引入角加速度的概念。

在瞬时 t 下，刚体的角速度为 ω ，若在 Δt 内角速度的变化为 $\Delta\omega$ ，则平均角加速度为比值 $\frac{\Delta\omega}{\Delta t}$ ，$\Delta t \to 0$ 时的极限值为刚体在瞬时 t 的角加速度。记为 α ，

$$\alpha = \lim_{\Delta t \to 0} \frac{\Delta\omega}{\Delta t} = \frac{\mathrm{d}\omega}{\mathrm{d}t}$$

利用式（6-17）有

$$\alpha = \frac{\mathrm{d}\omega}{\mathrm{d}t} = \frac{\mathrm{d}^2\omega}{\mathrm{d}t^2} = \ddot{\varphi} \tag{6-18}$$

角加速度也是一个代数量，其单位是 rad/s^2。当 ω 与 α 同号时，刚体进行加速转动；当 ω 与 α 异号时，刚体进行减速转动。

（四）刚体的匀速转动和匀变速转动

1. 匀变速定轴运动

当刚体进行匀变速定轴转动时，其角加速度不变，即 α = 常量。参照点的匀变速直线运动公式，可得

$$\left.\begin{aligned} \omega &= \omega_0 + \alpha t \\ \varphi &= \varphi_0 + \omega_0 t + \frac{1}{2}\alpha t^2 \end{aligned}\right\} \tag{6-19}$$

式中，ω_0 和 φ_0 分别为 $t=0$ 时的角速度和转角。

2. 匀速定轴运动

当刚体进行匀速定轴转动时，其角速度不变，即 ω = 常量，$\alpha=0$。参照点的匀速直线运动公式，可得

$$\varphi = \varphi_0 + \omega t \tag{6-20}$$

式中，φ_0 为 $t=0$ 时的转角。

机器中的转动部件或零件，一般都在匀速转动的情况下工作。因此，工程中还常使用每分钟转过的圈数来表示转动的快慢，称为转速，用 n 表示。

角速度 ω 与转速 n 的关系为

$$\omega = \frac{n \times 2\pi}{60} = \frac{n\pi}{30} \tag{6-21}$$

式中，转速 n 的单位为 r/min，角速度 ω 的单位是 rad/s。

【例 6-2】 刚体绕定轴转动，其转动方程为 $\varphi = 16t - 27t^3$（t 以 s 计，φ 以 rad 计）。试问刚体何时改变转向？并分别求当 $t=0$、$t=0.1$s 及 $t=1$s 时的角速度和角加速度，且判断在该瞬时刚体做加速转动还是做减速转动。

解：

先求出任意瞬时的角速度 ω 和角加速度 α：

$$\omega = \frac{d\varphi}{dt} = 16 - 81t^2 (rad/s) \qquad \alpha = \frac{d\omega}{dt} = -162t\ (rad/s^2)$$

令 $\omega=0$，即 $16 - 81t^2 = 0$，得

$$t = \frac{4}{9}\ (s)$$

这表明，当 $t=\frac{4}{9}$s 时，$\omega=0$，刚体改变转向。容易算得：在此之前 $\omega > 0$，刚体逆时针转动；在此之后 $\omega < 0$，刚体顺时针转动。

当 $t=0$ 时，$\omega_0 = 16rad/s$，$\alpha_0 = 0$。在此瞬间刚体做匀速转动。

当 $t=0.1$s 时，$\omega_1 = 16 - 81 \times 0.1^2 = 15.19rad/s$，$\alpha_1 = -162 \times 0.1 = -16.2rad/s^2$。因 ω_1 与 α_1 异号，故此时刚体做减速转动。

当 $t=1$s 时，$\omega_2 = 16 - 81 \times 1^2 = -65rad/s$，$\alpha_2 = -162 \times 1 = -162rad/s^2$。因 ω_2 与 α_2 同号，故此时刚体做加速转动。

三、转动刚体上点的速度和加速度

如图6-9（a）所示，刚体绕定轴转动，刚体上任意一点 M 的运动轨迹为以 r 为半径的圆。用自然法描述，设以 $t=0$ 时动点 M 的位置 M_0 为弧坐标的原点，则动点的弧坐标为

$$s=r\varphi \tag{6-22}$$

根据点的运动学知识可知，点 M 的速度 v 为

$$v=\frac{\mathrm{d}s}{\mathrm{d}t}=r\frac{\mathrm{d}\varphi}{\mathrm{d}t}=r\omega \tag{6-23}$$

式（6-23）说明，定轴转动刚体上任意一点速度的大小等于该点至转轴的垂直距离与刚体角速度的乘积，其方向沿圆周的切线方向，指向与转动方向一致。

如图6-9（b）所示，点 M 做圆周运动。根据自然法可知，点 M 的加速度包括切向加速度和法向加速度。其中，点 M 的切向加速度 $\boldsymbol{a}_\tau$ 为

$$\boldsymbol{a}_\tau=\frac{\mathrm{d}v}{\mathrm{d}t}=r\frac{\mathrm{d}\omega}{\mathrm{d}t}=r\alpha \tag{6-24}$$

式（6-24）说明，定轴转动刚体上任意一点切向加速度的大小等于该点至转轴的垂直距离与刚体角加速度的乘积，其方向由角加速度的符号决定。当 ω 与 α 的正负相同时，切向加速度 a_τ 与速度 v 的方向相同，相当于加速转动；反之，相当于减速转动。

点 M 的法向加速度 $\boldsymbol{a}_n$ 为

$$\boldsymbol{a}_n=\frac{v^2}{\rho}=\frac{(r\omega)^2}{r}=r\omega^2 \tag{6-25}$$

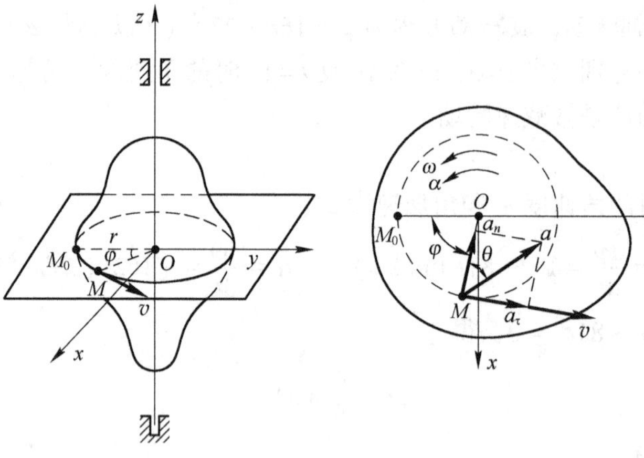

(a)　　(b)

图6-9

式（6-25）说明，定轴转动刚体上任意一点法向加速度的大小等于该点至转轴的垂直距离与刚体角速度平方的乘积，其方向与速度方向垂直并指向轴线。

由式（6-25）和式（6-26）可得出点 M 的全加速度 $\boldsymbol{a}$ 的大小和方向分别为

$$\boldsymbol{a}=\sqrt{a_\tau^2+a_n^2}=r\sqrt{\alpha^2+\omega^4} \tag{6-26}$$

$$\tan\theta = \frac{a_\tau}{a_n} = \frac{\alpha}{\omega^2} \tag{6-27}$$

由此可知，在任一瞬时，转动刚体上各点的切向加速度、法向加速度和全加速度的大小均与点到转轴的垂直距离成正比。

【例 6-3】 四连杆机构如图 6-10 所示，已知 $AB = O_1O_2$，$O_1A = O_2B = r = 0.1\text{m}$，若曲柄 O_1A 以 $\varphi = \pi t^2$ 的运动规律绕点 O_1 运动。求当 $t = 1\text{s}$ 时，连杆 AB 上中点 M 的速度和加速度。

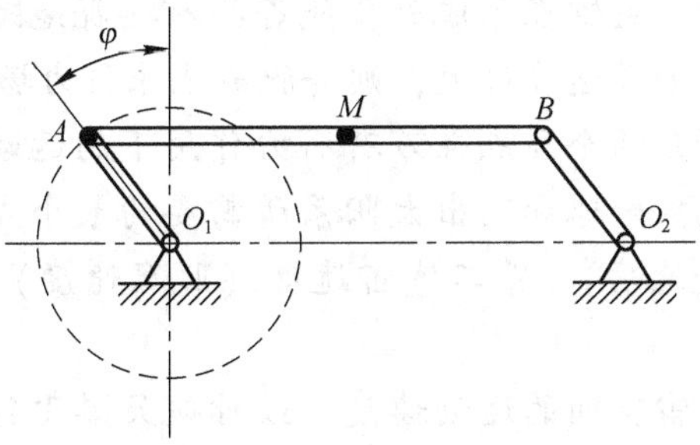

图 6-10

解：由题意可知，连杆 AB 平行移动，因此点 M 和点 A 具有相同的运动规律。而对于点 A，它在绕点 O_1 做定轴转动的过程中，其角速度和角加速度分别为

$$\omega = \frac{d\varphi}{dt} = 2\pi t(\text{rad/s}),\ \alpha = \frac{d\omega}{dt} = 2\pi(\text{rad/s}^2)$$

从而可以求出

$$v_A = r\omega = 0.2\pi t(\text{m/s})$$
$$a_{\tau A} = r\alpha = 0.2\pi(\text{m/s}^2)$$
$$a_{nA} = r\omega^2 = 0.4\pi^2 t^2(\text{m/s}^2)$$

将 $t = 1\text{s}$ 代入可得

$$v_A = 0.628\text{m/s}$$
$$a_{\tau A} = 0.628\text{m/s}^2$$
$$a_{nA} = 3.944\text{m/s}^2$$

故点 A（亦即点 M）全加速度的大小和方向分别为

$$a_A = \sqrt{a_{\tau A}^2 + a_{nA}^2} = 3.99\text{m/s}^2$$

$$\angle\theta = \arctan\frac{a_{\tau A}}{a_{nA}} = 9.05°$$

扩展阅读

航天飞行速度

中国航空航天亮眼成绩单。截至目前，天问一号探测器距离地球超过 1 亿千米，预计将于2021 年2 月中旬到达火星，5 月中旬着陆火星进行巡视探测。中国有望通过

一次任务完成“绕、着、巡”三项目标。相比飞行长达7个多月的天问一号，嫦娥五号的23天“旅途”显然更为紧凑。12月17日凌晨，嫦娥五号返回器在内蒙古四子王旗预定区域成功着陆，带回国人期盼已久的月球“土特产”。自11月24日发射以来，嫦娥五号经历了月面上升、交会对接与样品转移、再入回收等11个阶段，实现了中国航天史上五个“首次”，带回约1731g月球样品，为中国探月工程“绕、落、回”三步走发展规划画上了圆满句号。

航空航天任务的成功，关键在于航天器能否拥有摆脱地球引力的速度，如果速度不够大，就会落回地面；如果速度过大，则会脱离地球引力场或太阳引力场。

三大宇宙速度是从研究两个质点在万有引力作用下的运动规律出发，人们通常把航天器达到环绕地球、脱离地球和飞出太阳系所需要的最小发射速度，分别称为第一宇宙速度（牛顿称为环绕速度）、第二宇宙速度（脱离速度）和第三宇宙速度（太阳的逃逸速度）。

航天器在大气层外宇宙空间的运动速度，或称航天器飞行速度、航天器轨道速度等。航天飞行速度与航天器的飞行轨道、所在天体有关。在讨论航天器相对于一个天体运动时，如果把天体视为质量集中的一个质点，则该天体形成的引力为中心力场，其质心为引力中心，此时航天飞行速度可由能量守恒定律确定。

当航天器的飞行轨道为圆轨道时，圆轨道的轨道速度称为该天体的环绕速度。当航天器的飞行轨道为抛物线轨道时，抛物线轨道的轨道速度称为该天体的逃逸速度。

环绕速度和逃逸速度与天体的引力常数和航天器与天体质心的距离有关。对于太阳系内主要天体，航天器在天体表面的环绕速度和逃逸速度见表6-1。

表6-1 环绕速度和逃逸速度

天体	环绕速度/$km \cdot s^{-1}$	逃逸速度/$km \cdot s^{-1}$
地球	7.9	11.2
火星	3.5	5.1
金星	7.3	10.3
土星	25.2	35.5
月球	1.68	2.37

思考与练习

6-1 已知点的运动方程为 $r(t) = \sin 2t\boldsymbol{i} + \cos 2t\boldsymbol{j}$，其中 t 以 s 计，r 以 m 计；$\boldsymbol{i}$、$\boldsymbol{j}$ 分别为 x、y 方向的单位矢量。试求 $t = \frac{\pi}{8}$ s 时点的速度和加速度。

6-2 点做直线运动，已知其运动方程为 $x = t^3 - 6t^2 - 15t + 40$，$t$ 以 s 计，x 以 m 计。试求：(1) 点的速度为零的时刻；(2) 在该瞬时点的位置和加速度以及从 $t=0$ 到此瞬时这一时间间隔内，该点经过的路程和位移。

6-3 根据安全要求，列车在直道上以90km/h的速度前进时，其制动距离不得超过400m。设列车在制动时间内做匀减速运动，试求停车所需时间和制动时的加速度。

6-4　题6-4图所示机构的尺寸如下：$O_1A = O_2B = AM = r = 0.2\text{m}$，$O_1O_2 = AB$。轮 O_1 按 $\varphi = 15\pi t$（t 以 s 计，φ 以 rad 计）的规律转动。试求当 $t=0.5\text{s}$ 时，杆 AB 的位置及杆上点 M 的速度和加速度。

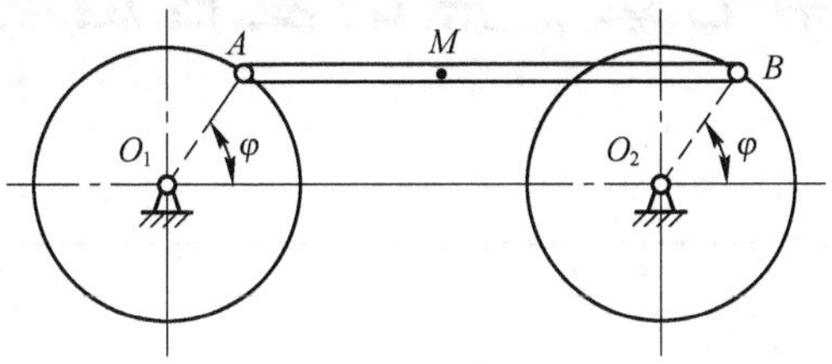

题6-4图

6-5　如题6-5图所示，汽车上的雨刷 CD 固连在横杆 AB 上，由曲柄 O_1A 驱动。已知：$O_1A = O_2B = r = 300\text{mm}$，$AB = O_1O_2$，曲柄 O_1A 往复摆动的规律为 $\varphi = (\pi/4)\sin 2\pi t$，其中 t 以 s 计，φ 以 rad 计。试求在 $t=0$、$\frac{1}{8}\text{s}$、$\frac{1}{4}\text{s}$ 各瞬时雨刷端点 C 的速度和加速度。

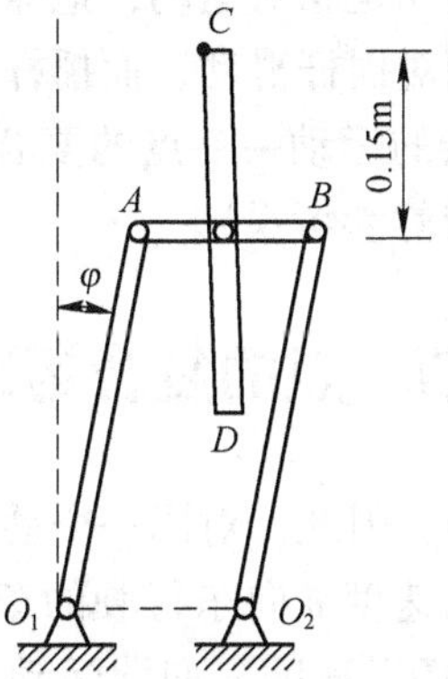

题6-5图

第七章　点的复合运动

学习目标

（1）了解点的复合运动。

（2）理解相对应复合运动的复合速度。

（3）掌握点的速度合成定理。

本章介绍动点对运动物体的相对运动与运动物体上和动点重合之点的牵连运动的合成运动。例如，汽车对地球表面的运动是相对运动，地球绕地心的转动是牵连运动，两者合成汽车对地心的复合运动；滑块相对摇杆滑动，而摇杆又绕其端轴转动，两者合成滑块的复合运动。本章讨论点的较为复杂的运动——点的复合运动。复合运动中涉及三种物体，即动点、动参考体和静参考体（或静参考系）。

第一节　点的复合运动概念

由于机械运动的描述是相对的，因此，对同一个动点在不同的参考系中所描述的运动情况一般是不相同的。例如，在以速度 v 向东行驶的车厢内（见图 7-1），地板上有一南北方向的横槽 AB，一小球 M 沿横槽以速度 u 向北运动，则坐在车厢内的人看到，小球向正北运动，而站在地面上的人看到，小球往东偏北方向运动。又例如，在绕铅垂轴 O 以角速度 ω 匀速转动的水平圆盘上（见图 7-2），有一小球 M 沿径向直槽以不变的速度 u 从轴心 O 向外运动，则相对于圆盘来说小球沿轴 x' 做匀速直线运动；但相对于地面来说小球的轨迹是螺旋线，而此时它的速度除了与 u 有关外，还与小球所在点因圆盘转动引起的速度 v_1 有关。

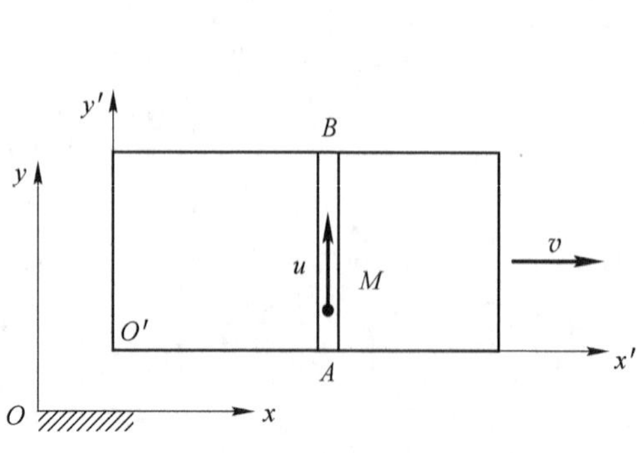

图 7-1

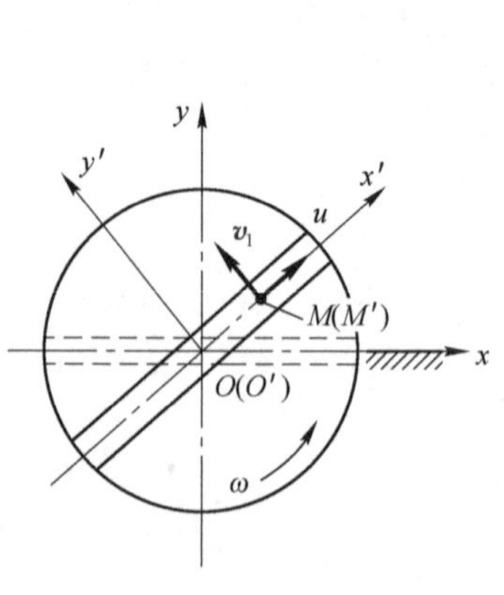

图 7-2

为了便于研究，把固定于地面的坐标系（如上例中的地面）称为定参考系，简称定系，以 $Oxyz$ 表示；而把相对于定系运动的另一个参考系（如上例中的小球）称为动参考系，简称动系，以 $O'x'y'z'$ 表示。动点相对于动系的运动称为相对运动，动系相对于定系的运动称为牵连运动，而动点相对定系的运动称为绝对运动。例如，上例中小球相对于车厢的运动是相对运动，车厢对地面的运动是牵连运动，而小球对地面的运动是绝对运动。

由上述定义可知，动点对动系有相对运动，而动系又牵连着动点对定系做牵连运动，这就构成了动点的合成运动。

思考题

对于图 7-3 所示 4 个系统，分别按下述情况说明绝对运动、相对运动，牵连运动和动点的牵连运动，并画出图示瞬时相对速度、牵连速度及绝对速度的方位。假设定系均固结于地面。

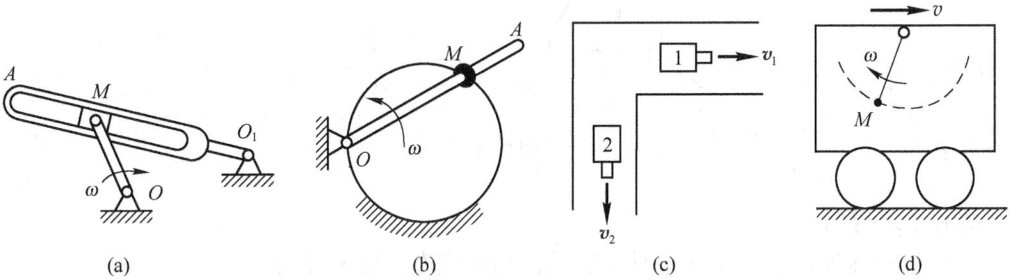

图 7-3

（a）以滑块 M 为动点，动系固结于 O_1A 上；

（b）以小环 M 为动点，动系固结于杆 OA 上；

（c）以小车 2 为动点，动系固结于小车 1 上；

（d）以小球 M 为动点，动系固结于车上。

第二节　点的速度合成定理

一、点的速度合成定理

设动系 $O'x'y'z'$ 相对于定系 $Oxyz$ 运动（见图 7-4），动点 M 又相对于动系 $O'x'y'z'$ 运动，其相对轨迹为曲线 AB（可暂时设想动点 M 在与动系固连的弯管 AB 内运动）。在瞬时 t，动点 M 在 C 处，经过微小时间 Δt 后，动系运动到新的位置（AB 运动到了 $A'B'$ 的位置，AB 上的点 C 同时沿某曲线 $\overparen{CC'}$ 到了 C' 处），动点 M 则从 C 沿某曲线 $\overparen{CC_1}$ 运动到了 C_1 的位置。显然，$\overparen{CC_1}$ 就是动点的绝对轨迹，矢量 $\boldsymbol{CC}_1$ 就是动点的绝对位移。动点的上述运动可看成为动点 M 先随同牵连点 C（动系上的点）沿曲线 $\overparen{CC'}$ 运动到 C'，然后再由 C' 沿曲线 $\overparen{A'B'}$ 运动到 C_1。于是，从图中可见，绝对位移 $\boldsymbol{CC}_1$ 可表示为

$$CC_1 = CC' + C'C_1$$

将上式中各项均除以 Δt，并令 $\Delta t \to 0$，则有

$$\lim_{\Delta t \to 0} \frac{CC_1}{\Delta t} = \lim_{\Delta t \to 0} \frac{CC'}{\Delta t} + \lim_{\Delta t \to 0} \frac{C'C_1}{\Delta t}$$

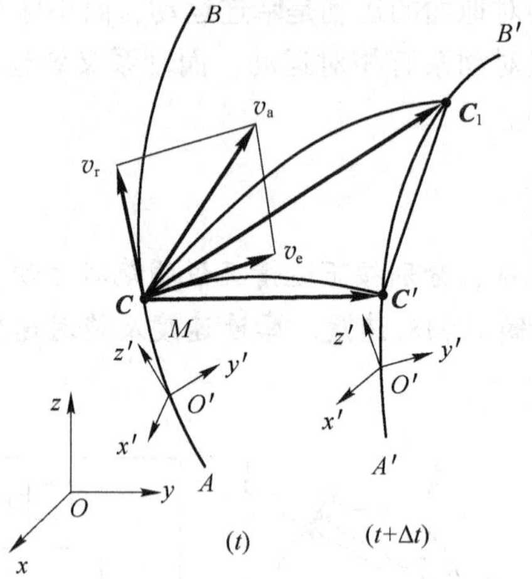

图 7-4

此时可以得到

（1）绝对速度：是指动点相对于定系运动的速度，用 $\boldsymbol{v}_a$ 表示。

（2）相对速度：是指动点相对于动系运动的速度，用 $\boldsymbol{v}_r$ 表示。

（3）牵连速度：是指某瞬时动系上与动点相重合的点相对于定系的速度，用 $\boldsymbol{v}_e$ 表示。

于是得到 $\boldsymbol{v}_a = \boldsymbol{v}_e + \boldsymbol{v}_r$，即动点的绝对速度等于其牵连速度与相对速度的矢量和。这就是点的速度合成定理，涉及共面的 3 个矢量大小和方向，共 6 个量，利用它可以解出 2 个未知量，且满足平行四边形法则，对角线即为绝对速度。

【例 7-1】如图 7-5 所示，半径为 R 的半圆凸轮以速度 $\boldsymbol{v}$ 向左匀速平动，推动杆 OA 绕轴 O 转动，当 $\angle AOD = \theta$ 时，求杆 OA 的角速度。

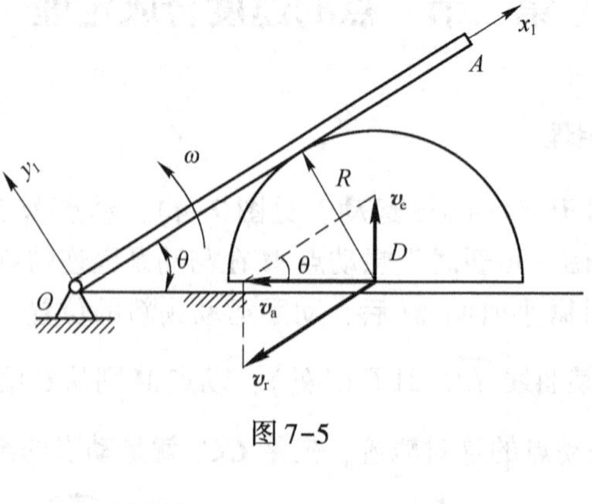

图 7-5

解：

动点为圆心 D，动系固连于绕点 O 转动的杆 OA 上。

绝对运动：圆心 D 以速度 $\boldsymbol{v}$ 向左匀速平动。

相对运动：大小未知，方向沿平行于 OA 的直线。

牵连运动：整个平面随杆 OA 绕点 O 以角速度 ω 转动，即 $v_e = \dfrac{\omega R}{\sin\theta}$，方向竖直向上。3 种运动的速度矢量如图 7-5 所示，由速度矢量方程 $\boldsymbol{v}_a = \boldsymbol{v}_e + \boldsymbol{v}_r$ 可得

$$\left.\begin{aligned} v_a = v = v_r\cos\theta \\ v_e = v_r\sin\theta \end{aligned}\right\}$$

解得

$$\omega = \frac{v\sin^2\theta}{R\cos\theta}$$

二、合成运动的方法在实际中的应用

在工程实际中，可以利用合成运动的方法解决以下三种问题。

（1）把复杂的运动分解成两种简单的运动，求得简单运动的运动量后，再加以合成。这种化繁为简的方法在解决工程实际问题时具有重要意义。

（2）讨论机构中各运动构件运动量之间的关系。在图 7-6 所示的曲柄摇杆机构中，已知曲柄 OA 的角速度，可以利用合成运动的方法求得摇杆 O_1B 的角速度。

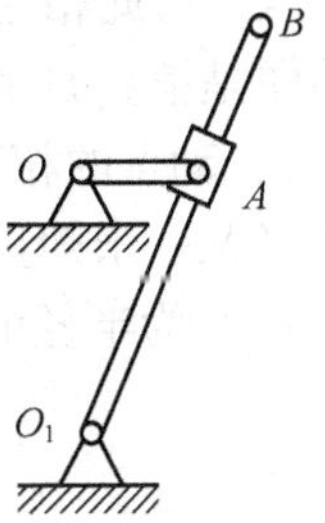

图 7-6

（3）求解无直接联系的两运动物体运动量之间的关系。

例如，大海上有甲、乙两艘行船，可以利用合成运动的方法求出在甲船上所看到的乙船的运动量。

【例 7-2】 图 7-7（a）所示为一刨床机构的示意图，曲柄 OA 绕轴 O 转动，带动滑块 A 在摇臂 O_1B 的槽中滑动，而使摇臂绕轴 O_1 摆动。它又通过刀杆 DE 上的销钉 G 带动刀杆往复移动。已知：$OA = R = 200\text{mm}$，$OO_1 = l = 200\sqrt{3}\text{mm}$，$L = 400\sqrt{3}\text{mm}$。在图 7-7（a）所示瞬时，$OA$ 水平，其角速度 $\omega_1 = 2\text{rad/s}$，试求此时摇臂 O_1B 的角速度 ω_2 及刀杆 DE 的速度 $\boldsymbol{v}_{DE}$。

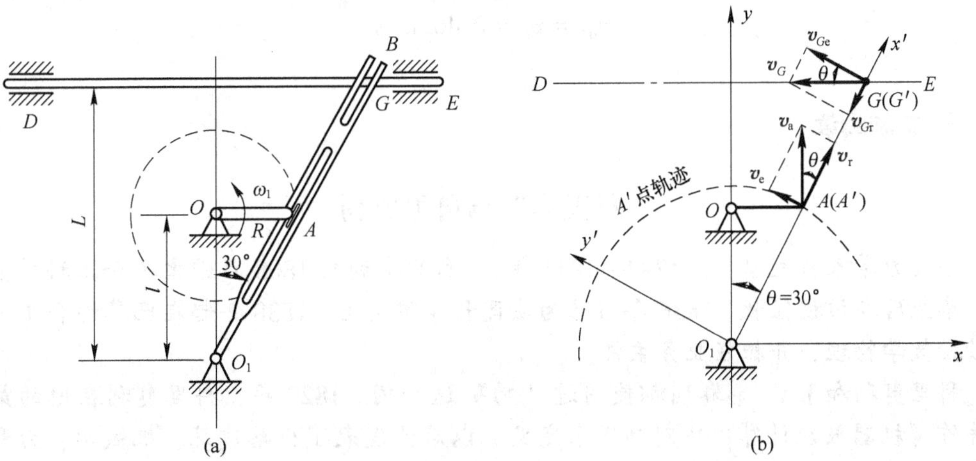

图 7-7

解：先求摇臂 O_1B 的角速度 ω_2。

选 OA 、O_1B 两刚体的连接点滑块 A 为动点，取动系 $O_1x'y'$ 固结于摇臂 O_1B 上，如图 7-7 (b) 所示（请考虑可否将动系固结于曲柄 OA 上），取定系 O_1xy 固结于地面。于是，动点 A 绕点 O 的圆周运动为绝对运动，动点 A 在滑槽中的运动为相对运动，而牵连点 A' (属于动系上的点) 绕点 O_1 的圆周运动为动点的牵连运动。已知动点 A 在图示瞬时的绝对速度，其大小和方向为

$$\boldsymbol{v}_a = R\omega_1 = 0.2 \times 2 = 0.4\text{m/s}$$

而动点 A 的相对速度 $\boldsymbol{v}_r$ 的方位必沿轴 O_1x' ，只是大小及指向待定（一个未知量）；动点 A 的牵连速度 $\boldsymbol{v}_e$ 的方位必垂直于半径 O_1A ，但其大小及指向也待定（又一未知量）。现据速度合成定理作出以 $\boldsymbol{v}_a$ 为对角线的平行四边形，如图 7-7 (b) 所示，即可得出 $\boldsymbol{v}_e$、$\boldsymbol{v}_r$ 两未知量，其中

$$\boldsymbol{v}_e = \boldsymbol{v}_a\sin\theta = 0.4\sin30° = 0.2\text{m/s}$$

其指向如图 7-7 (b) 所示。注意到 $\boldsymbol{v}_e$ 即 O_1B 上的点 A'的速度，故摇臂 O_1B 的角速度

$$\omega_2 = \frac{\boldsymbol{v}_e}{O_1A} = \frac{\boldsymbol{v}_e}{l/\cos30°} = \frac{200}{200\sqrt{3}/(\sqrt{3}/2)} = 0.5\text{rad/s}$$

再求刀杆 DE 的速度 $\boldsymbol{v}_{DE}$ 。为此，需另选动点和动系。依题意应取 DE 上的销钉 G 作为动点。与此相应，将动系固结于 O_1B 上。至于定系，仍固结于地面。于是，动点的绝对运动便是销钉 G 的水平直线运动，绝对速度 $\boldsymbol{v}_G$ 的方位必水平，大小和指向待定（一个未知量）；动点的相对运动为销钉沿槽的直线运动，相对速度 $\boldsymbol{v}_{Gr}$ 必沿轴 O_1x' ，大小及指向待定（又一未知量）：牵连运动为动系绕轴 O_1 的转动，而动点的牵连运动为以 O_1 为圆心、以 O_1G 为半径的圆周运动，现已知牵连速度的大小为

$$\boldsymbol{v}_{Ge} = O_1G \cdot \omega_2 = \frac{L}{\cos30°}\omega_2 = 0.8 \times 0.5 = 0.4\text{m/s}$$

其方向垂直于 O_1G ，且指向与 ω_2 一致，如图 7-7 (b) 所示。根据速度合成定理作出动点 G 的速度图，如图 7-7 (b) 所示，由此得

$$\boldsymbol{v}_G = \frac{\boldsymbol{v}_{Ge}}{\cos\theta} = \frac{0.4}{\cos30°} = 0.462\text{m/s}$$

因为 DE 作平移，其上任一点的速度即为 DE 的速度，故

$$\boldsymbol{v}_{DE} = \boldsymbol{v}_G = 0.462\text{m/s}$$

扩展阅读

“科氏力”与科里奥利

法国力学家科里奥利（1792—1843 年）。科里奥利在 1808 年进拿破仑工科学校求学，毕业后在该校任教。1836 年当选为法国科学院院士。1838 年起在巴黎综合工科学校教授数学物理，并担任业务主任。

科里奥利和 J. V. 彭赛列都使用过“功”这个词。1829 年，科里奥利在他的第一部著作《机器效应计算》中对功下了定义，以后他发表了公路建筑、机械学、力和运动等方面的论著。他在计算活塞杆的旋转和摩擦阻力时，论述了旋转系统中物体的受力情况。1835 年他在《物体系统相对运动方程》的论文中指出，如果物体在匀速转动

的参考系中做相对运动，就有一种不同于通常离心力的惯性力作用于物体；他称这种力为复合离心力，其大小和方向可用 $2m\boldsymbol{v}\times\boldsymbol{\omega}$ 表示，其中 m 为物体质量，$\boldsymbol{v}$ 为相对速度，$\boldsymbol{\omega}$ 为参考系的角速度。有关的证明他在 1843 年出版的专著《固体力学和机器效应计算教程》中给出。现在这种力称为科里奥利力或科氏力（见相对运动），相应的加速度 $2m\boldsymbol{v}\times\boldsymbol{\omega}$ 称为科里奥利加速度或科氏加速度。

科里奥利的 44 篇主要论文均刊于法国科学院学报。

科里奥利力（Coriolis force）是对旋转体系中进行直线运动的质点由于惯性相对于旋转体系产生的直线运动的偏移的一种描述。科里奥利力来自物体运动所具有的惯性。

思考与练习

7-1　对于题 7-1 图所示的各机构，适当选取动点、动系和定系，试画出在图示瞬时动点的 $\boldsymbol{v}_a$、$\boldsymbol{v}_e$ 和 $\boldsymbol{v}_r$。

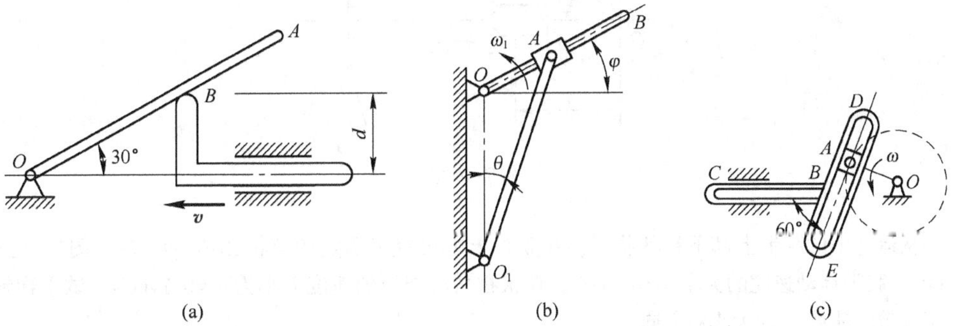

题 7-1 图

7-2　对于题 7-2 图所示的各机构，适当选取动点、动系和定系，试画出在图示瞬时动点的 $\boldsymbol{v}_a$、$\boldsymbol{v}_e$ 和 $\boldsymbol{v}_r$ 以及 $\boldsymbol{a}_a$、$\boldsymbol{a}_e$ 和 $\boldsymbol{a}_r$。

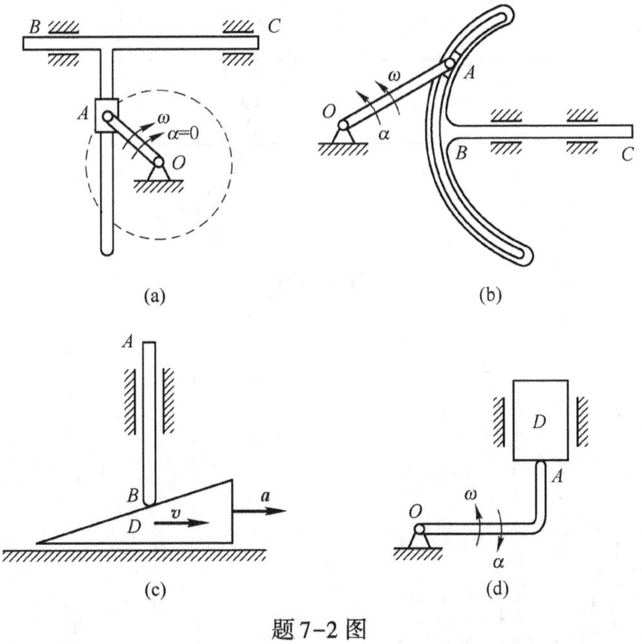

题 7-2 图

7-3 火车以15km/h的速度沿水平直道行驶时，雨滴在车厢侧面玻璃上留下与铅垂线成30°向后的雨痕；短时间后，火车的速度增至30km/h，而车厢里的人看见雨滴与铅垂线的夹角增为45°。试问若火车处于静止，雨滴以多大速度沿什么方向下落？

7-4 在水面上有舰艇A和B，A向东行驶，B沿半径为$\rho=100$m的圆弧行驶。两者的速度大小都是$\boldsymbol{v}=36$km/h。在题7-4图所示瞬时，$s=50$m，$\varphi=45°$。试求在此瞬时：（1）艇B的质心相对于艇A的速度；（2）艇A相对于艇B（视为绕O转动的物体）的速度。

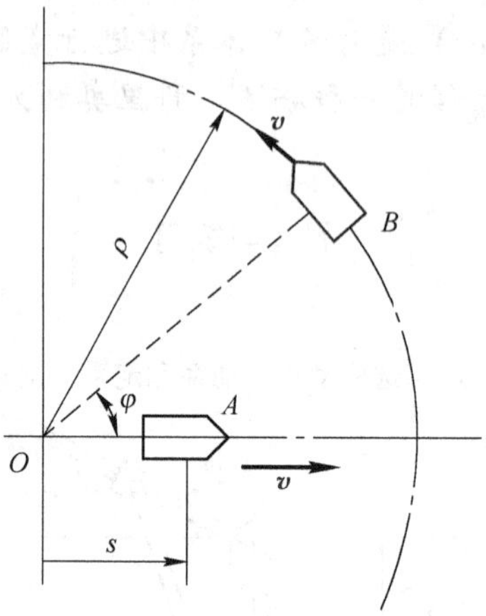

题7-4图

7-5 为从运行中的胶带上卸下粒状物料，在胶带上方设置了固定的挡板ABC（题7-5图）。已知$\theta=60°$，胶带运动速度的大小$u=0.6$m/s，粒状物料沿挡板的速度大小为$\boldsymbol{v}=0.14$m/s。试求物料相对于胶带的速度v_r的大小和方向。

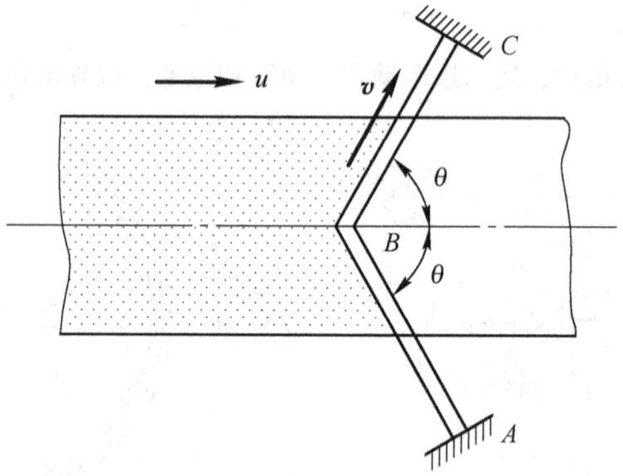

题7-5图

第八章　刚体的平面运动

学习目标

(1) 了解刚体平面运动的基本概念和运动分解。

(2) 掌握用基点法求平面图形内各点的速度。

(3) 掌握用瞬心法求平面图形内各点的速度。

在前面两章的基础上，本章将讨论刚体的较为复杂的运动——刚体的平面运动。它是工程上经常遇到的运动，而且其研究方法又是研究刚体更复杂运动的基础。

第一节　刚体平面运动分解

一、刚体平面运动的基本概念

在前面的章节中，我们介绍了刚体的平行移动和定轴转动，这两种基本运动最为常见且较为简单。然而，在工程实际中许多刚体的运动是一种较平行移动和定轴转动更为复杂的运动形式，可以看作为平行移动和定轴转动的合成。图 8-1（a）所示为沿直线滚动车轮的运动，图 8-1（b）所示为行星齿轮机构中动齿轮 A 的运动。这些运动有一个共同的特点，即在运动时，刚体上任意一点都与某一固定平面始终保持相等的距离，我们把这些运动称为刚体的平面运动。平面运动刚体上的各点都在平行于某一固定平面的平面内运动。

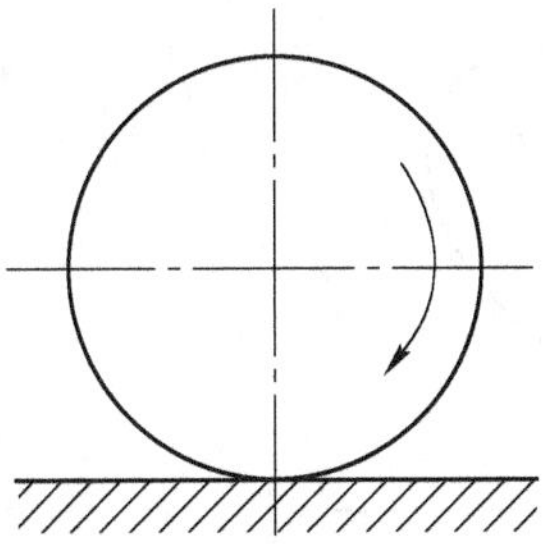
(a)

(b)

图 8-1

如图 8-2 所示，假设一刚体做平面运动，其上各点到固定平面Ⅰ的距离保持不变。作平面Ⅱ与平面Ⅰ平行且与刚体相交，则在刚体上截出一个平面图形 S。根据刚体平面运动的定义可知，当刚体运动时，平面图形 S 始终保持在平面Ⅱ中运动。若再在刚体内取与图

形 S 垂直的直线 A_1A_2，将直线 A_1A_2 与图形 S 的交点记为 A，则当刚体运动时，直线 A_1A_2 显然做平行移动。因而，直线上各点的运动都相同，可以用其上一点 A 的运动来代表。由此可见，平面图形 S 的运动就代表整个刚体的运动。也就是说，刚体的平面运动可以简化为平面图形在其自身平面内的运动。

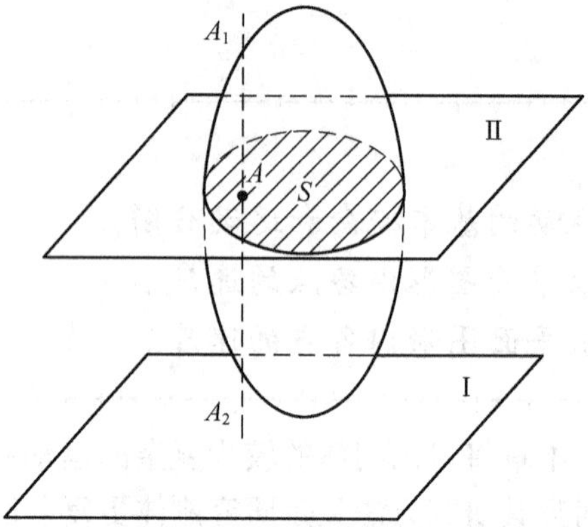

图 8-2

如图 8-3 所示，确定平面图形 S 在任意瞬时 t 的位置，只需确定平面图形 S 内线段 AB 的位置。在平面图形 S 所在的平面内取定参考系 Oxy，则线段 AB 的位置可由点 A 的坐标 x_A、y_A 以及线段 AB 与 x 轴的夹角 φ 来确定。当平面图形 S 运动时，x_A、y_A 以及 φ 都随时间而变化，并且可以表示为时间 t 的单值连续函数，即

$$\left.\begin{aligned} x_A &= f_1(t) \\ y_A &= f_2(t) \\ \varphi &= f_3(t) \end{aligned}\right\} \tag{8-1}$$

式（8-1）确定了平面图形 S 在任一瞬时的位置，也就确定了整个刚体的运动，因此式（8-1）称为刚体的平面运动方程。其中，点 A 称为基点。

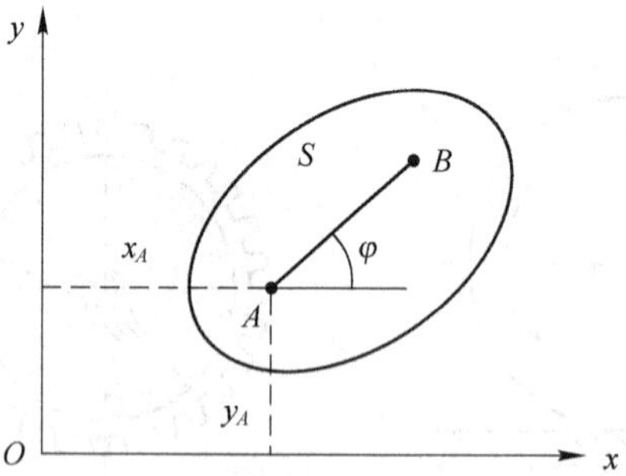

图 8-3

如果在运动过程中基点 A 固定不动，则平面图形的运动为定轴转动；如果在运动过程中夹角 φ 保持不变，则平面图形的运动为平行移动。因此，刚体的平行移动和定轴转动都是刚体平面运动的特殊情况。

二、刚体平面运动的分解

如图 8-4 所示，平面图形 S 相对于定参考系做平面运动，经过时间间隔 Δt，从位置Ⅰ运动到位置Ⅱ，确定图形位置的任一线段由 $O'A$ 运动至 $O_1'A_1$。如果以 O' 为基点，则线段 $O'A$ 的运动可看作是先随基点 O' 平动到位置 $O_1'A_2$，然后再绕点 O_1' 顺时针转过 $\Delta\varphi_1$ 到位置 $O_1'A_1$。如果以 A 为基点，则线段 $O'A$ 的运动可看作是先随基点 A 平动到位置 $O_2'A_1$，然后再绕点 A_1 顺时针转过 $\Delta\varphi_2$ 到位置 $O_1'A_1$。

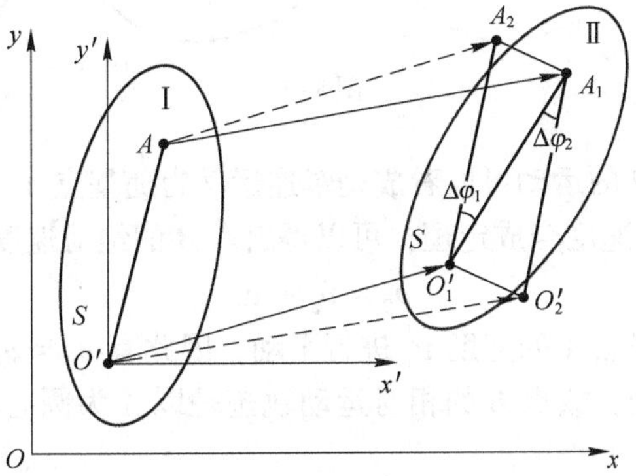

图 8-4

实际上平动和转动是同时进行的。当 $\Delta t \to 0$ 时，上述分析就趋近于真实情况。因此，平面图形的运动，即刚体的平面运动，可以分解为随基点的平动和绕基点的转动。

根据上述分析可知，在平面图形上选取不同的基点，平动的位移 $\boldsymbol{O'O_1'}$ 或 $\boldsymbol{AA_1}$ 是不同的。因而，平动的速度和加速度也是不同的，即平面图形随基点的平动规律与基点的选择有关。

同时，由于 $O'A \parallel O_1'A_2 \parallel O_2'A_1$，所以 $\Delta\varphi_2 = \Delta\varphi_1$ 且转向相同，于是有

$$\lim_{\Delta t \to 0} \frac{\Delta\varphi_2}{\Delta t} = \lim_{\Delta t \to 0} \frac{\Delta\varphi_1}{\Delta t}$$

即 $\omega_1 = \omega_2$，可以得出

$$\frac{\mathrm{d}\omega_1}{\mathrm{d}t} = \frac{\mathrm{d}\omega_2}{\mathrm{d}t}$$

于是有 $\alpha_1 = \alpha_2$。

因此，在同一瞬时，平面图形 S 的角速度和角加速度相同，即平面图形绕基点的转动规律与基点的选择无关。

第二节　平面图形内各点的速度

一、速度合成法（基点法）

刚体的平面运动既然可以分解为随基点的平移（牵连运动）和绕基点的转动（相对运动），所以平面图形上任一点的速度就可以利用点的速度合成定理来求。

如图 8-5 所示，某瞬时平面图形内点 A 的速度为 $\boldsymbol{v}_A$，图形的角速度为 ω，现求平面图形内任意一点 B 的速度 $\boldsymbol{v}_B$。

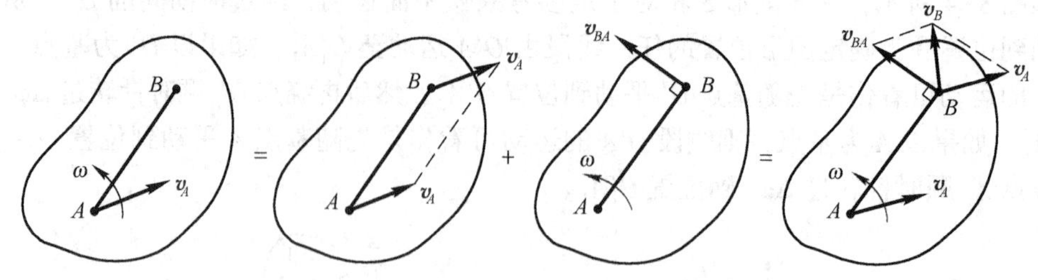

图 8-5

取点 A 为基点，点 B 的运动可以看成是牵连运动为随基点 A 平动和相对运动为绕基点 A 转动的合成运动。根据速度合成定理，可以得出点 B 的绝对速度为

$$\boldsymbol{v}_B = \boldsymbol{v}_e + \boldsymbol{v}_r$$

由于牵连运动是随基点 A 的速度 $\boldsymbol{v}_A$ 进行平动，因此有 $\boldsymbol{v}_e = \boldsymbol{v}_A$；又因为平面图形的相对运动为绕基点 A 的转动，故点 B 的相对运动轨迹是以 A 为圆心、AB 为半径的圆弧，从而有

$$v_r = v_{BA} = AB \cdot \omega$$

其方向垂直于转动半径 AB 且指向转动的方向。因此，根据点的速度合成定理可得

$$\boldsymbol{v}_B = \boldsymbol{v}_A + \boldsymbol{v}_{BA} \tag{8-2}$$

即平面图形内任意一点的速度等于基点的速度与该点随图形绕基点转动速度的矢量和。这种求平面图形内任意一点速度的方法称为基点法。

【例 8-1】 半径为 R 的圆轮，在水平面上沿直线只滚动而无滑动，如图 8-6 所示。已知轮心 O 的速度为 $\boldsymbol{v}_O$，向右。试求轮子的角速度 ω 及轮缘上 A、B、C、D 各点之速度。

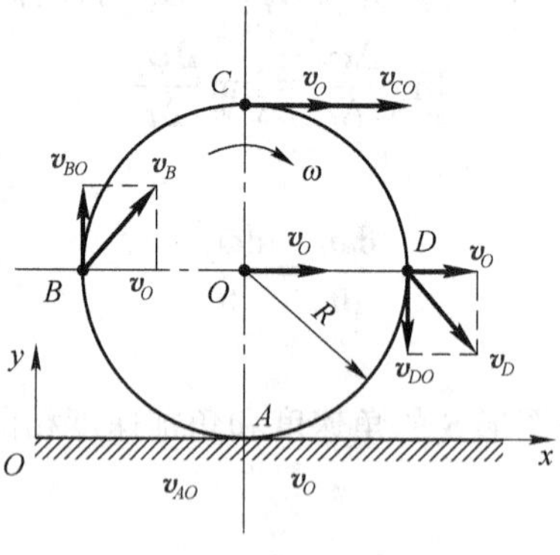

图 8-6

解：解此题的关键在于明确点 A 的绝对速度为零，即 $v_A = 0$。这可以由题意中轮子“只滚动而无滑动”直接得到。

选速度已知的点 O（轮心）为基点，分别考察 A、B、C、D 各点。

（1）考察轮上点 A，根据式（8-2），有

$$\boldsymbol{v}_A = \boldsymbol{v}_O + \boldsymbol{v}_{AO}$$

其中 $\boldsymbol{v}_A = 0$，已如上述。设角速度 ω 为顺时针方向，则 $\boldsymbol{v}_{AO} = R\omega$，向左。为了直观地表达上式，将 $\boldsymbol{v}_O$ 及 $\boldsymbol{v}_{AO}$ 都画在点 A。由上式的各项在 x 方向投影得

$$0 = \boldsymbol{v}_O - R\omega$$

故

$$\omega = \frac{\boldsymbol{v}_O}{R}$$

正值表示 ω 的转向假定正确。

(2) 考察点 B，有

$$\boldsymbol{v}_B = \boldsymbol{v}_O + \boldsymbol{v}_{BO}$$

而

$$\boldsymbol{v}_{BO} = R\omega = R\frac{\boldsymbol{v}_O}{R} = \boldsymbol{v}_O$$

作点 B 的速度图，从图即可知

$$\boldsymbol{v}_B = \sqrt{\boldsymbol{v}_O^2 + \boldsymbol{v}_{BO}^2} = \sqrt{\boldsymbol{v}_O^2 + \boldsymbol{v}_O^2} = \sqrt{2}\,\boldsymbol{v}_O$$

(3) 考察点 C，有

$$\boldsymbol{v}_C = \boldsymbol{v}_O + \boldsymbol{v}_{CO}$$

而

$$\boldsymbol{v}_{CO} = R\omega = R\frac{\boldsymbol{v}_O}{R} = \boldsymbol{v}_O$$

显然

$$\boldsymbol{v}_C = \boldsymbol{v}_O + \boldsymbol{v}_O = 2\boldsymbol{v}_O$$

(4) 考察点 D，有

$$\boldsymbol{v}_D = \boldsymbol{v}_O + \boldsymbol{v}_{DO}$$

而

$$\boldsymbol{v}_{DO} = R\omega = R\frac{\boldsymbol{v}_O}{R} = \boldsymbol{v}_O$$

由图 8-6 可知

$$\boldsymbol{v}_D = \sqrt{2}\,\boldsymbol{v}_O$$

二、速度投影法

如图 8-7 所示，若将 $\boldsymbol{v}_B = \boldsymbol{v}_A + \boldsymbol{v}_{BA}$ 式中的各矢量分别在两个方向上投影，则可得到两个代数方程，从而可解出两个未知量。若将矢量投影到 AB 方向上，由于 $\boldsymbol{v}_{BA}$ 垂直于线段 AB，其投影为零，故有 $(\boldsymbol{v}_{BA})_{AB} = 0$，于是有

$$(\boldsymbol{v}_B)_{AB} = (\boldsymbol{v}_A)_{AB} \tag{8-3}$$

即

$$\boldsymbol{v}_B\cos\beta = \boldsymbol{v}_A\cos\alpha$$

式中，α，β 分别为 $\boldsymbol{v}_A$、$\boldsymbol{v}_B$ 与 AB 线的夹角。

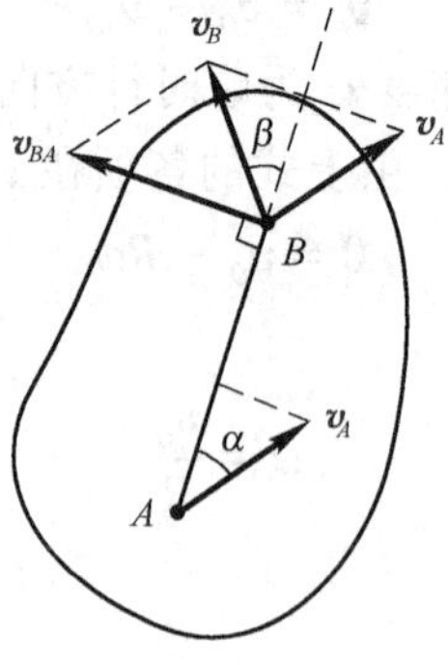

图 8-7

同一平面图形上任意两点的速度在这两点连线上的投影相等。该定理为速度投影定理，事实上，由于刚体上任意两点之间的距离始终保持不变，因此两点的速度在其连线方向上的分量必须相等。

【例 8-2】 如图 8-8 所示的机构中，A 端以速度 $\boldsymbol{v}_A$ 沿 x 轴负方向运动，$AB=l$。试求：当杆 AB 与 x 轴负方向的夹角为 φ 时，B 端的速度以及杆 AB 的角速度。

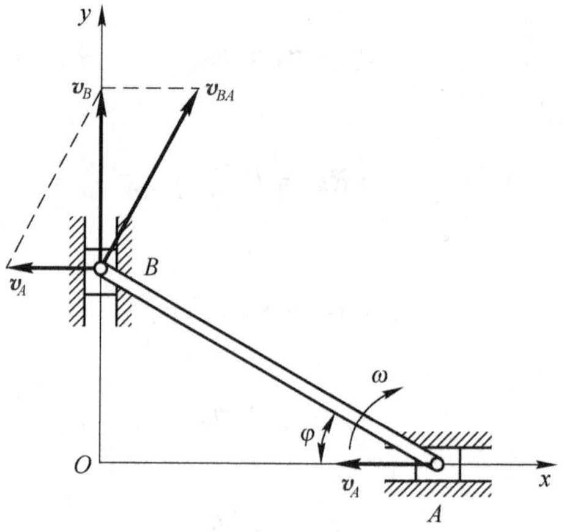

图 8-8

解： 杆 AB 做平面运动，因此选杆 AB 为研究对象。由于杆 AB 上点 A 速度已知，所以选取点 A 为基点。由式（8-2）可得

$$\boldsymbol{v}_B = \boldsymbol{v}_A + \boldsymbol{v}_{BA}$$

$\boldsymbol{v}_A$ 的大小及方向均已知；$\boldsymbol{v}_{BA}$ 垂直于杆 AB，大小未知；$\boldsymbol{v}_B$ 沿竖直方向，大小未知。由此可得出速度平行四边形，并由图中几何关系得

$$\tan\varphi = \frac{\boldsymbol{v}_A}{\boldsymbol{v}_B} \quad \sin\varphi = \frac{\boldsymbol{v}_A}{\boldsymbol{v}_{BA}}$$

因此，B 端的速度为

$$\boldsymbol{v}_B = \frac{\boldsymbol{v}_A}{\tan\varphi}$$

设杆 AB 的角速度为 ω，由于 $\boldsymbol{v}_{BA} = AB \cdot \omega = l\omega$，故

$$v_{BA} = \frac{v_A}{\sin\varphi} = l\omega$$

因此，杆 AB 的角速度为

$$\omega = \frac{v_A}{l\sin\varphi}$$

三、瞬心法

由之前章节内容可知，平面图形上任意一点的速度等于基点速度与绕基点转动速度的矢量和，而且基点的选择可以是任意的。那么，如果平面图形上存在瞬时速度为零的点，则以该点为基点进行计算就会方便很多。

如图 8-9 所示，设某一瞬时，平面图形的角速度为 ω，其上一点 A 的速度为 $\boldsymbol{v}_A$，则图形上任意一点 M 的速度可表示为

$$\boldsymbol{v}_M = \boldsymbol{v}_A + \boldsymbol{v}_{MA}$$

设点 M 在 $\boldsymbol{v}_A$ 的垂线上，由图中可以看出 $\boldsymbol{v}_A$ 与 $\boldsymbol{v}_{MA}$ 平行，但方向相反，故 $\boldsymbol{v}_M$ 的大小可表示为

$$v_M = v_A - v_{MA} = v_A - AM \cdot \omega$$

由上式可以看出点 M 的速度大小随其在垂线 AN 上的位置不同而发生变化，那么有且只有一点 C，满足

$$AC = \frac{v_A}{\omega}$$

此时，点 C 的速度为

$$v_C = v_A - AC \cdot \omega = 0$$

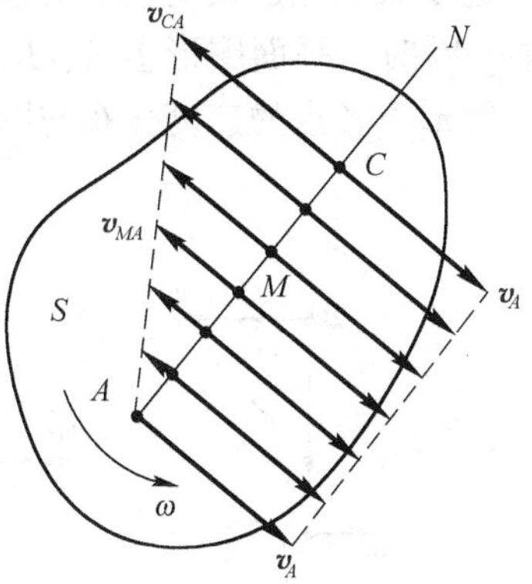

图 8-9

因此，一般情况下，平面图形上每一瞬时都唯一存在一个速度为零的点。该点称为瞬时速度中心，简称速度瞬心。

若取速度瞬心 C 作为基点，则平面图形内任意一点 M 的速度大小为

$$v_M = v_C + v_{MC} = v_{MC} = MC \cdot \omega \tag{8-4}$$

且 $\boldsymbol{v}_M$ 垂直于转动半径 MC 并指向图形绕基点 C 转动的方向，即平面图形内任意一点的速度等于该点随图形绕速度瞬心转动的速度。因此，平面图形的运动可以看成绕速

度瞬心的瞬时转动。这种取速度瞬心作为基点来求平面图形内各点速度的方法，称为瞬心法。

需要指出，瞬心处只是速度为零，而加速度一般不为零；且在不同的瞬时，平面图形有不同的瞬心，即瞬心在图形上的位置是随时变换的。因此，瞬心不同于固定的转轴。仅仅在分析速度问题时，瞬心可视为瞬时的转轴，刚体平面运动在各瞬时可视为绕瞬心的转动。

用瞬心法求平面图形上各点的速度时，首先要知道该速度瞬心在图形中的位置和角速度。下面介绍各种情况下确定速度瞬心位置的一般方法。

（1）如图 8-10 所示，平面图形沿一固定表面做无滑动滚动，则图形与固定面的接触点 C 就是平面图形的速度瞬心。

（2）如图 8-11 所示，已知平面图形内任意两点 A、B 速度的方向，分别过这两点作速度的垂线，两垂线的交点 C 就是平面图形的速度瞬心。

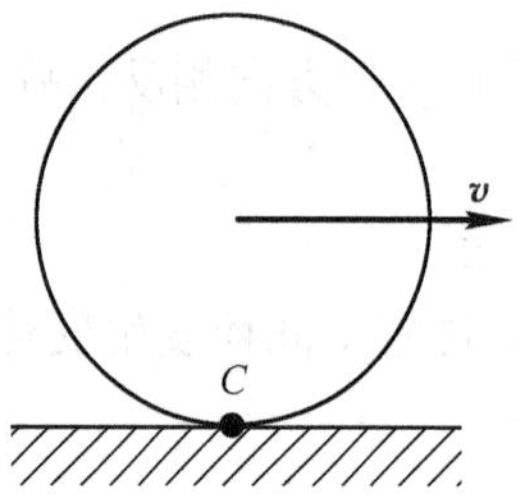

图 8-10

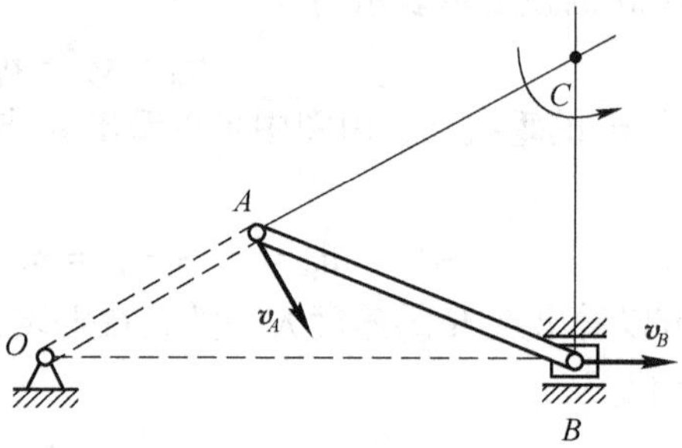

图 8-11

（3）如图 8-12 所示，已知平面图形上 A、B 两点的速度相互平行，并且速度方向垂直于两点连线，则两点连线与两速度矢端点连线的交点 C 就是平面图形的速度瞬心。

（4）如图 8-13 所示，在某一瞬时，平面图形上 A、B 两点的速度相等，则图形的速度瞬心在无穷远处。在该瞬时，图形上各点的速度分布与图形平移时的情形相同，故称为瞬时平移。

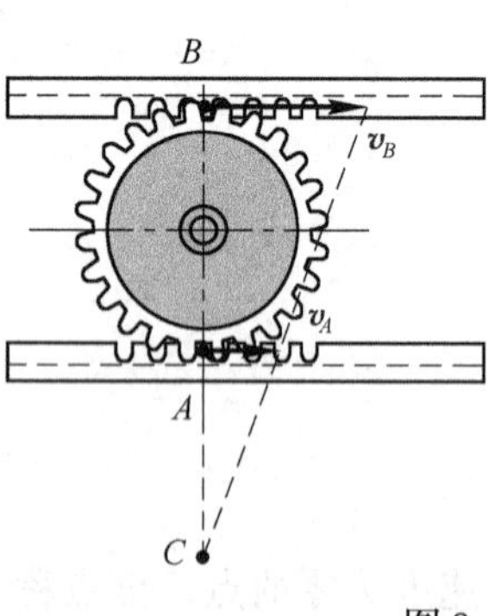

图 8-12

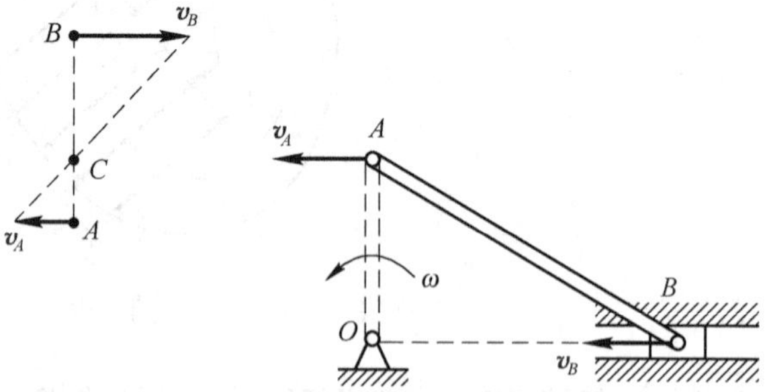

图 8-13

思考题

图 8-14 所示的各（刚体）平面图形均做平面运动。试问：（1）所给的条件有无

矛盾，为什么？（2）如果没有矛盾，则指出瞬心的位置。图中速度矢及尺寸大致是按比例画的。

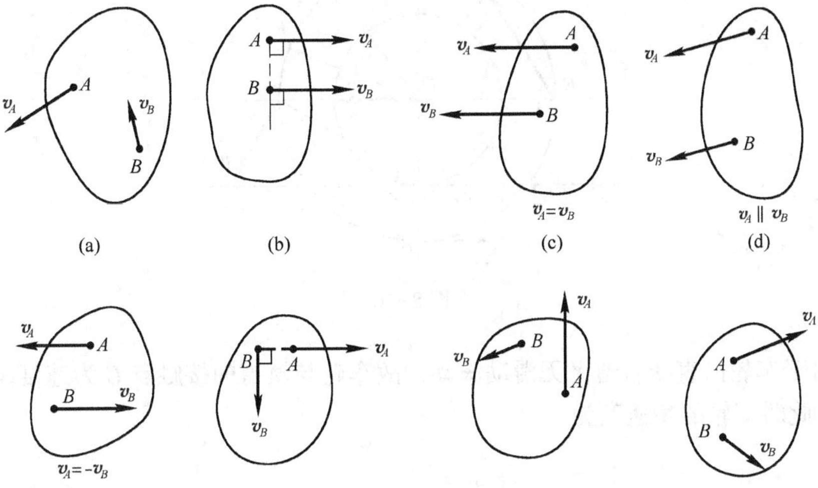

图 8-14

【例 8-3】 试用瞬心法解例 8-2。

解：

如图 8-15 所示，分别作 A 和 B 两点速度的垂线，两条直线的交点 C 就是图形 AB 的速度瞬心。故杆 AB 的角速度 ω 为

$$\omega = \frac{v_A}{AC} = \frac{v_A}{l\sin\varphi}$$

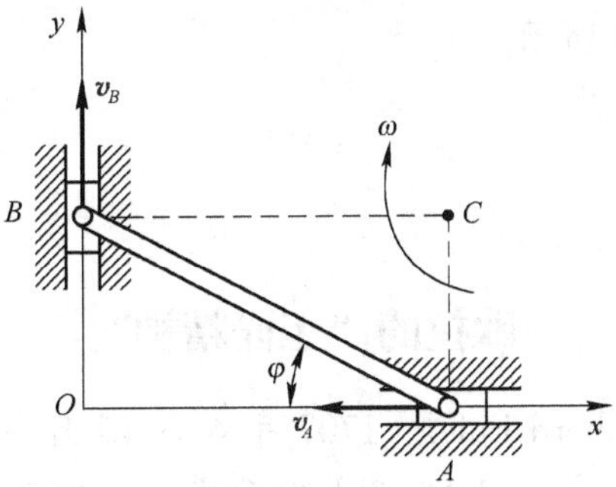

图 8-15

B 端的速度为

$$v_B = BC \cdot \omega = l\cos\varphi \cdot \frac{v_A}{l\sin\varphi} = \frac{v_A}{\tan\varphi}$$

上述结果与例 8-2 中利用基点法求得结果完全一致。

【例 8-4】 如图 8-16 所示，车轮沿直线轨道做纯滚动，点 C 与地面接触，轮心 O 的速度为 $v_O = v$，其中，$R = 4a$，$r = 3a$。求轮上点 A、B、C、D、E 的速度。

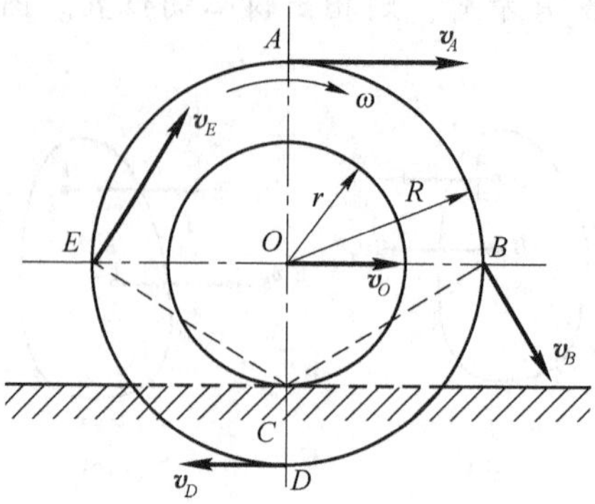

图 8-16

解：由于车轮沿直线轨道做无滑动滚动，故车轮与轨道的接触点 C 为速度瞬心，其速度 $v_C=0$。此时车轮的角速度为

$$\omega=\frac{v_O}{r}=\frac{v}{3a}$$

于是可求得点 A、B、D、E 的速度大小为

$$v_A=AC\cdot\omega=(R+r)\cdot\omega=(4a+3a)\cdot\frac{v}{3a}=\frac{7v}{3}$$

$$v_B=BC\cdot\omega=\sqrt{R^2+r^2}\cdot\omega=\sqrt{(4a)^2+(3a)^2}\cdot\frac{v}{3a}=\frac{5v}{3}$$

$$v_D=DC\cdot\omega=(R-r)\cdot\omega=(4a-3a)\cdot\frac{v}{3a}=\frac{v}{3}$$

$$v_E=EC\cdot\omega=\sqrt{R^2+r^2}\cdot\omega=\sqrt{(4a)^2+(3a)^2}\cdot\frac{v}{3a}=\frac{5v}{3}$$

各点速度方向如图 8-16 所示。

扩展阅读

欧拉的“工匠精神”

莱昂哈德·欧拉（Leonhard Euler，1707 年 4 月 15 日—1783 年 9 月 18 日），瑞士数学家、自然科学家，1707 年 4 月 15 日出生于瑞士的巴塞尔，1783 年 9 月 18 日于俄国圣彼得堡去世。欧拉出生于牧师家庭，自幼受父亲的影响，13 岁时入读巴塞尔大学，15 岁大学毕业，16 岁获得硕士学位。欧拉是 18 世纪数学界最杰出的人物之一。

欧拉的第一个奖项收获于 1726 年，那时他才 19 岁，参加巴黎科学院组织的一次有奖征集，以一篇《论桅杆配置的船舶问题》拿下提名奖。虽然首次出师未能一举夺魁，但此后欧拉总共 12 次获得巴黎科学院的金奖，“拿奖拿到手软”这句话并非一句虚言。彼时欧洲各国的政府和科学院对纯粹数学的研究并不重视，他们只关心实际问题的数学解答，就像在第一篇文章中用数学分析船桅的定位问题那样，欧拉在这些竞赛中多次获奖表明了他是一位顶级的应用数学家。他处理过天体运行轨道的摄动问题，计算过阻尼介质中的炮弹轨迹，对于航海问题他研究过潮汐理论，甚至通过研究梁的弯曲和柱的安全载荷来确定船舶结构的正确设计。与此同时，欧拉在光学、声学和热学方面都有许多奠基性的工作，他赞成光的波动说，第一个用分析方法处理光的振动并推导出波动方程；他研究声的传播，把热看成分子振动，一系列精细又有创意的文章为欧拉带来了巨大的影响力和丰厚的收益。

难能可贵的是，欧拉在应用数学和物理方面的研究工作并非仅停留在“就事论事”的层面，他的每一项工作背后几乎都能看到完整的理论体系和新颖的处理方法。有了欧拉的工作，分析力学和刚体力学从古典力学中脱颖而出，由牛顿和莱布尼兹发展出来的微积分方法真正大放光彩。

但你要是认为欧拉只是擅长于向天文学、力学和地理学中的实际问题提供数学方法那可就大错特错了，欧拉作为伟大数学家的名声千百年流传完全是因为他对纯粹数学领域的巨大贡献。欧拉的这些贡献总结在他的许多著作中，涉及代数、分析、微分方程、解析几何和变分法，其中《代数学入门》《无穷小分析引论》《微分学原理》和《积分学原理》堪称经典，成为此后一两百年间数学课程的标准教材。与牛顿等其他数学家不同，欧拉写的书细节详尽，语言通俗易懂，对于纯粹数学特别是分析学的推广和普及裨益良多，法国数学家拉普拉斯（Laplace）曾有一句名言：“读欧拉，读欧拉，他是我们所有人的老师！”

由于长时间超负荷工作，欧拉患上了严重的眼疾，特别是在18世纪的30年代，为了争夺巴黎科学院的一项大奖，欧拉连续工作三天三夜，虽然成功解答了问题，却永远失去了右眼的视力。

此后欧拉的左眼也出现了白内障，加上工作地（俄国）严酷寒冷的气候，欧拉的视力状况不断恶化，虽然接受过一次白内障手术，但由于术后感染，欧拉又重入黑暗。

但即使在最困难的时期，欧拉也始终没有停下数学研究的脚步，依然高效率地为数学界创造财富，在他完全失明之前的几年里，欧拉就已经开始进行一项特殊的训练，他将公式写在一块巨大的石板上，由儿子阿尔贝誊写下来，然后再记录他对于公式和计算的说明。这些公式和计算，欧拉基本上都是心算的，他就这样由儿子配合着，持续总结着自己的研究工作。事实上，“写书写到失明”这句话不仅不过分，还有点“谦虚”了，欧拉的一些著作和400多篇论文是在完全失明后写成的。

贝多芬证明了耳朵之于音乐家不是必需的，欧拉证明了眼睛之于数学家不是必需的。

思考与练习

8-1　题8-1图所示机构的曲柄 OC 以匀角速度 ω_O 绕轴 O 转动，从而通过杆 AB 带动滑块 A、B 分别沿轴 y 和轴 x 滑动。已知：$OC = AC = CB = r$；当 $t = 0$ 时，$\theta = 0$。试以杆 AB 端点 B 为基点，写出杆 AB 的平面运动方程，并求在任意瞬时点 B 的速度及杆 AB 的角速度。

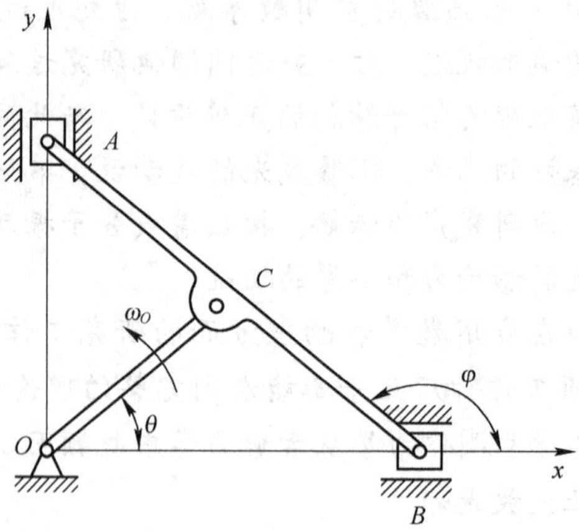

题 8-1 图

8-2 题 8-2 图所示平面机构中，曲柄 OA 长 300mm，杆 BC 长 600mm，曲柄 OA 以匀角速度 ω = 4rad/s 绕轴 O 顺时针转动。试求图示瞬时点 B 的速度和杆 BC 的角速度。

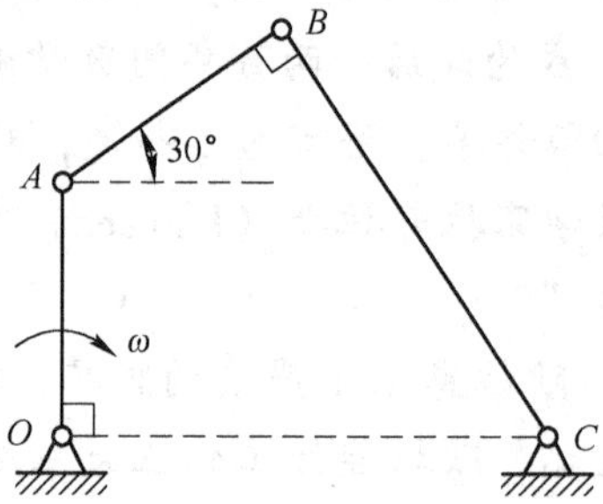

题 8-2 图

8-3 题 8-3 图所示行星齿轮的臂杆 AC 绕固定轴 A 逆时针转动，从而带动半径为 r 的小齿轮 C 在固定大齿轮上滚动。已知：$AC = R = 150$mm，$r = 50$mm，当 $\varphi = 45°$时，杆 AC 的角速度为 ω=6rad/s。试求此瞬时小齿轮的角速度及其上点 D 的速度（$CD \perp AC$）。

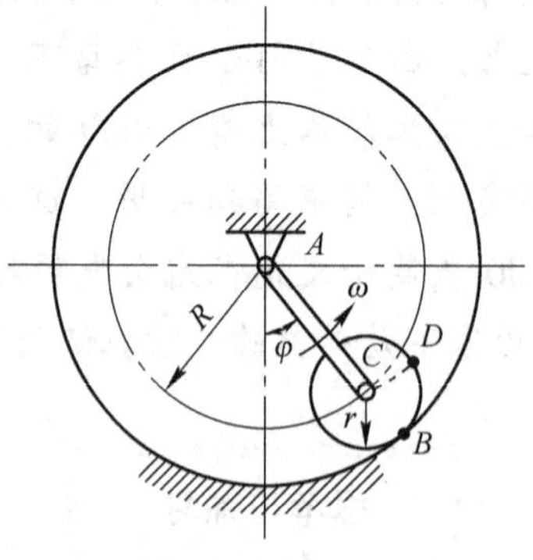

题 8-3 图

8-4 题 8-4 图所示中杆 AB 与 3 个半径均为 r 的齿轮在轮心铰接，其中齿轮 Ⅰ 固定不动。已知杆 AB 的角速度 ω_{AB}，试求齿轮 Ⅱ 和 Ⅲ 的角速度。

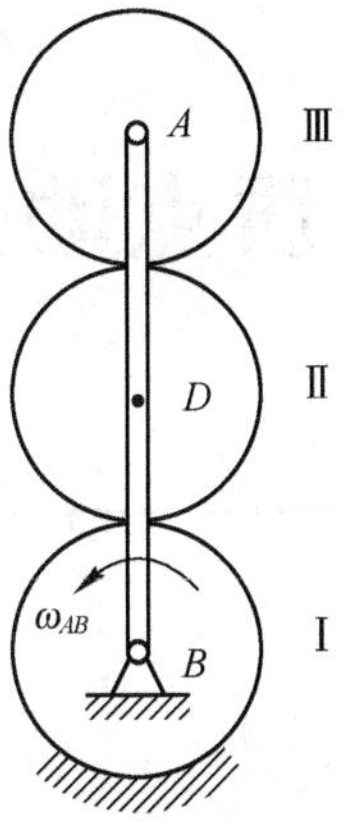

题 8-4 图

8-5　列车车厢在运行中利用题 8-5 图所示机构驱动发电机的转子旋转，如已知车厢以 60km/h 的速度无滑动地前进，车轮半径 $R=500$mm，带轮半径 $r_1=300$mm，发电机转子上的带轮半径 $r=50$mm。试求发电机转子的转速。

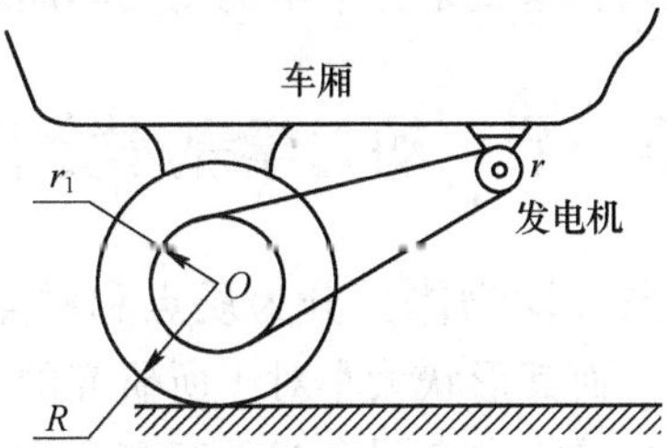

题 8-5 图

第九章　质点动力学方程

学习目标

（1）了解动力学基本定律。

（2）掌握质点运动微分方程。

（3）熟悉质点动力学的两类基本问题的解决。

之前的章节已经研究了作用于物体上的力系的简化和平衡条件，即静力学问题；而后分析了物体的运动，即运动学问题。本章将这两方面的知识联系起来研究作用在物体上的力与物体的机械运动之间的关系，这就是力学中的动力学问题。

第一节　动力学基本定律

为了方便起见，将研究对象（即物体）分为质点和质点系（包括刚体）两大类。所谓质点，是指具有一定的质量，而其形状大小对于所研究的问题不起主要作用，暂时可以忽略不计的物体。所谓质点系，是指由有限个或无穷多个质点组成的系统。例如，在研究地球绕太阳的运行规律时，由于地球的半径远远小于地球到太阳的距离，所以可以不考虑地球的形状和大小，将它看成一个质点。研究火车在轨道上的运行状态时，可以将火车看成质点，但在研究车轮上的某一点的运动状态时，则将车轮视为刚体。

与其他学科一样，动力学也有它的理论基础，这就是动力学基本定律。它们是建立在人类长期的生产实践基础上，并由牛顿总结前人特别是伽利略的研究成果基础上而首先提出来的，故又名牛顿运动定律。

一、第一定律——惯性定律

质点如不受其他力的作用，则将保持其原来静止或者匀速直线运动的状态。

任何质点保持其运动状态不变的特性，称为惯性。所以第一定律也称为惯性定律，而质点的匀速直线运动又称为惯性运动。关于惯性运动的现象，在日常生活和生产实践中经常会遇到。站在做匀速直线运动的汽车上的人，当汽车突然刹车时会朝前进方向倾倒，这就是由于惯性的缘故。

从第一定律还可知，质点的运动状态发生改变必定是质点受到其他物体的作用，或者说受到力的作用。实际上，在自然界中不受力作用的物体是根本不存在的，所以，所谓物体不受力作用应理解为物体受平衡力系的作用，而所谓物体受力的作用应是指物体受到非平衡力系的作用。

二、第二定律——力与加速度关系定律

质点因受力作用而产生加速度，其大小与力的大小成正比，与质点的质量成反比，其方向与力的方向相同。

如图9-1所示，设质点M受到力$\boldsymbol{F}$的作用而做曲线运动，其加速度为$\boldsymbol{a}$，则此定律可表示为

$$\boldsymbol{F}=m\boldsymbol{a} \tag{9-1}$$

式中，m为质点的质量。式（9-1）称为质点动力学基本方程。

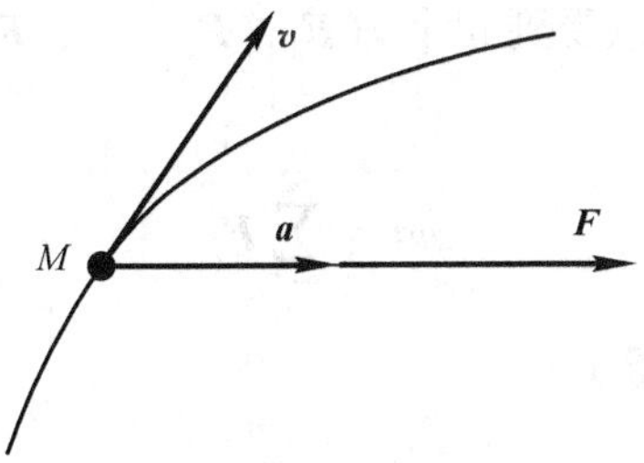

图9-1

牛顿第二定律给出了质点的质量、质点所受作用力以及质点的加速度三者之间的关系，即质点的加速度与作用在质点上的力成正比，与质点的质量成反比。因此，相同的作用力作用在不同的质点上，质量大的质点加速度小，质量小的质点加速度大。也就是说，质点的质量越大，其运动状态越难改变。所以，质量是质点惯性大小的度量。

在国际单位制中，质量、长度和时间的单位分别取为kg（千克）、m（米）和s（秒）。规定能使质量为1kg的质点获得$1\mathrm{m/s^2}$加速度的力为一个国际单位，并称为N（牛），即

$$1\mathrm{N}=1\mathrm{kg}\times1\mathrm{m/s^2}$$

三、第三定律——作用与反作用定律

两个物体间的作用力与反作用力总是大小相等、方向相反、沿着同一直线，并同时分别作用在这两个物体上。

此定律就是静力学的公理4，它不仅适用于平衡的物体，也适用于任何运动的物体。

在动力学中，把动力学基本定律适用的参考系称为惯性参考系。本书中如无特殊说明，均以固定于地球表面或相对于地球表面做匀速直线运动的坐标系作为惯性参考系。

思考题

（1）要使车辆在水平直线轨道上匀速前进，为什么还需不断对它施加水平力，这与惯性定律有无矛盾？

（2）试比较下述几种情况下站在电梯中的人对电梯地板的压力大小：

1）电梯静止不动；2）电梯匀速上升；3）电梯匀速下降；4）电梯加速上升；5）电梯减速下降。

（3）以下说法是否正确：1）质点如有运动则它一定受力，其运动方向总是与所

受力的方向一致；2）质点运动时，如速度大则它所受的力也大，速度小则所受的力也小，若速度为零则质点不受力；3）机车以某一力牵引列车加速前进时，列车给机车的反力必小于机车对列车的牵引力。

第二节 质点运动的微分方程

一、质点运动微分方程的矢量形式

根据牛顿第二定律，当质点受到 n 个力 $\boldsymbol{F}_1$，$\boldsymbol{F}_2$，…，$\boldsymbol{F}_n$ 作用时，质点动力学基本方程可以写成

$$m\boldsymbol{a} = \sum_{i=1}^{n} \boldsymbol{F}_i \tag{9-2}$$

因为 $\boldsymbol{a} = \frac{\mathrm{d}\boldsymbol{v}}{\mathrm{d}t} = \frac{\mathrm{d}^2\boldsymbol{r}}{\mathrm{d}t^2}$，所以得出

$$m\frac{\mathrm{d}^2\boldsymbol{r}}{\mathrm{d}t^2} = \sum_{i=1}^{n} \boldsymbol{F}_i \tag{9-3}$$

式中，$\boldsymbol{r}$ 为矢径。

式（9-3）称为质点运动微分方程的矢量形式。

二、质点运动微分方程的直角坐标形式

设质量为 m 的质点 M，在力 $\boldsymbol{F}$ 的作用下在空间内做曲线运动，如图 9-2 所示，若其加速度为 $\boldsymbol{a}$，M 在直角坐标轴上的投影分别为 x、y、z，力 $\boldsymbol{F}_i$ 在直角坐标轴上的投影分别为 $\boldsymbol{F}_{xi}$、$\boldsymbol{F}_{yi}$、$\boldsymbol{F}_{zi}$，则质点运动微分方程在直角坐标轴上的投影形式为

$$\left.\begin{aligned} m\frac{\mathrm{d}^2x}{\mathrm{d}t^2} &= \sum_{i=1}^{n} \boldsymbol{F}_{xi} \\ m\frac{\mathrm{d}^2y}{\mathrm{d}t^2} &= \sum_{i=1}^{n} \boldsymbol{F}_{yi} \\ m\frac{\mathrm{d}^2z}{\mathrm{d}t^2} &= \sum_{i=1}^{n} \boldsymbol{F}_{zi} \end{aligned}\right\} \tag{9-4}$$

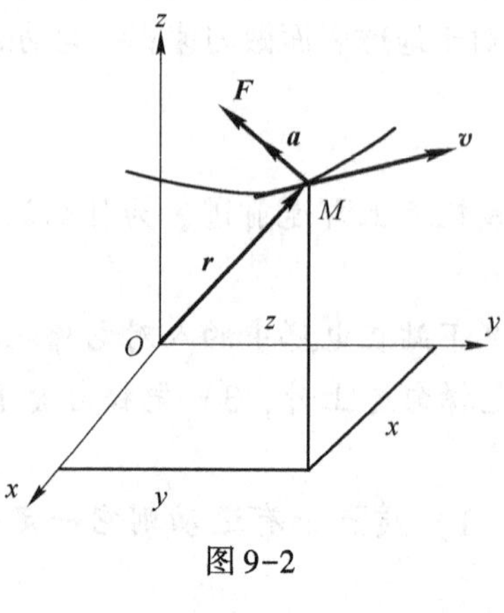

图 9-2

三、质点运动微分方程的自然坐标形式

设质量为 m 的质点 M，在力 F 的作用下在空间内做曲线运动，如图 9-3 所示，在点 M 沿平面曲线运动时的质点运动加速度为：

$$\begin{cases} a = a_\tau \tau + a_n n \\ a_b = 0 \end{cases}$$

式中，a_τ，a_n，a_b 分别是 a 在 τ，n，b 轴的投影，则微分方程为

$$\left.\begin{aligned} m\frac{\mathrm{d}^2 s}{\mathrm{d}t^2} &= \sum_{i=1}^{n} F_{\tau i} \\ \frac{m}{\rho}\left(\frac{\mathrm{d}s}{\mathrm{d}t}\right)^2 &= \sum_{i=1}^{n} F_{ni} \\ 0 &= \sum_{i=1}^{n} F_{bi} \end{aligned}\right\} \tag{9-5}$$

式中，$F_{\tau i}$，F_{ni}，F_{bi} 分别为作用于质点的各力在切线、主法线和副法线上的投影；ρ 为轨迹的曲率半径。

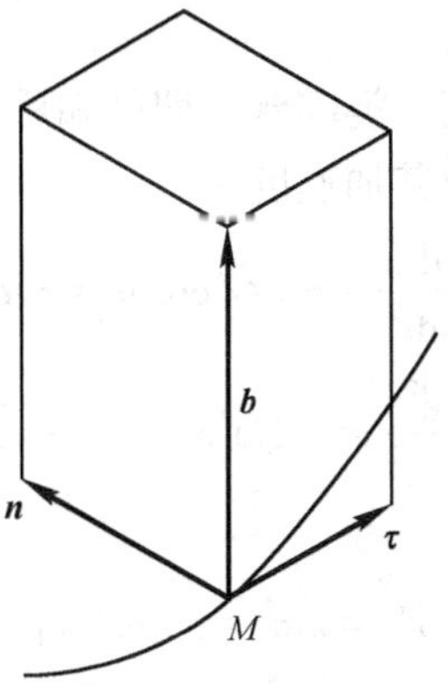

图 9-3

第三节　质点动力学的两类基本问题

应用质点运动微分方程可求解质点动力学的两类基本问题。

第一类问题：已知质点的运动，求作用在质点上的力。这类问题比较简单。例如，已知质点的运动方程，将其对时间求两次导数即可得到质点的加速度，于是由质点运动微分方程即可求得作用在质点上的力。第一类问题的求解可归结为求导问题。

第二类问题：已知作用在质点上的力，求质点的运动。这类问题从数学角度看，是解微分方程的问题，即积分问题。通常需要根据作用力的函数规律以及具体问题中的运动条件进行积分并确定积分常数。

求解质点动力学问题的一般步骤如下。

(1) 根据题意确定研究对象。

（2）分析研究对象的受力情况，包括主动力和约束反力。

（3）分析研究对象的运动情况，若运动规律已知，则求出其加速度。

（4）列出质点运动微分方程，并进行求解。

【例 9-1】 如图 9-4 所示，质量为 m 的小球在水平面内做曲线运动，运动轨迹为一椭圆。已知其运动方程为 $\left.\begin{aligned} x &= a\cos\omega t \\ y &= b\sin\omega t \end{aligned}\right\}$，其中 a、b、ω 为常数，求小球所受到的力。

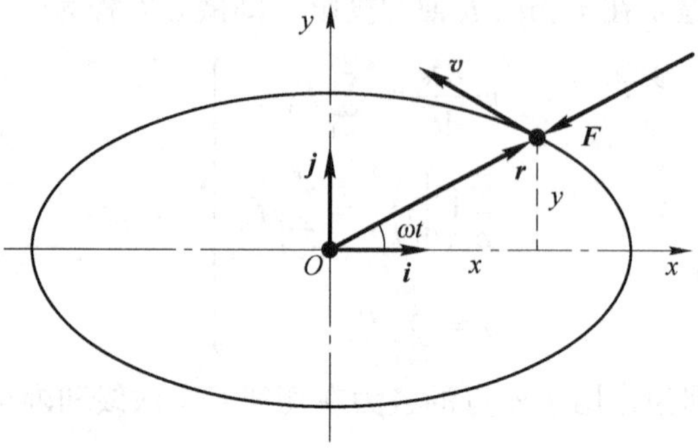

图 9-4

解：本题属于质点动力学的第一类问题，即已知质点的运动，求作用在质点上的力。由于小球的运动方程已知，故其加速度为

$$\left.\begin{aligned} a_x &= \frac{\mathrm{d}^2x}{\mathrm{d}t^2} = -a\omega^2\cos\omega t = -\omega^2 x \\ a_y &= \frac{\mathrm{d}^2y}{\mathrm{d}t^2} = -b\omega^2\sin\omega t = -\omega^2 y \end{aligned}\right\}$$

由质点运动微分方程可得

$$\left.\begin{aligned} F_x &= ma_x = -m\omega^2 x \\ F_y &= ma_y = -m\omega^2 y \end{aligned}\right\}$$

因此，作用在小球上的力 $\boldsymbol{F}$ 为

$$\boldsymbol{F} = \boldsymbol{F}_x\boldsymbol{i} + \boldsymbol{F}_y\boldsymbol{j} = -m\omega^2(x\boldsymbol{i} + y\boldsymbol{j}) = -m\omega^2\boldsymbol{r}$$

由此可见，力 $\boldsymbol{F}$ 与矢径 $\boldsymbol{r}$ 共线、反向，其大小为 $m\omega^2\boldsymbol{r}$。

【例 9-2】 如图 9-5 所示，已知物块质量为 m，摩擦系数为 f，与转轴间的距离为 r。求物块不滑出时转台的最大角速度。

解：本题属于质点动力学的第一类问题，即已知质点的运动，求作用在质点上的力。设转台的最大角速度为 ω，则此时距转轴 r 处物块的法向加速度为

$$\boldsymbol{a}_n = r\omega^2$$

由质点运动微分方程可得

$$\boldsymbol{F} = m\boldsymbol{a}_n = m\omega^2\boldsymbol{r}$$

所以，物块不滑动的临界条件为

$$\boldsymbol{F} = \boldsymbol{F}_s = f\boldsymbol{F}_{\mathrm{N}}$$

于是，得出

$$m\omega^2 r = fmg$$

则转台的最大角速度为

$$\omega = \sqrt{\frac{fg}{r}}$$

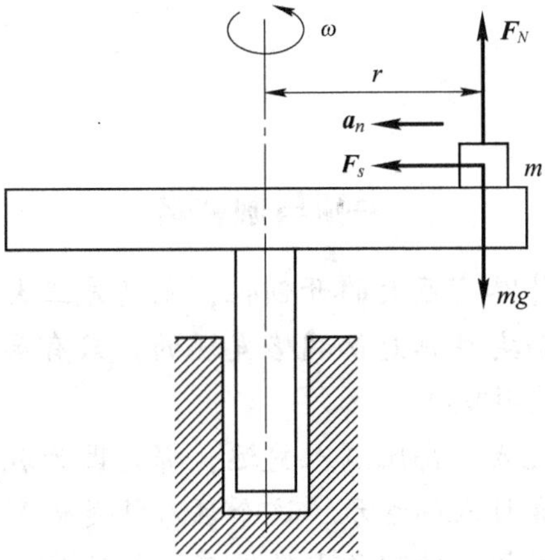

图 9-5

【例 9-3】图 9-6 所示为一圆锥摆。质量为 m 的小球系于长为 l 的绳子上，绳子的另一端系在固定点 O 上，绳子与竖直方向的夹角为 θ，小球在水平面内做匀速圆周运动。求小球的速度 $\boldsymbol{v}$ 和绳子拉力 $\boldsymbol{F}$ 的大小。

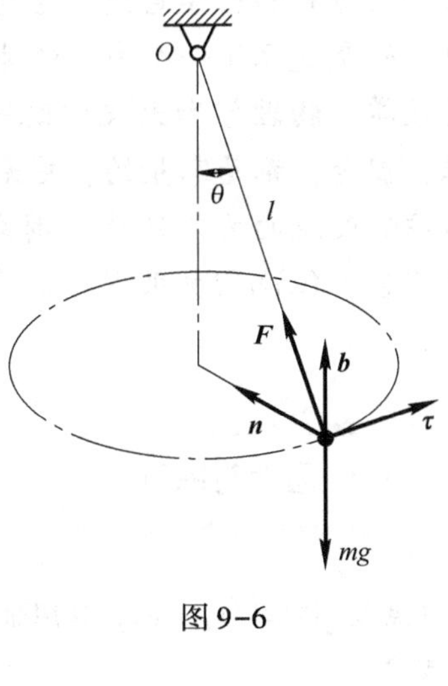

图 9-6

解： 本题属于第一类和第二类质点动力学问题的综合。

取小球为研究对象，题中小球可以看作质点，其所受的作用力为重力 mg 和绳子的拉力 $\boldsymbol{F}$。由自然坐标形式下的质点运动微分方程可得

$$\left.\begin{aligned} m\frac{v^2}{\rho} &= F\sin\theta \\ 0 &= F\cos\theta - mg \end{aligned}\right\}$$

其中曲率半径 $\rho = l\sin\theta$，可解得

$$F=\frac{mg}{\cos\theta},\qquad v=\sqrt{\frac{gl\sin^2\theta}{\cos\theta}}$$

此例说明，对于某些综合问题，选用质点运动微分方程的自然坐标形式，可以使质点动力学的两类基本问题分开求解。

扩展阅读

牛顿与伽利略

牛顿提出的物理学定律具有巨大的开创性，尤其是三大定律和万有引力定律，事实上，三大定律中的前两条定律都是伽利略发现的，只有第三条才是牛顿发现的，那为什么还要称为牛顿三大定律呢?

牛顿曾经说过：如果说我看得比别人更远，那是因为我站在巨人的肩膀上。牛顿的成就也来源于对之前科学巨人的继承，这个巨人就是伽利略，伽利略也被称作现代物理学之父、经典力学的鼻祖，物理学上的速度、加速度、自由落体、重力和惯性等理论都是伽利略率先提出的。

伽利略作为一个距离牛顿力学最近的科学家，他是第一个将实验和力学结合起来，通过严密的数学逻辑推理进行科学研究的科学家，他改变了古希腊亚里士多德许多错误的力学结论和通过观察总结的研究方法。但是，伽利略所处的时代依然是封闭的中世纪，强大的教会依然在打击着新的科学思想，这也是伽利略的不幸。

牛顿的贡献不仅仅是发现，而是建立了一个力学的体系。

牛顿的伟大之处就在于将数学、物理学和天文学统一起来，在牛顿之前，许多科学家也掌握了很多的力学知识，但是，都是零星的，更无法用简洁的公式表达出来。在地球上苹果往下落和水往低处流的力以及地球围绕太阳旋转的力，究竟是不是一种力？其他科学家也试图来回答，但他们失败了，而牛顿成功了，牛顿将这些力统一在一起，这就是万有引力。

思考与练习

9-1 如题 9-1 图所示，质量为 m 的质点受到力 $\boldsymbol{F}=F_0\cos\omega t$ 的作用而沿直线运动。其中，F_0 与 ω 为常数，初始速度为 v_0。求质点的运动规律。

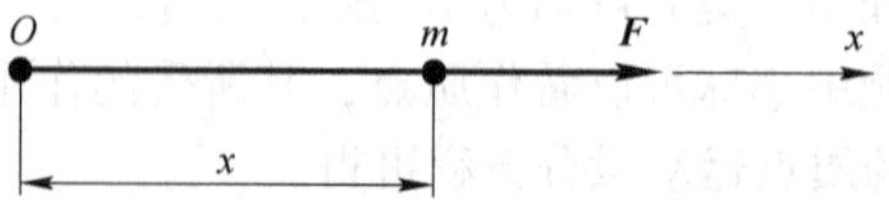

题 9-1 图

9-2 炮弹以初速 $\boldsymbol{v}_0$ 发射，$\boldsymbol{v}_0$ 与水平线的夹角为 θ，如题 9-2 图所示。假设不计空气阻力和地球自转的影响，试求炮弹在重力作用下的运动方程和轨迹。

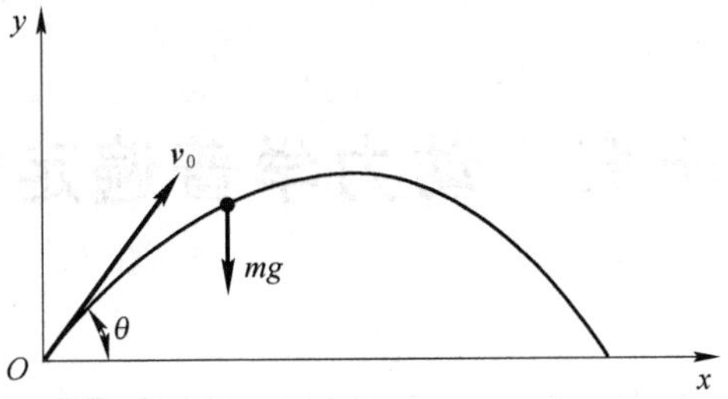

题 9-2 图

9-3　4 个相同箱子 A、B、C、D 重均为 P，成列堆放在光滑的水平面上，如题 9-3 图所示。现给一水平推力 $\boldsymbol{F}$，使其有一加速度 $\boldsymbol{a}$。试求它们每两个箱子之间所受力 $\boldsymbol{F}_{AB}$、$\boldsymbol{F}_{BC}$、$\boldsymbol{F}_{CD}$ 的大小。

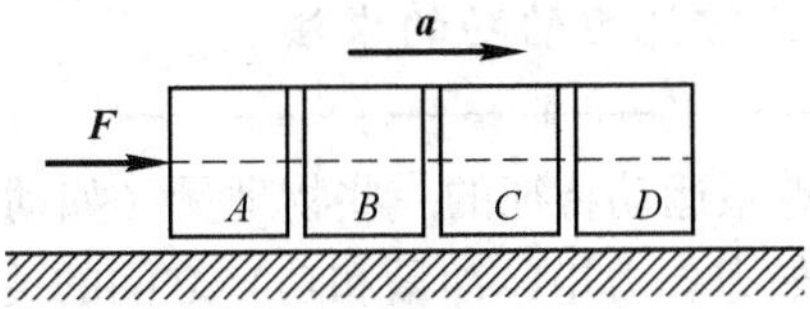

题 9-3 图

9-4　题 9-4 图所示汽车的质量为 1500kg，以速度 $v=10\text{m/s}$ 驶过拱桥，桥在中点处的曲率半径为 $\rho=50\text{m}$。试求汽车经过拱桥中点时对桥面的压力。

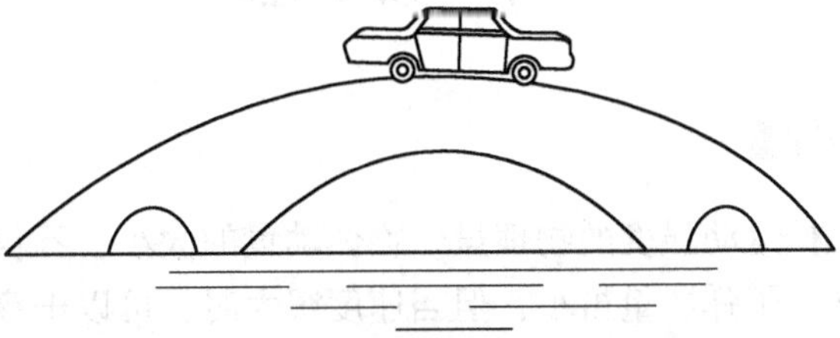

题 9-4 图

9-5　一质量为 m 的物体放在做匀速转动的水平转台上，它与转轴的距离为 r。设物体与转台间的摩擦因数为 f_s。试求水平转台的限制转速，以不使物体因转台旋转而滑出。

第十章 动力学普遍定理

学习目标

（1）熟练掌握质点与质点系动量定理、动量矩定理、动能定理。

（2）能以动量守恒定理、动量矩守恒定理、动能守恒定理解答相关题目。

（3）了解力与功，以及常见力的功的求法。

本章将建立描述整个质点系运动特征的一些物理量（如动量、动量矩、动能）与表示质点系所受机械作用的量（如力、力矩、冲量和功）之间的关系。这些关系统称为动力学普遍定理，它包括动量定理、动量矩定理、动能定理。这些定理都可从动力学基本方程推导出来。

第一节 动量定理

一、质点的动量与冲量

动量是度量物体机械运动强度的物理量。物体动量的大小，不仅取决于它的速度，还取决于它的质量。例如，子弹质量虽小，但当速度很大时，可以击穿钢板；轮船靠岸时速度很慢，但是它的质量很大，如果操作不慎与岸发生碰撞，会产生很大的冲击力。

基于上述情况，把质点的质量 m 与速度 $\boldsymbol{v}$ 的乘积称为质点的动量，则有

$$\boldsymbol{P} = m\boldsymbol{v} \tag{10-1}$$

动量是矢量，其方向与质点速度方向相同。在国际单位制中，动量的单位是 kg · m/s 或 N · s。

物体在一个过程始末的动量变化量等于它在这个过程中所受力的冲量（用字母 $\boldsymbol{I}$ 表示），即力与力作用时间的乘积，数学表达式为

$$\boldsymbol{I} = \boldsymbol{F}\Delta t = m\Delta\boldsymbol{v} \tag{10-2}$$

力的冲量是矢量，它的方向与力的作用方向一致。冲量的单位是 N · s，与动量的单位一致。

【例 10-1】 如图 10-1（a）所示，质量分别为 m 和 $\sqrt{2}m$ 的两物块 A 和 B 由不计质量的绳子连接，并绕过质量为 $2m$ 、半径为 R 的均质圆盘 C 。物块 A 的速度为 $\boldsymbol{v}$, $\theta = 45°$ 。求该系统的动量。

解： 系统的动量等于物块 A、B 以及圆盘 C 动量的矢量和，即

$$\boldsymbol{P} = mv_A + \sqrt{2}mv_B + 2mv_C$$

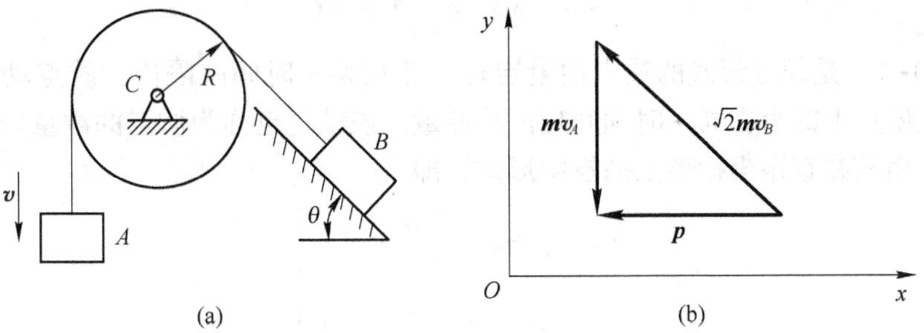

图 10-1

由于 $\boldsymbol{v}_C = 0$，将上式在图 10-1（b）所示坐标轴上投影后可得

$$\left.\begin{aligned} P_x &= \sqrt{2}\,mv\cos 135° = -mv \\ P_y &= -mv + \sqrt{2}\,mv\cos 45° = 0 \end{aligned}\right\}$$

因此，该系统的动量为

$$\boldsymbol{P} = -mv\boldsymbol{i}$$

二、质点的动量定理

设质量为 m 的质点 M 在力 $\boldsymbol{F}$ 的作用下运动，其速度为 $\boldsymbol{v}$，如图 10-2 所示。则根据牛顿第二定律，有

$$\boldsymbol{F} = m\boldsymbol{a} = m\frac{\mathrm{d}\boldsymbol{v}}{\mathrm{d}t}$$

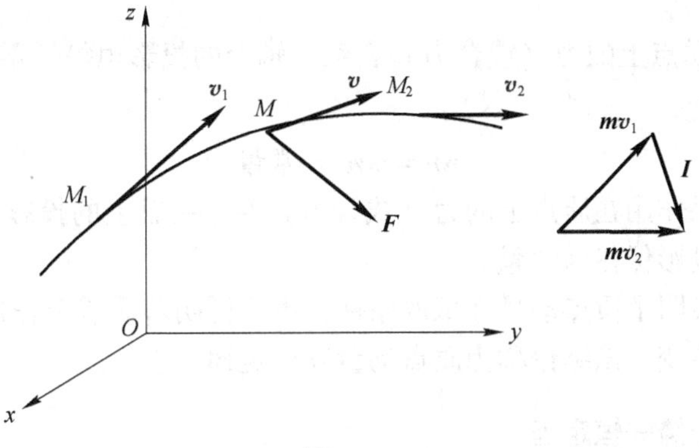

图 10-2

若质点同时受多个力的作用，则力 $\boldsymbol{F}$ 应理解为它们的合力。由于 m 为常量，上式可写为

$$\mathrm{d}(m\boldsymbol{v}) = \boldsymbol{F}\mathrm{d}t \tag{10-3}$$

式（10-3）是微分形式的质点动量定理，即质点动量的变化量等于作用在质点上的力的冲量。

将式（10-3）在时间间隔 0 到 t 内积分，可得到

$$m\boldsymbol{v} - m\boldsymbol{v}_0 = \int_0^t \boldsymbol{F} dt = \boldsymbol{I} \tag{10-4}$$

式（10-4）是积分形式的质点动量定理，即在某一时间间隔内，质点动量的变化量等于作用在质点上的力在同一时间间隔内的冲量。该结论也称为质点的冲量定理。具体计算时，常采用其在直角坐标系上的投影形式，即

$$\left.\begin{aligned} mv_x - mv_{0x} &= \int_0^t F_x \mathrm{d}t = I_x \\ mv_y - mv_{0y} &= \int_0^t F_y \mathrm{d}t = I_y \\ mv_z - mv_{0z} &= \int_0^t F_z \mathrm{d}t = I_z \end{aligned}\right\} \tag{10-5}$$

式（10-5）是投影形式的质点动量定理，即质点动量在任一轴上投影的变化量等于作用在质点上的所有力的冲量在同一轴上投影的代数和。

三、质点的动量守恒定律

由式（10-5）可得到两个推论：

（1）当作用在质点上的力（或合力）$\boldsymbol{F}=0$ 时，其各力冲量的矢量和必为零。由式（10-4）可得

$$m\boldsymbol{v} - m\boldsymbol{v}_0 = 0$$

于是，得出

$$m\boldsymbol{v} = m\boldsymbol{v}_0 = \text{常矢量}$$

也就是说，如果作用在质点上的力（或合力）等于零，则该质点的动量保持为常矢量。

（2）当作用在质点上的力（或合力）在某一轴上的投影恒等于零，例如 $\sum F_x=0$ 时，则由式（10-5）可知

$$mv = mv_0 = \text{常量}$$

也就是说，如果作用在质点上的力（或合力）在某一轴上的投影恒等于零，则该质点的动量在该轴上的投影保持为常量。

以上两个推论表明了质点动量守恒的条件，也可说明若质点上作用力的合力为零，则该质点的动量保持不变。该结论称为质点动量守恒定律。

四、质点系的动量守恒定理

设质点系由 n 个质点组成，第 i 个质点的质量和速度分别为 m_i 、$\boldsymbol{v}_i$；外界物体对该质点的作用力为 $\boldsymbol{F}_i^{(e)}$，称为外力；质点系内其他质点对该质点的作用力为 $\boldsymbol{F}_i^{(i)}$，称为内力。由质点的动量定理可得

$$\frac{\mathrm{d}}{\mathrm{d}t}(m_i\boldsymbol{v}_i) = (\boldsymbol{F}_i^{(e)} + \boldsymbol{F}_i^{(i)})\mathrm{d}t = \boldsymbol{F}_i^{(e)} + \boldsymbol{F}_i^{(i)}$$

在质点系中，这样的方程共有 n 个。将这 n 个方程两端分别相加，可得

$$\sum \frac{\mathrm{d}}{\mathrm{d}t}(m_i\boldsymbol{v}_i) = \sum \boldsymbol{F}_i^{(e)} + \sum \boldsymbol{F}_i^{(i)}$$

根据矢量导数的运算法则，上式可以改写为

$$\frac{\mathrm{d}}{\mathrm{d}t}(\sum m_i \boldsymbol{v}_i) = \sum \boldsymbol{F}_i^{(\mathrm{e})} + \sum \boldsymbol{F}_i^{(\mathrm{i})}$$

而且，$\sum m_i \boldsymbol{v}_i$ 是质点系中各质点的动量之矢量和，称为质点系的动量，常用 p 来表示，即

$$p = \sum_{i=1}^{n} m_i \boldsymbol{v}_i \tag{10-6}$$

由于质点系内质点相互作用的内力总是大小相等、方向相反、成对出现、相互抵消，因此内力冲量的矢量和为零，即 $\sum \boldsymbol{F}_i^{(\mathrm{i})} = 0$。

即可得到

$$\frac{\mathrm{d}\boldsymbol{p}}{\mathrm{d}t} = \sum \boldsymbol{F}_i^{(\mathrm{e})} \tag{10-7}$$

即质点系的动量对于时间的一阶导数，等于作用于质点系上所有外力的矢量和。这就是微分形式的质点系动量定理。

将式（10-7）等式两边同乘以 $\mathrm{d}t$，并在时间 t 从 t_1 到 t_2 而动量 $\boldsymbol{p}$ 相应地从 $\boldsymbol{p}_1$ 到 $\boldsymbol{p}_2$ 的范围内积分得

$$\boldsymbol{p}_2 - \boldsymbol{p}_1 = \sum \int_{t_1}^{t_2} \boldsymbol{F}_i^{(\mathrm{e})} \mathrm{d}t = \sum \boldsymbol{I}_i^{(\mathrm{e})} \tag{10-8}$$

式（10-8）是积分形式的质点系动量定理，即某一时间间隔内，质点系动量的变化量等于这段时间间隔内作用在质点系上的外力冲量的矢量和。也称为质点系的冲量定理。具体计算时，常采用其在直角坐标系上的投影形式，即

$$\left.\begin{aligned} P_{2x} - P_{1x} &= \sum I_{xi}^{(\mathrm{e})} \\ P_{2y} - P_{1y} &= \sum I_{yi}^{(\mathrm{e})} \\ P_{2z} - P_{1z} &= \sum I_{zi}^{(\mathrm{e})} \end{aligned}\right\} \tag{10-9}$$

式（10-9）是投影形式的质点系动量定理，即某一时间间隔内，质点系动量在坐标轴上投影的变化量等于作用在该质点系上的所有外力在同一时间间隔内的冲量在同一轴上投影的代数和。

同样，当作用于质点系上的外力的矢量和恒等于零时，质点系的动量保持不变。该结论称为质点系动量守恒定律。

【例 10-2】 如图 10-3（a）所示，质量为 M 的小车以速度 $\boldsymbol{v}_1$ 向右运动，质量为 m 的人站在小车上，人相对于小车以速度 $\boldsymbol{u}$ 从车后向左跳下，不计摩擦阻力。求此后小车的速度 $\boldsymbol{v}_2$ 的大小。

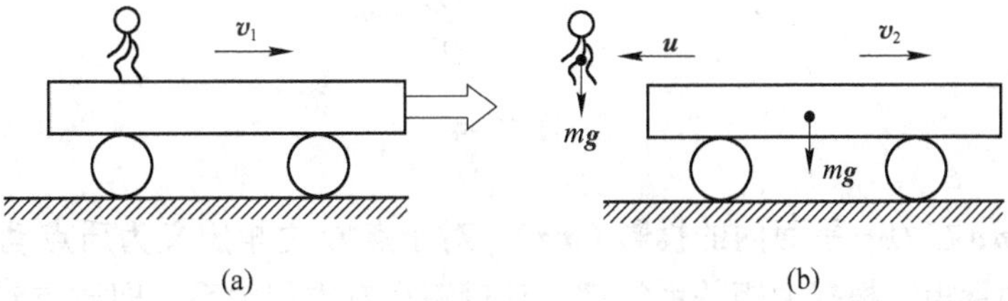

图 10-3

解：以人和小车组成的系统为研究对象，画出受力图，如图 10-3（b）所示。可以看出，该系统在水平方向上动量守恒。

人下车之前，系统的动量为

$$\boldsymbol{P}_{0x} = (M + m)\boldsymbol{v}_1$$

人下车时，人的绝对速度为 $(v_2 - u)$，故系统的动量为

$$\boldsymbol{P}_{1x} = m(\boldsymbol{v}_2 - \boldsymbol{u}) + M\boldsymbol{v}_2$$

由水平方向上的动量守恒定理可知

$$\boldsymbol{P}_{0x} = \boldsymbol{P}_{1x}$$

于是，得出

$$(M + m)\boldsymbol{v}_1 = m(\boldsymbol{v}_2 - \boldsymbol{u}) + M\boldsymbol{v}_2$$

可以解得

$$\boldsymbol{v}_2 = \boldsymbol{v}_1 + \frac{m}{M + m}\boldsymbol{u}$$

第二节　动量矩定理

一、质点的动量矩定理

动量矩是度量质点绕某轴转动的机械运动强度的物理量。如图 10-4 所示，设质点 Q 的质量为 m，某瞬时的动量为 $m\boldsymbol{v}$，质点 Q 相对点 O 的位置用矢径 $\boldsymbol{r}$ 表示。质点 Q 的动量对于点 O 之矩定义为质点 Q 对点 O 的动量矩，即

$$\boldsymbol{M}_O(m\boldsymbol{v}) = \boldsymbol{r} \times m\boldsymbol{v} \tag{10-10}$$

质点 Q 对点 O 的动量矩是矢量，它垂直于矢径 $\boldsymbol{r}$ 和 $m\boldsymbol{v}$ 所形成的平面，指向由右手法则确定，如图 10-4 所示。

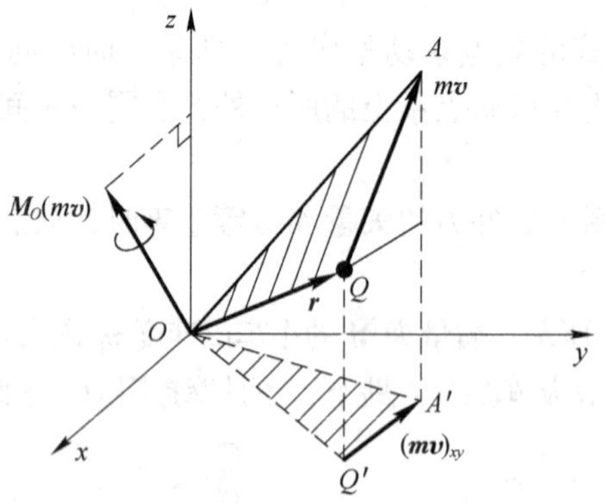

图 10-4

质点动量 $m\boldsymbol{v}$ 在 Oxy 平面内的投影 $(m\boldsymbol{v})_{xy}$ 对于点 O 之矩定义为质点动量对 z 轴之矩，简称对 z 轴的动量矩。根据力矩关系定理，动量矩也有类似关系，即质点对点 O 的动量矩在通过点 O 的任意轴上的投影等于质点对该轴的动量矩，即

$$[\boldsymbol{M}_O(m\boldsymbol{v})]_z = \boldsymbol{M}_z(m\boldsymbol{v}) \quad (10-11)$$

质点对轴的动量矩是代数量，其正负号规定为：从轴的正端看向负端，使质点绕轴做逆时针转动的动量矩为正，反之为负。在国际单位制中，动量矩的单位是 $kg \cdot m^2/s$。

为了得到质点的动量矩与质点所受力之间的关系，将式（10-10）对时间 t 求导：

$$\frac{d}{dt}(\boldsymbol{r} \times m\boldsymbol{v}) = \frac{d\boldsymbol{r}}{dt} \times m\boldsymbol{v} + \boldsymbol{r} \times \frac{d}{dt}(m\boldsymbol{v})$$

则得

$$\frac{d\boldsymbol{M}_O(m\boldsymbol{v})}{dt} = \boldsymbol{M}_O(\boldsymbol{F}) \quad (10-12)$$

式（10-12）表明，质点的动量对任一固定点之矩，它对时间的一阶导数等于作用于该质点上的力对同一点之矩，这就是质点动量矩定理。

将式（10-12）两边投影到直角坐标轴上，再根据力矩关系定理，可以得到

$$\left.\begin{aligned} \frac{d}{dt}M_x(m\boldsymbol{v}) = M_x(\boldsymbol{F}) \\ \frac{d}{dt}M_y(m\boldsymbol{v}) = M_y(\boldsymbol{F}) \\ \frac{d}{dt}M_z(m\boldsymbol{v}) = M_z(\boldsymbol{F}) \end{aligned}\right\} \quad (10-13)$$

即质点对某定轴的动量矩对时间的一阶导数等于作用于质点上的力对同一轴之矩。

二、质点系的动量矩定理

设质点系由 n 个质点组成，第 i 个质点的质量和速度分别为 m_i 、$\boldsymbol{v}_i$，作用在每个质点上的外力为 $\boldsymbol{F}_i^{(e)}$，内力为 $\boldsymbol{F}_i^{(i)}$，则根据质点的动量定理得

$$\frac{d}{dt}\boldsymbol{M}_O(m_i\boldsymbol{v}_i) = \boldsymbol{M}_O(\boldsymbol{F}_i^{(i)}) + \boldsymbol{M}_O(\boldsymbol{F}_i^{(e)})$$

在质点系中，这样的方程共有 n 个，将这 n 个方程两端分别相加，可得

$$\sum \frac{d}{dt}\boldsymbol{M}_O(m_i\boldsymbol{v}_i) = \sum \boldsymbol{M}_O(\boldsymbol{F}_i^{(i)}) + \sum \boldsymbol{M}_O(\boldsymbol{F}_i^{(e)})$$

由于质点系内质点相互作用的内力总是大小相等、方向相反、成对出现、相互抵消，因此内力之矩的矢量和为零，即

$$\sum \boldsymbol{M}_O(\boldsymbol{F}_i^{(i)}) = 0$$

又因为 $\sum \boldsymbol{M}_O(m_i\boldsymbol{v}_i)$ 为质点系中各质点的动量对点 O 之矩的矢量和，称为质点系对点 O 的动量矩，以 $\boldsymbol{L}_O$ 表示，即

$$\boldsymbol{L}_O = \sum \boldsymbol{M}_O(m_i\boldsymbol{v}_i) \quad (10-14)$$

且

$$\sum \frac{d}{dt}\boldsymbol{M}_O(m_i\boldsymbol{v}_i) = \frac{d}{dt}\sum \boldsymbol{M}_O(m_i\boldsymbol{v}_i) = \frac{d\boldsymbol{L}_O}{dt}$$

因此，有

$$\frac{\mathrm{d}\boldsymbol{L}_O}{\mathrm{d}t}=\sum \boldsymbol{M}_O(\boldsymbol{F}_i^{(\mathrm{e})}) \tag{10-15}$$

式（10-15）称为质点系的动量矩定理，即质点系对某定点的动量矩对时间的一阶导数，等于作用在质点系上的所有外力对同一点之矩的矢量和。具体计算时，常采用其在直角坐标轴上的投影形式，即

$$\left.\begin{aligned}\frac{\mathrm{d}L_x}{\mathrm{d}t}&=\sum M_x(\boldsymbol{F}_i^{(\mathrm{e})})\\ \frac{\mathrm{d}L_y}{\mathrm{d}t}&=\sum M_y(\boldsymbol{F}_i^{(\mathrm{e})})\\ \frac{\mathrm{d}L_z}{\mathrm{d}t}&=\sum M_z(\boldsymbol{F}_i^{(\mathrm{e})})\end{aligned}\right\} \tag{10-16}$$

同样，如果作用于质点上的力对某一固定点 O 之矩恒等于零，则质点的动量对该固定点之矩保持不变，这就是质点对固定点的动量矩守恒定律。

【例 10-3】 如图 10-5 所示，绳 OM 长为 l 且不可伸长，其一端固定在点 O，另一端系有一重力为 P 的小球 M，绳和球可在竖直面内摆动，不计绳的质量，小球可视为质点，该装置称为单摆。设单摆的初始摆角为 α，初速度为零。求该单摆的运动规律。

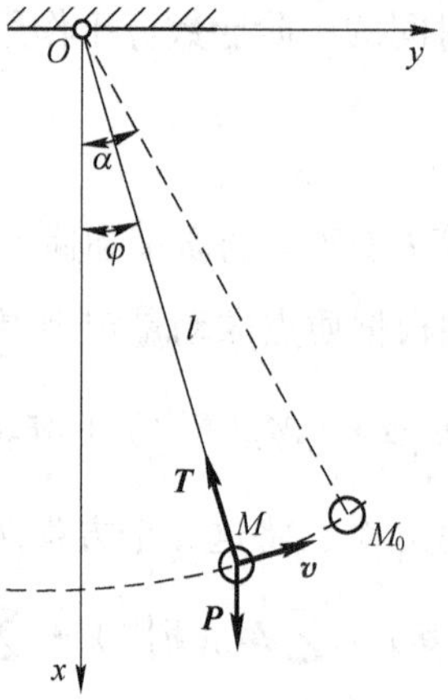

图 10-5

解： 如图 10-5 所示，以摆锤（即小球 M）为研究对象，画出受力图。摆锤的运动轨迹是以点 O 为圆心、以 l 为半径的圆弧，故摆锤的速度 $\boldsymbol{v}$ 始终垂直于 OM。取直角坐标系 Oxy，则过点 O 且垂直于运动平面的轴为 z 轴。在任意瞬时 t，摆锤 M 的速度为 $\boldsymbol{v}$，单摆的摆角为 φ，则其对 z 轴的动量矩为

$$M_z(m\boldsymbol{v})=m\boldsymbol{v}l=\frac{\boldsymbol{P}}{\boldsymbol{g}}\boldsymbol{v}l=\frac{\boldsymbol{P}}{\boldsymbol{g}}\cdot\omega l\cdot l=\frac{\boldsymbol{P}l^2}{\boldsymbol{g}}\frac{\mathrm{d}\varphi}{\mathrm{d}t}$$

作用于摆锤的力有重力 $\boldsymbol{P}$ 和绳的约束力 $\boldsymbol{T}$，力 $\boldsymbol{T}$ 始终通过点 O 与 z 轴相交，即力 $\boldsymbol{T}$ 对 z 轴之矩恒等于零，因此摆锤 M 所受的力对 z 轴的力矩为

$$M_z(\boldsymbol{P})=-\boldsymbol{P}l\sin\varphi$$

根据质点动量矩定理可知

$$\frac{\mathrm{d}}{\mathrm{d}t}M_z(m\boldsymbol{v}) = M_z(P)$$

于是，得出

$$\frac{\mathrm{d}\left(\frac{Pl^2}{g}\frac{\mathrm{d}\varphi}{\mathrm{d}t}\right)}{\mathrm{d}t} = -Pl\sin\varphi$$

将上式进行整理，可得

$$\frac{\mathrm{d}^2\varphi}{\mathrm{d}t^2} + \frac{g}{l}\sin\varphi = 0$$

当单摆做微小摆动时，摆角 φ 很小，可取 $\sin\varphi \approx \varphi$ ，于是上式可写成

$$\frac{\mathrm{d}^2\varphi}{\mathrm{d}t^2} + \frac{g}{l}\varphi = 0$$

此微分方程解的一般形式为

$$\varphi = A\cos\left(\sqrt{\frac{g}{l}}t + a\right)$$

式中，A 和 a 为积分常数，需要由初始条件确定。根据 $\varphi(0) = \alpha$，$\varphi(0) = 0$ 可以解得

$$\varphi = \alpha\cos\sqrt{\frac{g}{l}}t$$

这就是单摆的运动方程，说明单摆的微幅摆动为简谐运动，其角速度 $\omega = \sqrt{\frac{g}{l}}$ ，所以运动周期 T 为

$$T = \frac{2\pi}{\omega} = 2\pi\sqrt{\frac{l}{g}}$$

第三节　动能定理

一、质点动能定理

（一）质点的动能定理

设质量为 m 的质点 M 在合力 $\boldsymbol{F}$ 作用下沿曲线从点 M_1 运动到点 M_2，如图 10-6 所示。在任一瞬时，根据动力学第二定律有

$$\boldsymbol{F} = m\boldsymbol{a}$$

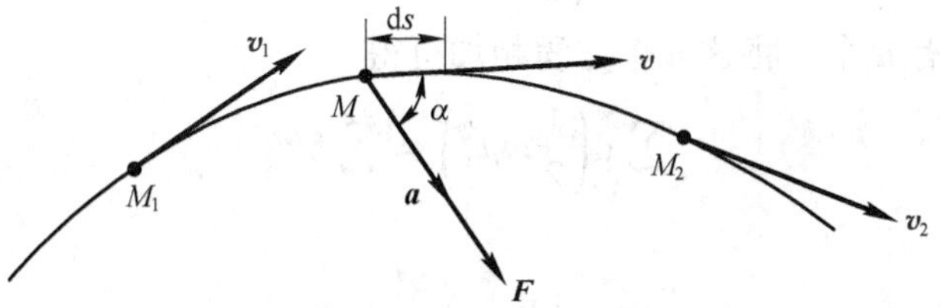

图 10-6

将上式中的矢量向轨迹的切线方向投影，得

$$ma_{\mathrm{t}} = F\cos\alpha = \boldsymbol{F}_{\mathrm{t}}$$

或

$$m\frac{\mathrm{d}\boldsymbol{v}}{\mathrm{d}t} = \boldsymbol{F}_{\mathrm{t}}$$

将上式两端均乘以 ds，又 $v = \dfrac{\mathrm{d}s}{\mathrm{d}t}$，则得

$$mv\mathrm{d}v = F_{\mathrm{t}}\mathrm{d}s$$

即有

$$\mathrm{d}\left(\frac{1}{2}mv^2\right) = \delta W \tag{10-17}$$

上式中，$\delta W = F_t\mathrm{d}s$ 是力 F 的元功（微小的功），式（10-17）称为质点动能定理的微分形式，即质点动能的变化量等于作用在质点上的力的元功。

对上式积分，可得

$$\frac{1}{2}mv_2^2 - \frac{1}{2}mv_1^2 = W_{12} \tag{10-18}$$

式（10-18）称为质点动能定理的积分形式，即质点的动能在某一路程中的变化量，等于作用在质点上的力在同一路程中所做的功。

（二）质点的动能

质点的动能等于它的质量 m 与速度 $\boldsymbol{v}$ 平方的乘积的一半，常以 T 表示，即质点的动能为

$$T = \frac{1}{2}m\boldsymbol{v}^2 \tag{10-19}$$

动能是一个恒为正值的标量。在国际单位制中，动能的单位与功的单位相同，都为 J（焦耳）。

$$1\mathrm{J} = 1\mathrm{N}\cdot\mathrm{m} = 1\mathrm{kg}\cdot\mathrm{m}^2/\mathrm{s}^2$$

二、质点系的动能定理

（一）质点系的动能定理

设有由 n 个质点所组成的质点系。取质点系内任一质点 M_i，其质量为 m_i，速度为 $\boldsymbol{v}_i$。根据质点动能定理的微分形式为

$$\mathrm{d}\left(\frac{1}{2}m_iv_i^2\right) = \delta W_i$$

这样的方程共有 n 个，将这 n 个方程相加可得

$$\sum\mathrm{d}\left(\frac{1}{2}m_iv_i^2\right) = \sum\delta W_i$$

于是，得出

$$\mathrm{d}\left[\sum\left(\frac{1}{2}m_iv_i^2\right)\right] = \sum\delta W_i$$

由于 $T=\sum \frac{1}{2}m_iv_i^2$，故可得

$$dT=\sum \delta W_i \tag{10-20}$$

式（10-20）称为质点系动能定理的微分形式，即质点系动能的变化量等于作用在质点上的所有力的元功之和。对上式积分，可得

$$T_2-T_1=\sum W_i \tag{10-21}$$

式（10-21）称为质点系动能定理的积分形式，即质点系动能在某一路程中的变化量，等于作用在质点系上的所有力在同一路程中所做的功之和。

（二）质点系的动能

设质点系由 n 个质点组成，则质点系内各质点动能的代数和就是质点系的动能，即

$$T=\sum \frac{1}{2}m_iv_i^2 \tag{10-22}$$

式中，T 为质点系的动能；m_i，v_i 分别表示质点系内第 i 个质点的质量和速度。

【例 10-4】图 10-7 所示为一桥式起重机，吊车吊着质量为 m 的重物 A 沿横向匀速运动，其速度为 $\boldsymbol{v}$，吊绳长度为 l。由于紧急情况，吊车急刹车并导致重物绕悬挂点向前摆动。求最大摆角 φ_{max}。

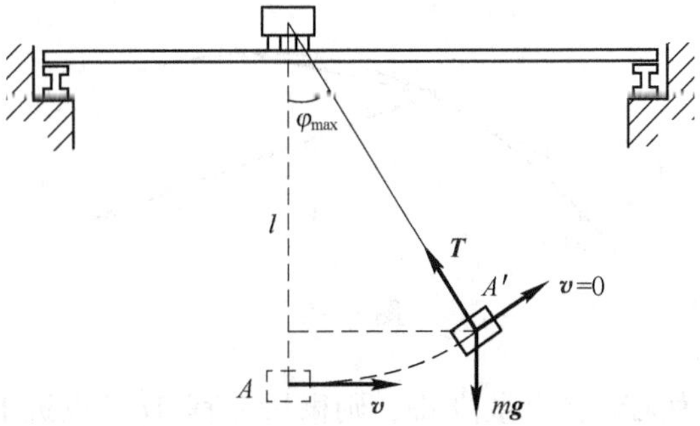

图 10-7

解：以重物 A 为研究对象，对摆角从 0 到 φ_{max} 的过程进行分析。

重物 A 的受力情况如图 10-7 所示。由于绳子的拉力 T 始终垂直于重物的运动方向，故拉力不做功。重力做功为

$$W_{12}=-mgl(1-\cos\varphi_{max})$$

重物 A 的始末动能分别为

$$T_1=\frac{1}{2}mv^2 \quad T_2=0$$

根据积分形式的动能定理可得

$$0-\frac{1}{2}mv^2=-mgl(1-\cos\varphi_{max})$$

解得

$$\varphi_{max}=\arccos\left(1-\frac{v^2}{2gl}\right)$$

三、力与功

功是力在一段路程上对物体作用的累积效果。它的计算方法随力和路程的情况而异。

(一) 常力的功

如图 10-8 所示，滑块 M 在常力 $\boldsymbol{F}$ 的作用下，沿直线走过一段路程 s。力 $\boldsymbol{F}$ 在这段路程中的累积效应用力的功来度量，记为 W，并定义为

$$W = \boldsymbol{F}s \cdot \cos\theta \tag{10-23}$$

式中，θ 为力 $\boldsymbol{F}$ 与位移方向之间的夹角。当 $\theta < 90°$ 时，力在运动方向上的投影为正值，力做正功；当 $\theta > 90°$ 时，力在运动方向上的投影为负值，力做负功；当 $\theta = 90°$ 时，力在运动方向上的投影为零，力不做功。可见，功只有大小和正负，没有方向。因此，功是代数量。功的单位由力和路程的单位来决定。在国际单位制中，功的单位是 J。

(二) 变力的功

如图 10-8 所示，设质点 M 在变力 $\boldsymbol{F}$ 作用下，沿曲线从位置 M_1 运动到位置 M_2，现求力 $\boldsymbol{F}$ 在路径 M_1M_2 上做的功。由于从 M_1 运动到 M_2 的过程中，力 $\boldsymbol{F}$ 的大小和方向在不断变化，因此，力 $\boldsymbol{F}$ 的功不能直接用式（10-23）来计算。

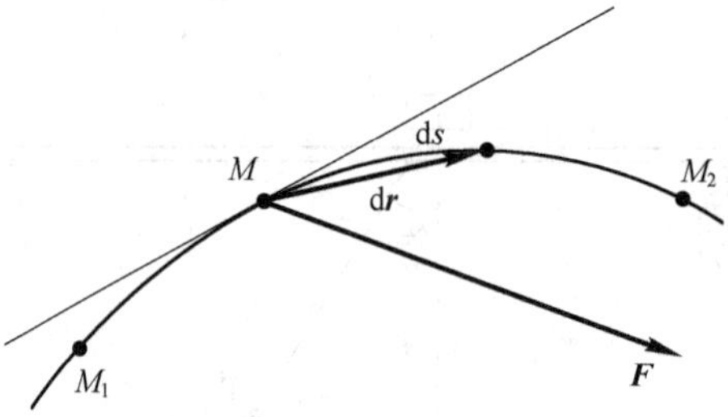

图 10-8

这时可将路程 s 分为无限多个微段 ds，则微段路程 ds 可以近似为直线，且力 $\boldsymbol{F}$ 在位移 d$\boldsymbol{r}$ 中可视为常力，d$\boldsymbol{r}$ 可视为沿点 M 的切线。力 $\boldsymbol{F}$ 在该微小路径上所做的功称为元功，用 δW 表示，且有

$$\delta W = \boldsymbol{F} \cdot \mathrm{d}\boldsymbol{r} \tag{10-24}$$

质点 M 沿曲线由 M_1 运动到 M_2 的过程中，变力 $\boldsymbol{F}$ 做的功为

$$W_{12} = \int_{M_1}^{M_2} \boldsymbol{F} \cdot \mathrm{d}\boldsymbol{r} \tag{10-25}$$

式（10-25）表明，变力在某一曲线运动中做的功，等于该力在运动方向的投影沿这段曲线路径的定积分。如果力始终与质点位移垂直，则该力不做功。具体计算时，常采用其在直角坐标轴上的投影形式，即

$$W_{12} = \int_{M_1}^{M_2} (F_x \mathrm{d}x + F_y \mathrm{d}y + F_z \mathrm{d}z) \tag{10-26}$$

(三) 常见力的功

1. 重力的功

如图 10-9 所示，设重为 G 的质点 M，沿曲线由位置 M_1 运动到位置 M_2，M_1 与 M_2 的高度差为 $h = y_1 - y_2$，则重力 G 所做的功为

$$W = \int_{y_1}^{y_2} (-G)\,\mathrm{d}y = G(y_1 - y_2) = Gh$$

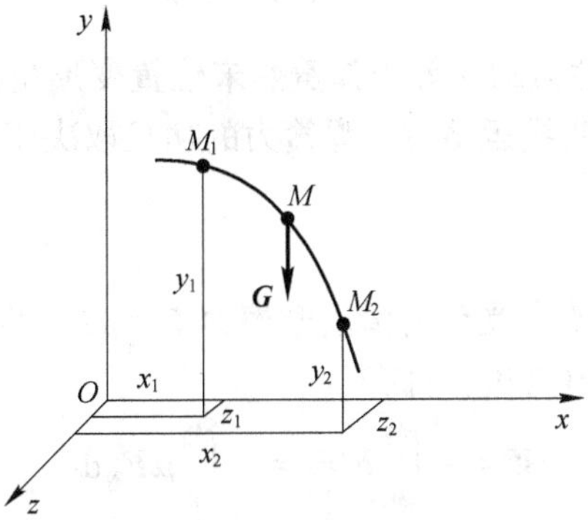

图 10-9

上式表明，重力的功等于质点的重量与起止位置间高度差的乘积，而与质点的运动路径无关。

上面讨论的是物体向下运动的情况，由于重力与物体在竖直方向上的运动方向相同，故重力对物体做正功；如果物体向上运动，由于重力与物体在竖直方向上的运动方向相反，阻碍物体向上运动，故重力对物体做负功。因此，重力功的表达式可以写成

$$W = \pm Gh \tag{10-27}$$

2. 弹力的功

如图 10-10 所示，设弹簧的原长为 l_0，一端固定，另一端与物体 M 相连，弹簧的刚性系数为 k（单位为 N/m）。试计算当物体从位置 M_1 运动到 M_2 的过程中，弹簧力对物体所做的功。

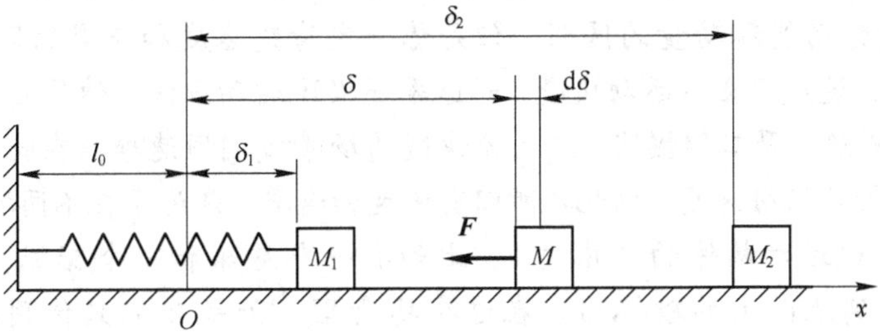

图 10-10

取弹簧的自然位置 O 为坐标原点，x 轴和物体运动轨迹重合，坐标表示物体在任一位置 M 时弹簧的变形。当弹簧的变形较小时，弹簧作用于质点上的弹性力 $\boldsymbol{F}$ 的大小与弹簧的变形量 δ 成正比，即

$$\boldsymbol{F} = k\delta \tag{10-28}$$

因此，当质点 M 由弹簧变形为 δ_1 处运动至变形为 δ_2 处时，弹性力的功为

$$W = \int_{\delta_1}^{\delta_2} (-F)\,\mathrm{d}\delta = \int_{\delta_1}^{\delta_2} (-k\delta)\,\mathrm{d}\delta$$

可解得

$$W=\frac{k}{2}(\delta_1^2-\delta_2^2) \tag{10-29}$$

式（10-29）表明，弹性力的功等于弹簧始末位置变形量的平方差与刚性系数乘积的一半。可以证明，当物体做曲线运动时，弹簧力的功只取决于弹簧始末位置的变形量，而与物体的运动轨迹无关。

3. 摩擦力的功

如图 10-11 所示，由于质点受到的滑动摩擦力 $\boldsymbol{F}'=\mu\boldsymbol{F}_N$ 的方向总是与质点运动的方向相反，所以滑动摩擦力做功恒为负，且有

$$W=-\int_{M_1}^{M_2}\boldsymbol{F}'\mathrm{d}s=-\int_{M_1}^{M_2}\mu\boldsymbol{F}_N\mathrm{d}s \tag{10-30}$$

式（10-30）为曲线积分，因此，滑动摩擦力的功，不仅与起止位置有关，还与路径有关。

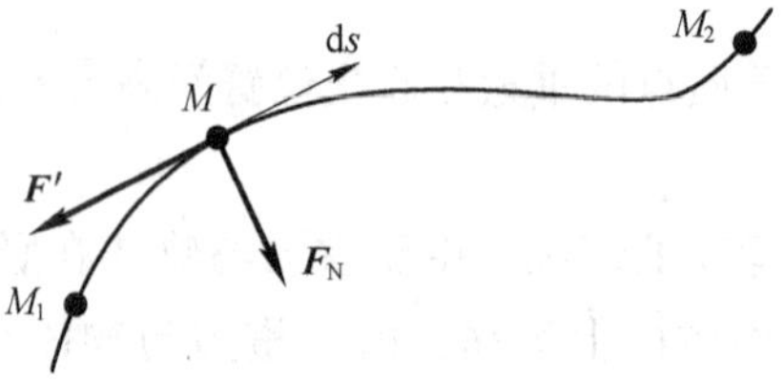

图 10-11

扩展阅读

不同角度区分动能与动量

（1）如何描述物体的运动状态。在物理里，描述物体的运动状态有速度和速率。虽然你可能不清楚动能和动量的区别，但是你一定清楚速度和速率的区别。

这太简单了，速度只描述运动快慢，而速率还描述运动方向。速率是对于物体运动状态的一维描述，而速度是二维描述。在讨论快慢的场景我们用速率，在既要讨论快慢，又要讨论方向的场景我们用速度。因此之所以有速度和速率，是为了在不同场景下描述方便。

（2）如何描述运动物体的“威力”。比如有一个足球和一个铅球，速度一样，我们要考察它们砸到地面上的破坏力。在这个场景里，如果我们只使用速度是不够的。因为它们虽然速度相同，但是由于质量不同，“威力”不同。

这个“威力”其实是让运动物体停下的难度（即运动物体保持运动状态的趋势）。它不光和速度成正比，还和质量成正比，因此需要用速度和质量的乘积来表示。这就是动量和动能存在的意义。

（3）动能是一维，动量是二维。既然动能和动量都是描述威力，那它们的区别是啥呢？其实它们的区别正如速度和速率的区别。动能只是用来描述威力的大小，是一维；而动量既描述威力的大小，又描述威力的方向，是二维。

最后再举个例子解释动能和动量的区别：从高处垂直扔一个铁球，如果只关心让它砸在地上的威力大小，那么用动能就好；可是如果希望了解它在水平方向和竖直方

向的威力分别是多少，那么就得用动量来分析。它在竖直方向有速度，因此动量是 $m\boldsymbol{v}$；而它在水平方向无速度，因此动量 0，无破坏力。

思考与练习

10-1　如题 10-1 图所示，质量为 m 的质点从高 h 处下落，落至下面弹簧支持的平板上，设弹簧刚性系数为 k，不计平板及弹簧质量。求弹簧的最大压缩量 δ_{max}。

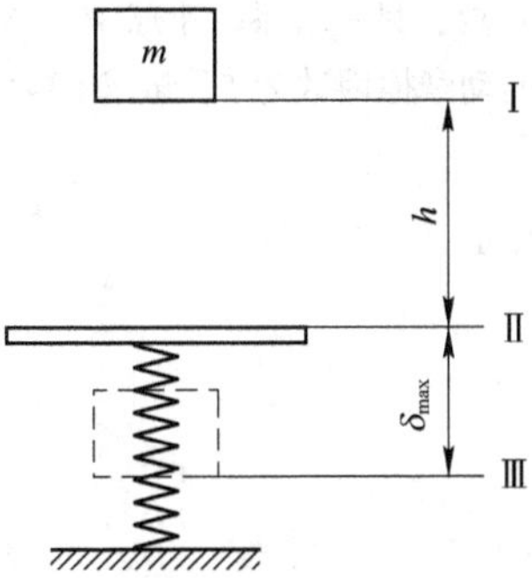

题 10-1 图

10-2　题 10-2 图所示锻锤 A 的质量为 $m = 300\text{kg}$，其打击速度为 $\boldsymbol{v} = 8\text{m/s}$，而回跳速度为 $\boldsymbol{u} = 2\text{m/s}$。试求锻件 B 对于锻锤之约束力的冲量。

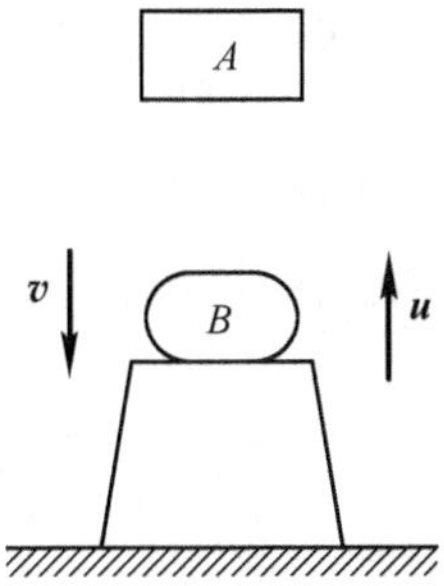

题 10-2 图

10-3　题 10-3 图所示炮弹由点 O 射出，弹道的最高点为 M。已知炮弹的质量为 10kg，初速为 $\boldsymbol{v}_0 = 500\text{m/s}$，$\theta = 60°$，在点 M 处的速度为 $\boldsymbol{v}_1 = 200\text{m/s}$。试求炮弹由点 O 到点 M 的一段时间内作用在其上各力的总冲量。

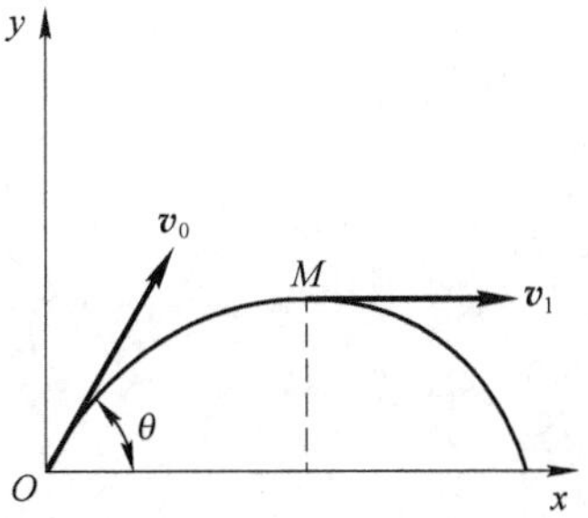

题 10-3 图

10-4　题 10-4 图所示质量为 m 的驳船静止于水面上，船的中间载有质量为 m_1 的汽车和质重为 m_2 的拖车。若汽车和拖车向船头移动了距离 b，试求驳船移动的距离。不计水的阻力。

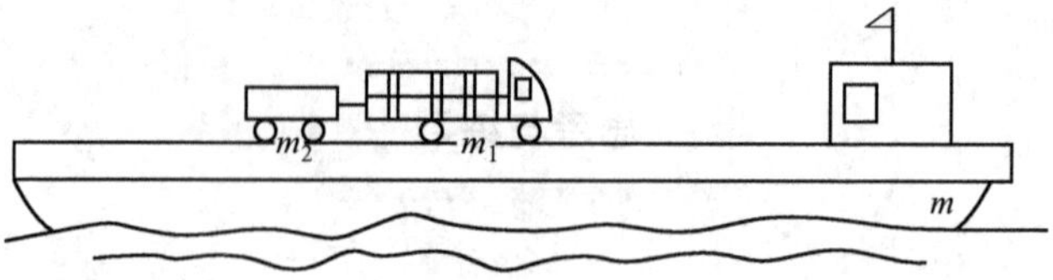

题 10-4 图

10-5　细绳一端固定在水平桌面上点 O 处，另一端系一小球 M。今使小球获得 $\boldsymbol{v}_0$ 的速度在桌面上绕点 O 做圆周运动，若桌子与小球间的动摩擦因数为 f，试求 t 秒后小球的速度。

第三篇　材料力学

第十一章　拉伸、压缩与剪切

学习目标

（1）了解材料力学，掌握拉伸与压缩的概念。

（2）掌握材料的拉压变形与胡克定律。

（3）理解材料拉伸与压缩时的力学性能，了解4个拉伸阶段。

（4）了解材料拉压超静定问题与解法。

本章主要讨论直杆在轴向拉伸（压缩）时的应力、变形和应变能，以及剪切与挤压情况下的应用计算。

第一节　材料拉伸与压缩的概念

工程中常见的各种机械和结构物，例如机床、房屋和桥梁等，都是由一些构件组成的。当它们工作时，有关构件将受到力的作用，会产生几何形状和尺寸的改变，称为变形。

在材料力学中，为了简化计算，将构件的材料作适当的理想化假设：假设材料是均匀、连续和各向同性的。工程中对其纵向尺寸远大于横向尺寸的构件称为杆件。将对称轴是直线，且各横截面都相等的杆件称为等截面直杆（简称等直杆），它是材料力学的主要研究对象。

这些承受拉伸或压缩的杆件的形状和所受力的加载方式各不相同，但都会受到一对大小相等、方向相反、作用线沿杆件轴线的力的作用。杆件将发生轴向的伸长或缩短，这样的变形称为轴向拉伸变形或轴向压缩变形。这类杆件称为拉杆（或压杆）。

轴向拉伸或压缩杆件的受力简图如图 11-1 所示，从图中可以看出，当一个杆件发生轴向拉伸或压缩变形时具有如下特点。

（1）受力特点：外力作用线沿杆件轴线方向且与轴线重合。

（2）变形特点：杆件变形表现为沿轴线方向的伸长或缩短、横向的缩短或伸长。

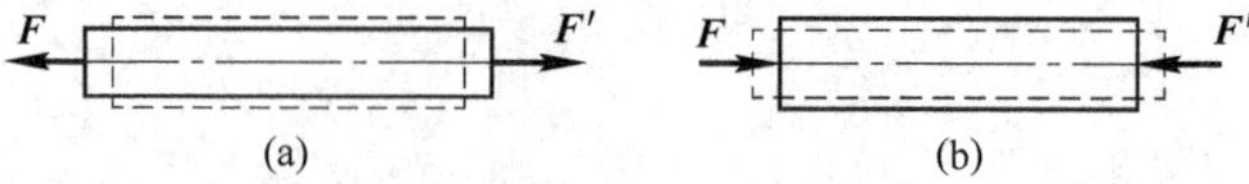

图 11-1

第二节　拉伸与压缩下截面上的内力与应力

一、拉伸与压缩下截面上的内力

构件的重力及其所承受的载荷和约束反力等均属于外力。当构件受到外力作用时，构件的形状、尺寸以及内部各质点间的相对位置将发生变化，同时构件内各部分之间的相互作用力也将随之改变。这种由于外力作用引起的构件内部的相互作用力，称为附加内力，简称内力。内力的大小及其在构件内部的分布规律随外力的变化而变化，同时与构件的强度、刚度以及稳定性等问题密切相关。

将构件假想地切开以显示其内力的分布情况，并由平衡条件建立内力与外力之间的关系方程，进而求解内力的方法，称为截面法。图 11-2（a）所示为一受轴向拉伸的直杆，为了确定杆件横截面上的内力，用截面法在横截面 $m-m$ 处将杆截为两段，取左段作为研究对象，如图 11-2（b）所示。由左段的平衡条件可知，该截面上分布的内力的合力必为一个与杆件轴线重合的轴向力 $\boldsymbol{F}_{\mathrm{N}}$，且有 $\boldsymbol{F}_{\mathrm{N}}=\boldsymbol{F}$，$\boldsymbol{F}_{\mathrm{N}}$ 称为轴力。

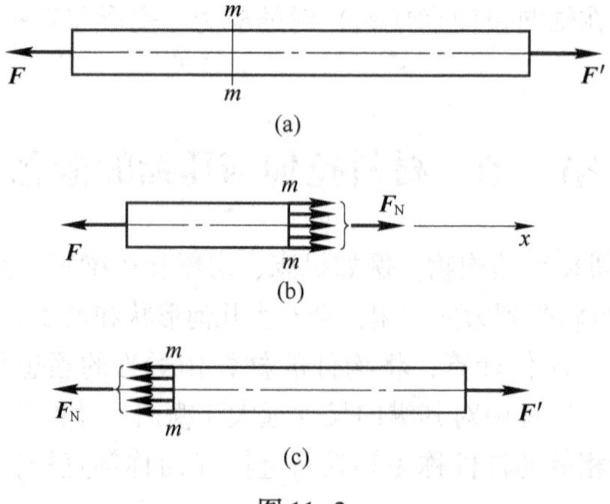

图 11-2

若取右段作为研究对象，如图 11-2（c）所示，则由作用力与反作用力原理知，左右两段横截面上的轴力大小相等、方向相反。当轴力的方向与横截面的外法线方向一致时，杆件受拉伸长，其轴力为正；反之，杆件受压缩短，其轴力为负。通常规定，未知轴力均假设为正。

应当指出，截面上的内力是分布在整个截面上的分布力系，利用截面法求得的内力是这些分布力系的合力。

在实际问题中，杆件所受外力的情况比较复杂，这时杆件各段的轴力可能会不同。为了表示轴力随横截面位置的变化情况，通常用平行于杆件轴线的坐标表示各横截面的位置，并用垂直于杆件轴线的坐标表示轴力的数值，所得到的图像则称为轴力图。

按选定的比例尺，用平行于杆件轴线的坐标轴上的坐标表示横截面的位置，用垂直于杆件轴线的坐标轴上的坐标表示横截面上轴力的数值，从而绘出表示轴力与截面位置关系的图线，称为轴力图。画轴力图时，有时不需要画出坐标轴，只需标明正负号即可。

【例 11-1】 试画出图 11-3（a）所示杆件的轴力图。已知 $\boldsymbol{F}_1=80\text{kN}$，$\boldsymbol{F}_2=50\text{kN}$，$\boldsymbol{F}_3=30\text{kN}$。

解：

（1）先求约束反力 $\boldsymbol{F}_A$。研究整个杆件，受力如图 11-3（a）所示，列平衡方程

$$\sum X=0,\quad -\boldsymbol{F}_A+\boldsymbol{F}_1-\boldsymbol{F}_2+\boldsymbol{F}_3=0$$

得

$$\boldsymbol{F}_A=\boldsymbol{F}_1-\boldsymbol{F}_2+\boldsymbol{F}_3=60\text{kN}$$

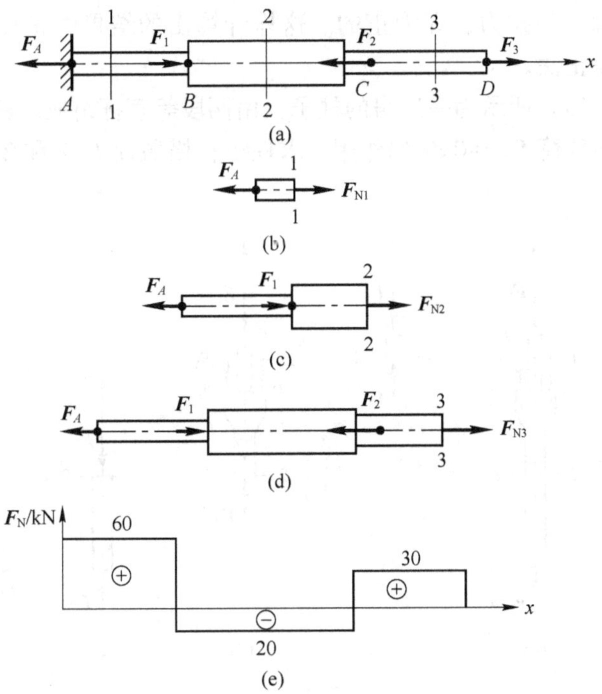

图 11-3

（2）将力作用点作为分界点，将杆件分为 AB、BC 和 CD 三段，逐段计算轴力。

先将杆件沿横截面 1-1 截开，取左段作为研究对象（见图 11-3（b）），列平衡方程

$$\sum X=0,\quad -\boldsymbol{F}_A+\boldsymbol{F}_{N1}=0$$

得

$$\boldsymbol{F}_{N1}=\boldsymbol{F}_A=60\text{kN}$$

结果为正，轴力均为拉力。

显然，在 AB 段各横截面上的轴力都相同，均为 60kN 的拉力。

再将杆件沿横截面 2-2 截开，取其左段作为研究对象（见图 11-3（c）），列平衡方程

$$\sum X = 0,\quad -F_A + F_1 + F_{N2} = 0$$

得

$$F_{N2} = F_A - F_1 = -20\text{kN}$$

结果为负，说明实际指向与假设的指向相反，即指向横截面，故轴力 F_{N2} 为压力。

最后将杆件再沿横截面 3-3 截开，仍取左段作为研究对象（见图 11-3（d）），列平衡方程

$$\sum X = 0,\quad -F_A + F_1 - F_2 + F_{N3} = 0$$

得

$$F_{N3} = F_A - F_1 + F_2 = 30\text{kN}$$

结果为正，轴力均是拉力。

（3）画轴力图，如图 11-3（e）所示。

由此题可以看出，在画一个杆件某横截面的轴力时，在不知道轴力为拉力还是压力的情况下，首先假定轴力为拉力，即为正的。这样计算出的结果的正负号就是所规定的符号。此种方法称为设正法。

【例 11-2】 图 11-4（a）所示为一厂房的柱子，由两段等直杆组成。柱受屋架的载荷 $F_1 = 100\text{kN}$ 和两边吊车的载荷 $F_2 = 80\text{kN}$ 的作用。求柱子在横截面 1-1 和 2-2 上的轴力，并作轴力图。

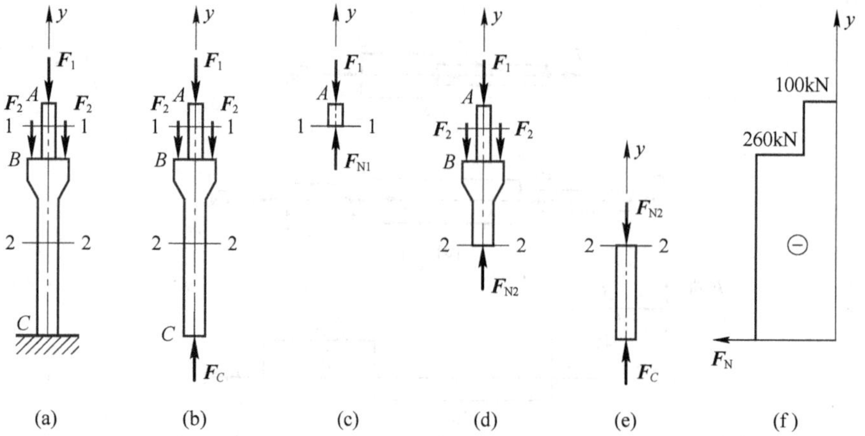

图 11-4

解：

（1）求柱子所受的约束反力，受力如图 11-4（b）所示，列平衡方程

$$\sum Y = 0$$

得

$$F_C = F_1 + 2F_2 = 260\text{kN}$$

（2）求轴力。求横截面 1-1 处的轴力时，沿 1-1 截面截开，取上段作为研究对象，受力如图 11-4（c）所示，列平衡方程

$$\sum Y = 0$$

得

$$F_{N1} = F_1 = 100\text{kN}$$

图中轴力假设为压力，所求结果虽然是正值，但实际应是负值。

求横截面 2-2 处的轴力时，沿 2-2 截面截开，取上段作为研究对象，受力如图 11-4（d）所示，列平衡方程

$$\sum Y = 0$$

得
$$\boldsymbol{F}_{N2} = \boldsymbol{F}_1 + 2\boldsymbol{F}_2 = 260\text{kN}$$

同前面一样，是压力，取负值。

当然也可取其下段作为研究对象，受力如图 11-4（e）所示，列平衡方程

$$\sum Y = 0$$

得
$$\boldsymbol{F}_{N2} = \boldsymbol{F}_C = 260\text{kN}$$

（3）画柱子轴力图，如图 11-4（f）所示。

二、拉伸与压缩下截面上的应力

根据截面法求解各个截面上的轴力后，并不能直接判断杆件是否有足够的强度，必须用横截面上的应力大小来度量杆件的受力大小。下面讨论拉压杆横截面上的应力。

为了确定拉伸或压缩时杆件横截面上的应力，必须研究杆件的变形情况。首先，取一等直杆，在它的侧面画上两条垂直于杆件轴线的横向线 ab 与 cd，如图 11-5（a）所示。然后，在杆的两端施加一对轴向拉力 $\boldsymbol{F}$，使杆发生伸长变形。可以观察到，两条横向线仍为垂直于杆件轴线的直线，只是平行移动到 a_1b_1 与 c_1d_1 的位置，如图 11-5（b）所示。根据这一变形现象可作出平面假设：原为平面的横截面，在杆件变形后仍为平面。

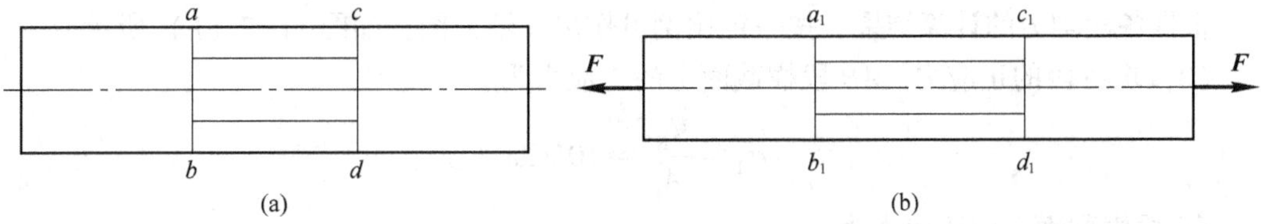

图 11-5

设想杆件是由无数纵向纤维组成的，则根据平面假设，可以推断出从杆的表面到内部所有纵向纤维的伸长变形都相等，所以各纵向纤维的受力也相等。由此可知，应力在横截面上是均匀分布的，并且是垂直于横截面的正应力 $\boldsymbol{\sigma}$，如图 11-6 所示。拉杆横截面上正应力 $\boldsymbol{\sigma}$ 的计算公式为

$$\boldsymbol{\sigma} = \frac{\boldsymbol{F}_N}{A} \tag{11-1}$$

式中，$\boldsymbol{F}_N$ 为横截面上的轴力；A 为横截面面积。

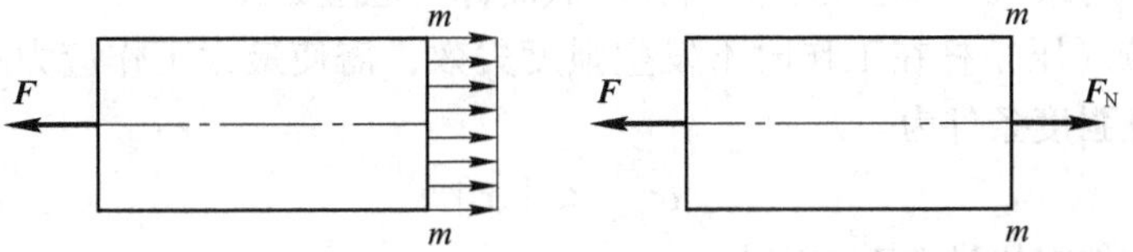

图 11-6

前面已经对轴力的正负做了规定，由式（11-1）可知，正应力也有正负之分，即拉应力为正，压应力为负。

【例 11-3】 圆截面杆的受力情况如图 11-7（a）所示，已知 $\boldsymbol{F}_1=500\text{N}$，$\boldsymbol{F}_2=750\text{N}$，杆 *AB* 段的横截面面积 $A_1=50\text{mm}^2$，杆 *BD* 段的横截面面积 $A_2=100\text{mm}^2$，试求杆各段横截面上的正应力。

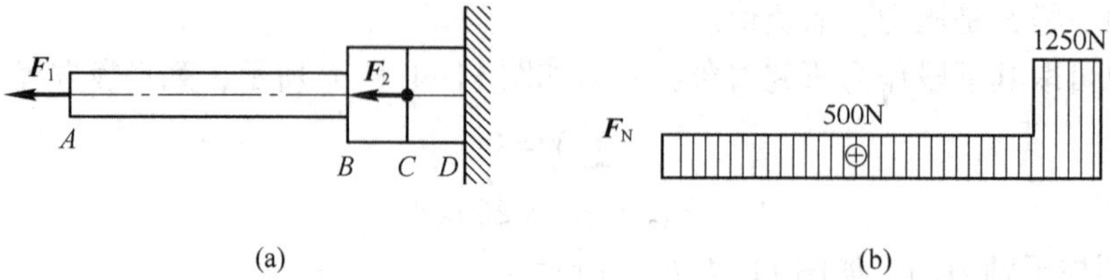

图 11-7

解：（1）计算各段的轴力，画出轴力图。*AB* 段与 *BC* 段的受力情况相同，应用截面法得出平衡方程为

$$\sum \boldsymbol{F}_x=\boldsymbol{F}_{\text{N1}}-\boldsymbol{F}_1=0$$

$$\boldsymbol{F}_{\text{N1}}=\boldsymbol{F}_1=500\text{N}$$

根据 *CD* 段的受力情况，应用截面法得出平衡方程为

$$\sum \boldsymbol{F}_x=\boldsymbol{F}_{\text{N2}}-\boldsymbol{F}_1-\boldsymbol{F}_2=0$$

$$\boldsymbol{F}_{\text{N2}}=\boldsymbol{F}_1+\boldsymbol{F}_2=1250\text{N}$$

根据各段轴力的计算结果，按一定比例可作出其轴力图，如图 11-7（b）所示。

（2）求各段的正应力。*AB* 段横截面上的正应力为

$$\sigma_1=\frac{\boldsymbol{F}_{\text{N1}}}{A_1}=10\text{MPa}$$

BC 段横截面上的正应力为

$$\sigma_2=\frac{\boldsymbol{F}_{\text{N1}}}{A_2}=5\text{MPa}$$

CD 段横截面上的正应力为

$$\sigma_3=\frac{\boldsymbol{F}_{\text{N2}}}{A_2}=12.5\text{MPa}$$

三、轴向拉伸与压缩时的强度计算

轴向拉（压）杆的横截面上存在正应力，在杆件的某一截面上出现最大的正应力，这一最大正应力称为最大工作应力，其所在的截面称为危险截面。

为了保证拉（压）杆在工作时不发生强度失效，需使最大工作应力小于等于许用应力，以此可建立强度条件为

$$\sigma_{\max}\leqslant[\sigma] \qquad (11\text{-}2)$$

式中，$\sigma_{\max}$ 为构件内的最大工作应力。

对于等截面拉（压）杆，强度条件可转化为

$$\sigma_{max} = \frac{F_{Nmax}}{S} \leqslant [\sigma] \tag{11-3}$$

根据上述的强度条件，可以解决以下3种类型的强度计算问题：

(1) 强度校核。已知外力大小（由此可知轴力 F_N）、横截面面积 S 和拉（压）杆材料的许用应力，可求出杆上最大工作应力，用强度条件式（11-3）校核构件是否满足强度要求。

(2) 设计截面。已知构件所受的外力和所用材料的许用应力，按强度条件设计构件所需的横截面面积 S。此时，可将式（11-3）改写为

$$S \geqslant \frac{F_{Nmax}}{[\sigma]}$$

由此可算出构件所需的横截面面积。

(3) 确定许用载荷。已知构件的横截面面积和材料的许用应力，可按强度条件式（11-3）确定构件所能承受的最大轴力。此时，可将式（11-3）改写为

$$F_{Nmax} \leqslant S \cdot [\sigma]$$

根据构件所受的最大轴力，确定该构件或结构所能承受的最大载荷。

【例 11-4】 图 11-8（a）所示为一承受载荷 $F=1000\text{kN}$ 的吊环，两边的斜杆均由 2 个横截面为矩形的钢杆构成。杆的厚度和宽度分别为 $b=25\text{mm}$ 和 $h=90\text{mm}$，两斜杆轴线关于吊环对称，$\alpha = 20°$，若材料的许用应力 $[\sigma] = 120\text{MPa}$，试校核斜杆的强度。

解：

(1) 求斜杆的内力。研究节点 A 的平衡，由于结构在几何和受力方面的对称性，故两斜杆内的轴力 F_N 与 F'_N 应相等。由图 11-8（b）、(c)，根据平衡条件 $\sum Y = 0$，得

$$F - 2F_N\cos\alpha = 0$$

于是
$$F_N = \frac{F}{2\cos\alpha} = 5.32 \times 10^5\text{N}$$

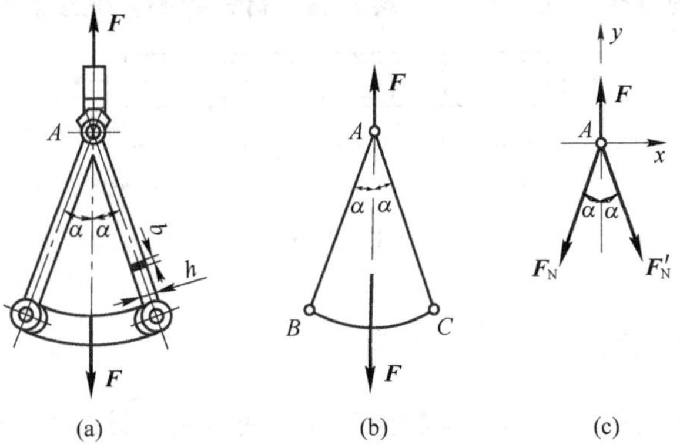

图 11-8

(2) 校核斜杆强度。计算斜杆横截面的工作应力。由于每一斜杆由两个矩形截面杆组成，故 $S = 2bh$。斜杆内的工作应力为

$$\sigma = \frac{F_N}{S} = \frac{F_N}{2bh} = 118.2\text{MPa} < [\sigma]$$

所以斜杆有足够的强度。

第三节 拉压变形与胡克定律

杆件在载荷作用下将发生变形。在轴向力作用下，直杆会出现轴向尺寸伸长或缩短而横向尺寸相应地缩短或伸长的现象。我们定义，杆件沿轴线方向的变形称为轴向变形或纵向变形；垂直于轴线方向的变形称为横向变形。

一、纵向变形与胡克定律

图 11-9 所示等直杆受轴向拉力作用，设杆的原长为 l，横截面面积为 A。变形后杆长 l 变为 l_1，杆的轴向伸长为

$$\Delta l = l_1 - l$$

由于轴向拉（压）杆沿轴向的变形均匀，因此任一点的纵向线应变相等，且为杆的变形量 Δl 除以原长 l，为了度量杆件的变形程度，引入线应变 ε ，它表示单位长度内杆件的变形量。即

$$\varepsilon = \frac{\Delta l}{l}$$

实验表明，工程中使用的许多材料都有一个线性弹性阶段，在此范围内，拉（压）杆的纵向变形 Δl 与轴力 F_N 和杆的原长 l 成正比，与横截面积 S 成反比，引入比例常数 E ，即可得

$$\Delta l = \frac{F_N l}{ES} \tag{11-4}$$

当杆横截面上的应力不超过比例极限，材料发生均匀变形时，该式称为拉压胡克定律。式中的 E 称为材料的压缩（拉伸）弹性模量，常用单位为 MPa，它表示材料抵抗弹性变形的能力；ES 称为抗拉（压）刚度，其值越大材料越不易变形。

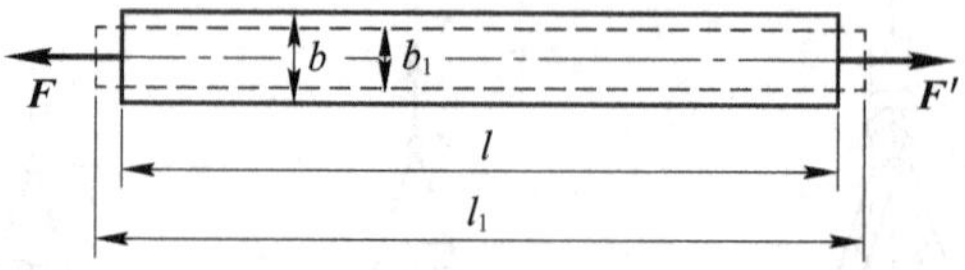

图 11-9

二、横向变形与泊松比

若杆件变形前的横向尺寸为 b，受轴向拉伸后变为 b_1（见图 11-8），杆件横向缩短为 $\Delta b = b_1 - b$ ，则横向线应变

$$\varepsilon' = \frac{\Delta b}{b} = \frac{b_1 - b}{b}$$

试验结果表明，当拉（压）杆件横截面上的应力不超过材料的比例极限时，横向应变 ε' 与纵向应变 ε 比值的绝对值为一常数。这一比值称为横向变形系数或泊松比，通常用 μ 表示，即

$$\mu = \left|\frac{\varepsilon'}{\varepsilon}\right| \tag{11-5}$$

由于横向应变 ε' 与纵向应变 ε 的变形方向始终相反，故式（11-3）又可写成

$$\varepsilon' = -\mu\varepsilon \tag{11-6}$$

泊松比 μ 与弹性模量 E 一样，也是一个反映材料力学性质的量。其数值与材料有关，可通过试验测得，也可在有关的工程手册中查到，表 11-1 给出了一些常用材料的 E 和 μ 的值。

表 11-1　几种常用材料的 E 和 μ

材料	E/GPa	μ
钢	190～210	0.25～0.33
灰铸铁	80～150	0.23～0.27
球墨铸铁	160	0.25～0.29
铜及其合金（黄铜，青铜）	74～130	0.31～0.42
锌及强铝	72	0.33
混凝土	14～35	0.16～0.18
玻璃	56	0.25
橡胶	0.0078	0.47
木材：顺纹 横纹	9～12 0.49	—

【例 11-5】对于例 11-3 中的圆截面杆，已知 $l_{AB}=100$mm，$l_{BC}=l_{CD}=20$mm，弹性模量 $E=200$GPa，如图 11-7（a）所示。试求整个杆的变形量。

解：由于例 11-3 中已经求出了各段的正应力，因此可以通过胡克定律求解各段的变形量，然后再求整个杆的变形量。

AB 段的变形量为　$\Delta l_1 = \dfrac{\sigma_1 l_{AB}}{E} = 0.005\text{mm}$

BC 段的变形量为　$\Delta l_2 = \dfrac{\sigma_2 l_{BC}}{E} = 0.0005\text{mm}$

CD 段的变形量为　$\Delta l_3 = \dfrac{\sigma_3 l_{CD}}{E} = 0.00125\text{mm}$

因此，整个杆的变形量为　$\Delta l = \Delta l_1 + \Delta l_2 + \Delta l_3 = 0.00675\text{mm}$

第四节　材料拉伸与压缩时的力学性能

构件的强度、刚度和稳定性都与材料的力学性能有关。力学性能是指材料在外力作用下，在强度和变形等方面所表现出的一些特性，主要通过各种试验测定。低碳钢和铸铁是工程中广泛使用的两种材料，它们的力学性能也比较典型。本节介绍这两种材料在常温（室温）、静载（加载速度平稳缓慢）条件下材料轴向拉压时的力学性能。

一、材料在拉伸时的力学性能

拉压试验通常在万能材料试验机上进行，其所用试件是按国家有关标准加工而成的。图 11-10 所示为常用的圆截面拉伸标准试件，其中试件的规格常取 $l = 5d$ 和 $l = 10d$ 两种。

试验时，将标准试件装夹在试验机上，试验机对试件缓慢加载，使试件产生变形直至破坏。通过试验机上的测量装置，测定试验过程中试件所受载荷及变形情况等数据，并由此测出材料的力学性能。

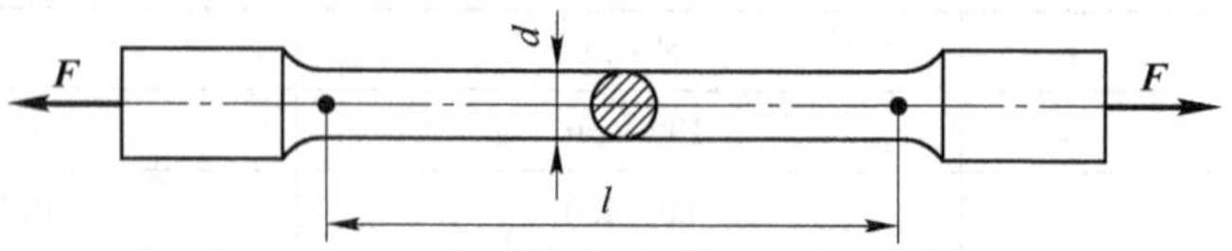

图 11-10

低碳钢试件在进行拉伸试验时，试验机上的自动绘图装置能自动绘出载荷 F 与相应的伸长变形量 Δl 之间的关系曲线，此曲线称为拉伸曲线或 $F - \Delta l$ 曲线，如图 11-11（a）所示。

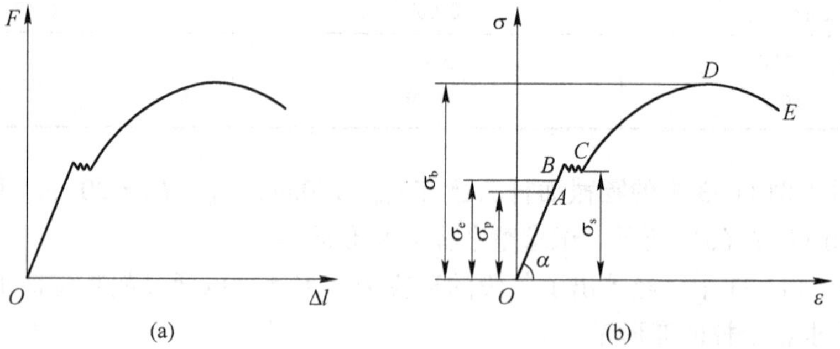

图 11-11

由于试件的拉伸曲线不仅与试件的材料有关，还与试件的横截面面积及标距有关。因此，为了消除试件尺寸的影响，用拉力 F 除以试件横截面的原始面积 A，得到试件横截面上的正应力 $\sigma = F/A$；同时，用伸长量 Δl 除以标距的原始长度 l，得到试件的纵向线应变 $\varepsilon = \Delta l/l$。以 σ 为纵坐标，ε 为横坐标，可以得到一条关系曲线，称为应力-应变曲线或 $\sigma - \varepsilon$ 曲线，如图 11-11（b）所示。

从图 11-11（b）中可以看出，整个拉伸过程大致可以分为以下 4 个阶段。

（一）弹性阶段

在拉伸的初始阶段，σ 与 ε 的关系为直线 OA，表示在这一阶段内 σ 与 ε 成正比，即该阶段材料的拉伸或压缩满足胡克定律，所以

$$\sigma = E\varepsilon$$

从 $\sigma - \varepsilon$ 曲线的直线部分可以看出

$$E = \frac{\sigma}{\varepsilon} = \tan\alpha$$

直线 OA 的最高点 A 所对应的应力即为比例极限，用 σ_P 来表示。钢的比例极限 σ_P 约为 200MPa。当应力小于比例极限时，应力与应变成正比，材料服从胡克定律。当应力超过比例极限，在点 A 与点 B 之间时，σ 与 ε 不再是直线关系。但此时试件仍然是弹性变形，即解除拉力后变形会完全消失。点 B 所对应的应力是材料出现弹性变形的极限值，称为弹性极限，用 σ_e 表示。在 $\sigma-\varepsilon$ 曲线上可以看出，A、B 两点非常接近，因此工程上对比例极限与弹性极限并不严格区分。

当应力大于弹性极限，解除拉力后试件的一部分变形会随之消失，但还残留一部分不能消失的变形。其中前者称为弹性变形，后者称为塑性变形。

（二）屈服阶段

当应力超过点 B 而增加到某一数值时，应变明显增加，此时应力先是下降，然后在很小的范围内波动，在 $\sigma-\varepsilon$ 曲线上出现接近于水平线的锯齿线。这种应力先是下降然后基本保持不变，而应变显著增加的现象，称为屈服。屈服阶段内的最大应力和最小应力分别称为上屈服极限和下屈服极限。上屈服极限的数值与试件形状、加载速度等因素有关，一般是不稳定的；下屈服极限则有比较稳定的数值，能够反映材料的性质。通常把下屈服极限作为材料的屈服极限，用 σ_s 来表示。钢的屈服极限 σ_s 约为 240MPa。

在屈服阶段，材料会发生显著的塑性变形，而零件的塑性变形将影响机器的正常工作，所以屈服极限 σ_s 是衡量材料强度的重要指标。

（三）强化阶段

经过屈服阶段之后，材料又恢复了抵抗变形的能力，此时，若使它继续变形必须增加应力，这种现象称为材料的强化。在图 11-11（b）中，曲线 CE 表示强化阶段，该阶段的最高点 D 所对应的应力是材料所能承受的最大应力，称为强度极限，用 σ_b 表示。钢的强度极限 σ_b 约为 400MPa。

（四）颈缩阶段

经过点 E 之后，试件的某一局部范围内横向尺寸突然急剧缩小，出现颈缩现象，如图 11-12 所示。颈缩部分横截面面积迅速减小，最终将导致断裂。

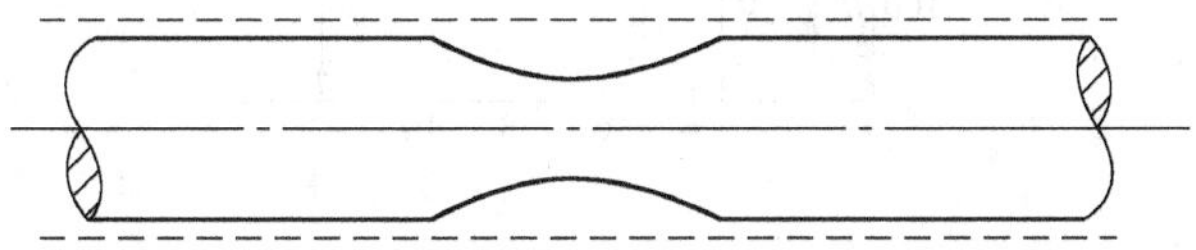

图 11-12

二、材料在压缩时的力学性能

（一）低碳钢压缩时的力学性能

取低碳钢制成的试样放于试验机上，在缓慢加压的情况下可得低碳钢压缩时的 $\sigma-\varepsilon$ 曲线，如图 11-13 实线所示，虚线表示拉伸时的 $\sigma-\varepsilon$ 曲线。在屈服阶段以前，两曲线重合，即低碳钢压缩时的弹性模量与屈服极限都与拉伸时相同。由于低碳钢的塑性好，在屈服阶段后，试件越压越扁，不会出现断裂，如图 11-13 所示。

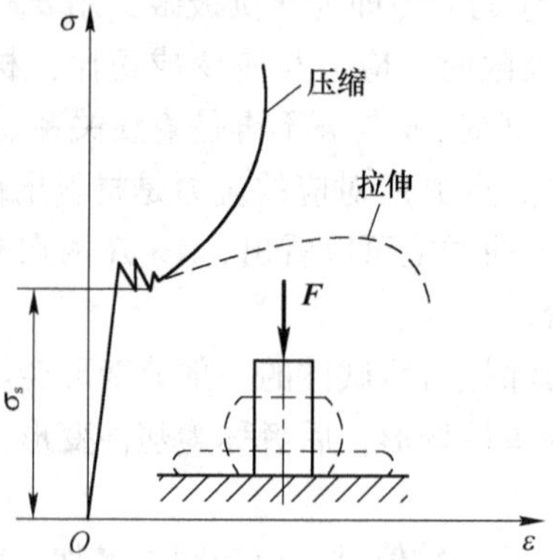

图 11-13

（二）铸铁压缩时的力学性能

取铸铁试样做试验得到如图 11-14 所示的 $\sigma-\varepsilon$ 曲线。铸铁压缩时，没有明显的直线部分，也不存在屈服极限。随着压力的增加，试件略成鼓形，最后在很小的变形下突然断裂，破坏断面与横截面大致成 45°～55°，如图 11-14 所示，这说明破坏主要与切应力有关。铸铁的抗压强度 σ_{b2} 与其抗拉强度 σ_{b1} 的关系为 $\sigma_{b2}=(3\sim5)\sigma_{b1}$。对于其他脆性材料，抗压强度也远高于抗拉强度。可见，脆性材料抗压不抗拉。脆性材料的压缩试验比拉伸试验更为重要。

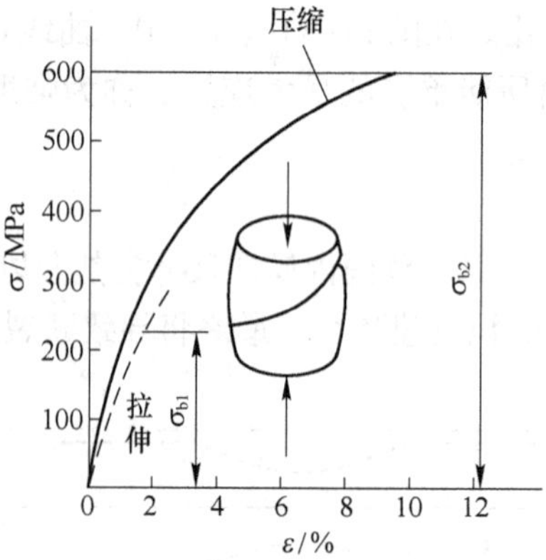

图 11-14

第五节 简单的拉、压超静定问题

一、超静定问题

在前面讨论的问题中，约束反力和内力均可由静力平衡条件求得，这类问题称为静定问题，如图 11-15（a）所示。有时为了提高系统的强度和刚度，可在中间增加一根杆 3，如图 11-15（b）所示。这时未知力有 3 个，但点 A 处只能列出两个平衡方程，因而未知力不能全部解出，即仅根据平衡方程不能确定全部未知力，这类问题称为超静定问题。未知力个数与独立平衡方程个数之差称为超静定次数。如图 11-15（b）所示为一次超静定问题。

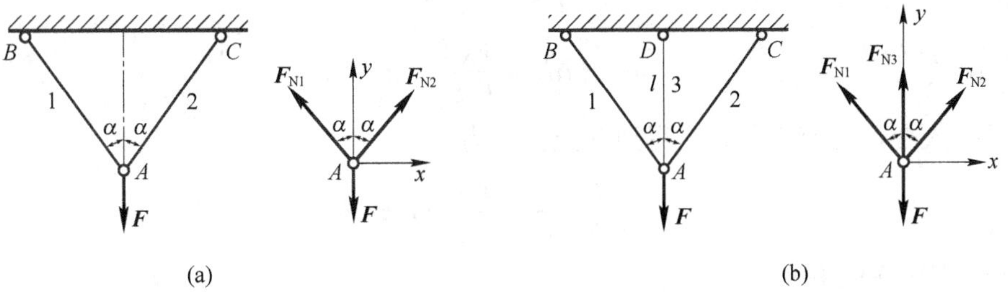

图 11-15

二、超静定问题的基本解法

以图 11-15（b）所示结构为例，说明拉压静不定问题的求解方法。设 1、2 两杆的抗拉刚度为 ES，杆 3 的抗拉刚度为 E_3S_3，α、F、l 均为已知。求三杆的轴力。

取节点 A 作为研究对象，受力如图 11-15（b）所示，列平衡方程

$$\sum F_x = 0,\ F_{N2}\sin\alpha - F_{N1}\sin\alpha = 0$$

$$\sum F_y = 0,\ F_{N1}\cos\alpha + F_{N2}\cos\alpha + F_{N3} - F = 0$$

除了以上平衡方程外，还必须建立一个补充方程。由于各杆受力变形后仍应保持整体结构，而且杆的变形应与其约束相适应。因此，这些变形之间必存在相互制约的条件，称其为变形协调条件。再考虑到变形与力之间的物理关系，就可根据变形协调条件建立补充方程。

现将杆 3 看成多余约束，多余未知力为 F_{N3}，去掉多余约束杆 3，以多余未知力 F_{N3} 代替杆的作用，则原结构变为静定结构（见图 11-16（a））。此时，作用点 A 的受力如图 11-16（b）所示，杆 1、杆 2 的轴力分别为 F_{N1}、F_{N2}。由于 1、2 两杆的抗拉刚度相同，结构对称，所以节点 A 垂直地移动到 A'（见图 11-16（c）），位移 AA' 也就是杆 3 的伸长 Δl_3（见图 11-16（d））。由于三杆在受力变形后下端仍应铰接在 A' 点，所以 1、2 两杆的伸长量 Δl_1、Δl_2 与杆 3 的伸长量 Δl_3 之间有关系

$$\Delta l_1 = \Delta l_2 = \Delta l_3\cos\alpha$$

这就是变形几何方程。

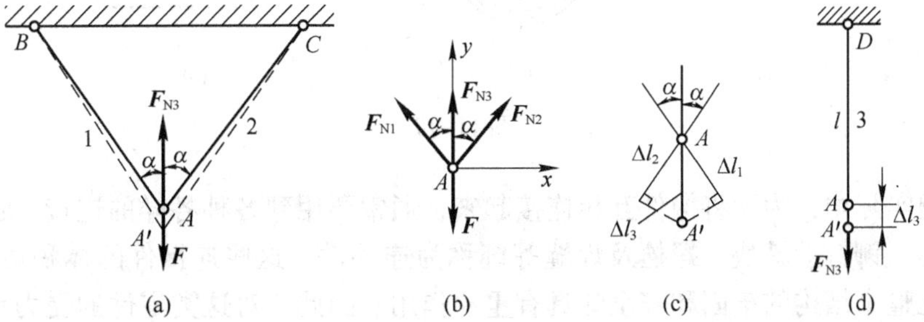

图 11-16

再由拉压胡克定律，可知杆 1、3 的轴力与变形之间的关系为

$$\Delta l_1 = \frac{F_{N1} l_1}{ES} = \frac{F_{N1} l/\cos\alpha}{ES}$$

$$\Delta l_3 = \frac{F_{N3} l}{E_3 S_3}$$

将其代入变形几何方程后，得到补充方程为

$$\frac{F_{N1}}{ES\cos\alpha} = \frac{F_{N3}}{E_3 S_3}\cos\alpha$$

结合平衡方程可解得

$$F_{N1} = F_{N2} = \frac{F}{2\cos + \dfrac{E_3 S_3}{ES\cos^2\alpha}}$$

$$F_{N3} = \frac{F}{1 + 2\dfrac{ES}{E_3 S_3}\cos^3\alpha}$$

由这些结果可以看出，在静不定结构中，各杆的轴力与该杆刚度和其他杆的刚度比有关。刚度越大的杆，其轴力也越大。

归纳上述方法，一般静不定问题的解法为：

（1）判断超静定次数；

（2）进行受力分析，建立平衡方程；

（3）根据变形满足的条件，建立变形几何方程；

（4）根据胡克定律建立物理方程；

（5）联立求解平衡方程及（2）和（3）建立的补充方程，求出未知力。

第六节 剪切与挤压

工程中常见的连接件，例如图 11-17（a）所示的连接钢板的铆钉，图 11-17（b）所示的连接齿轮和轴的键，图 11-17（c）所示的木结构中的榫头等。

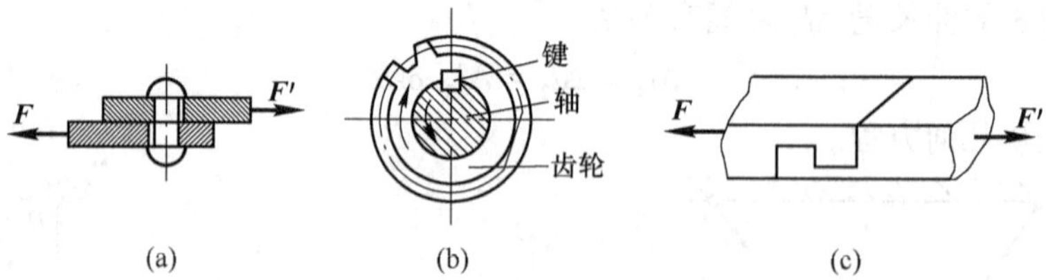

图 11-17

在工程实际中，为了将构件互相连接起来，通常要用到各种各样的连接。这些起连接作用的销轴、铆钉、键块、螺栓及焊缝等统称为连接件。这些连接件的体积虽然比较小，但对于保证整个结构的牢固和安全却具有重要作用。因此，对这类零件的受力和变形特点必须进行研究、分析和计算。

一、剪切与挤压的概念

连接件受外力作用时将产生变形。以图 11-17（a）所示的板与板通过铆钉连接的方式为例，铆钉的受力如图 11-18（a）所示。在铆钉的两侧面上受到大小相等、方向相反、作用线相距很近的两组分布外力系的作用。铆钉在这样的外力作用下，将沿外力分界面发生相对错动，这种变形形式称为剪切。发生剪切变形的截面 m—m 称为剪切面。剪切变形严重时可将铆钉剪断，从而使其失去铆接功能。

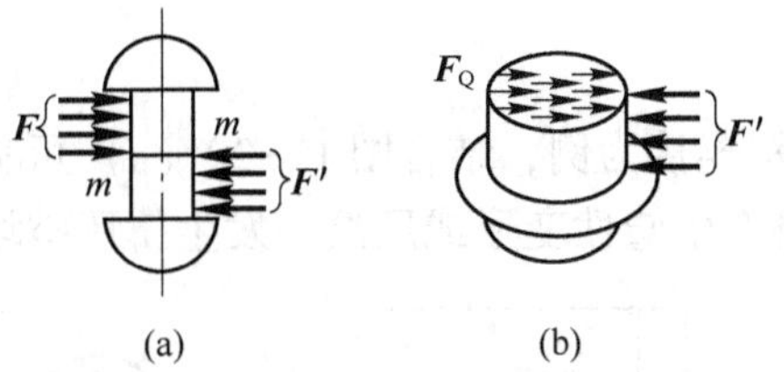

图 11-18

连接件在发生剪切变形的同时，在连接件和被连接件的接触面上还会相互压紧，由于局部受到压力作用，致使接触面处的局部区域产生塑性变形，这种变形形式称为挤压。例如，在铆钉连接中，由于铆钉孔与铆钉之间存在挤压，可能会使钢板的铆钉孔或铆钉产生显著的局部性变形。图 11-19 所示为钢板上铆钉孔被挤压成椭圆孔的情况。

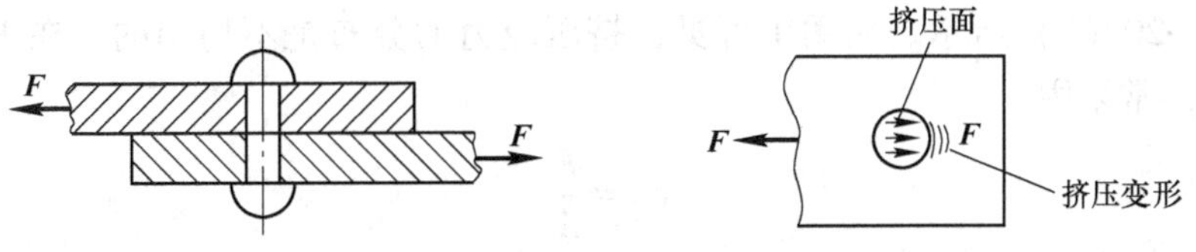

图 11-19

二、剪切的实用计算

当作用的外力过大时，图 11-18（a）所示的连接铆钉将沿剪切面被剪断。为保证其正常工作，应进行强度计算。

连接件一般都不是细长杆件，加之受力和变形都比较复杂，要从理论上计算往往非常困难，有时甚至不可能。在工程实际中，常常根据连接件的实际使用和破坏情况，对其受力和应力分布作出一些假设以进行简化计算，这种简化计算方法称为实用计算法。此种方法通常包含两个方面的内容：一方面根据假设计算出杆件受力面上的“名义应力”；另一方面，通过试验测定同类连接件的破坏应力，确定许用应力，其中应力的计算方法与“名义应力”相同。

为了分析铆钉的剪切强度，先利用截面法求出剪切面上的内力，如图 11-18（b）所示。在剪切面上，分布内力的合力称为剪力，用 $\boldsymbol{F}_Q$ 表示。

在剪切面上，切应力 τ 的分布情况比较复杂。采用实用计算法时，假设切应力在剪切面上均匀分布，则剪切面上的名义切应力为

$$\tau=\frac{F_Q}{A_Q} \tag{11-7}$$

式中，A_Q 为剪切面面积。由平衡条件可知，$F_Q=F$。

于是，剪切强度条件为

$$\tau=\frac{F_Q}{A_Q}\leqslant[\tau] \tag{11-8}$$

式（11-8）称为剪切强度条件，$[\tau]$ 为许用切应力，其数值可在有关手册中查得。

三、挤压的实用计算

仍以图 11-17（a）所示连接为例，结合图 11-20（a）可见，当外力过大时，在铆钉和钢板接触处的局部区域将产生塑性变形或压溃，发生挤压破坏，从而使连接件失效。

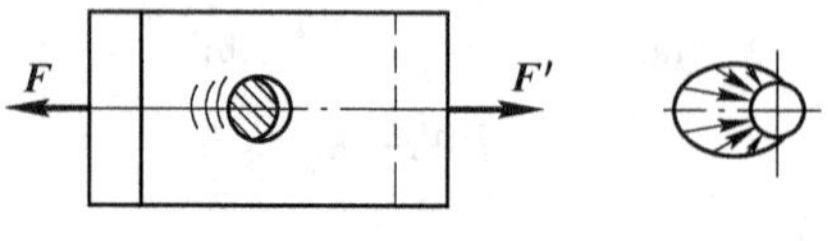

图 11-20

把挤压面上的压力称为挤压力，用 F_j 表示，挤压力引起的应力称为挤压应力，用 σ_j 表示。挤压应力在挤压面上的分布很复杂，钢板与铆钉之间的挤压应力在挤压面上的分布大致如图 11-20（b）所示。从图中可见，挤压应力的分布是不均匀的。在工程实际中，为简单起见，常采用

$$\sigma_j=\frac{F_j}{A_j} \tag{11-9}$$

式中，F_j 为接触面上的挤压力；A_j 为挤压计算面积。

于是，挤压强度条件为

$$\sigma_j=\frac{F_j}{A_j}\leqslant[\sigma_j] \tag{11-10}$$

式中，$[\sigma_j]$ 为许用挤压应力，其数值可在有关手册中查得。

挤压计算面积应根据接触面的具体情况而定。当接触面为平面（如平键连接）时，挤压计算面积即为实际接触面面积；当接触面为曲面（如螺栓或铆钉连接）时，挤压计算面积则为实际接触面在垂直于挤压力方向上投影的面积，即图 11-21 所示的四边形 *ABCD* 的面积。

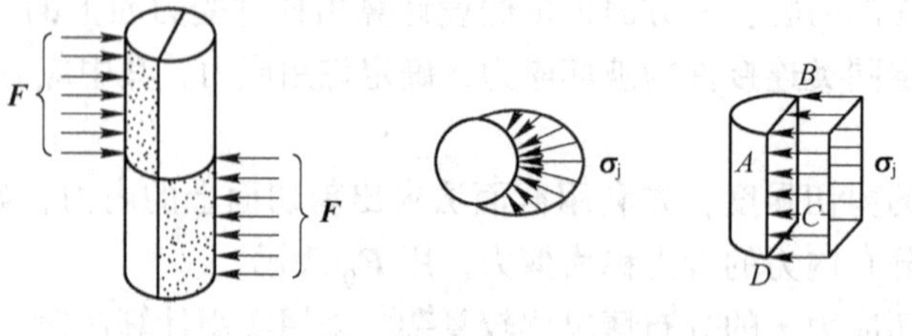

图 11-21

通过分析连接件与被连接件的强度，可以发现连接部位有 3 种可能的破坏形式：连接件的剪切破坏、挤压破坏和在削弱的截面处的拉压强度破坏。下面通过实例说明如何计算实际问题。

【例 11-6】 图 11-22（a）所示为一销轴连接。已知外力 $\boldsymbol{F}=\boldsymbol{F}'=18\text{kN}$，$\delta=8\text{mm}$，销轴材料的许用切应力 $[\tau]=60\text{MPa}$，许用挤压应力 $[\sigma_j]=200\text{MPa}$。试设计销轴的直径 d。

解：先确定作用在销轴上的外力。已知销轴中部承受的力的大小为 $\boldsymbol{F}$，两端承受的力的大小均为 $\dfrac{F}{2}$。销轴的受力如图 11-22（b）所示。

（1）按剪切强度设计。销轴具有两个剪切面（见图 11-22（c）），一般称为双剪面。

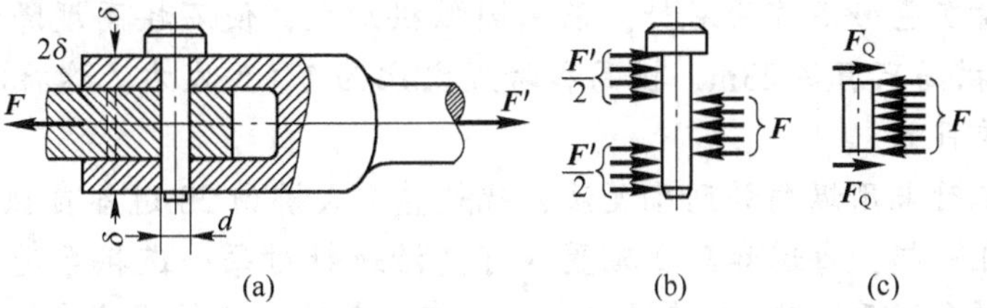

图 11-22

由截面法可求得这两个面上的剪力均为

$$\boldsymbol{F}_Q=\frac{\boldsymbol{F}}{2}=9\times10^3\text{N}$$

按剪切强度设计

$$A\geqslant\frac{\boldsymbol{F}_Q}{[\tau]}=1.5\times10^{-4}\text{m}^2$$

而 $A=\dfrac{\pi}{4}d^2$，于是

$$d=\sqrt{\frac{4A}{\pi}}\geqslant1.382\times10^{-2}\text{m}\approx13.8\text{mm}$$

（2）按挤压强度校核。销轴的挤压面计算面积 $A=2\delta d$，挤压应力为

$$\sigma=\frac{F}{A}=\frac{F}{2\delta d}=81.5\text{MPa}<[\sigma_j]$$

可见当 $d=13.8\text{mm}$ 时，满足挤压强度条件。查机械设计手册，最后采用 $d=15\text{mm}$ 的标准圆柱销。

四、剪切胡克定律

在剪力的作用下，两个相互垂直的平面之间的夹角发生了变化，即不在保持直角，则此角度的改变量 γ 的正切值 $\tan\gamma$ 称为切应变。切应变是剪切变形的一个度量标准。在小变形情况下，取 $\gamma\approx\tan\gamma$。

试验证明，当切应力不超过材料的剪切比例极限时，切应力 τ 与切应变 γ 成正比，即

$$\tau=G\gamma \tag{11-11}$$

式（11-11）即为剪切胡克定律。式中，比例常数 G 称为材料的剪切弹性模量或切变

模量，该常数由试验确定。常用碳钢的剪切弹性模量约为 80GPa。

在构件内部任意两个相互垂直的平面上，切应力必然成对存在，且大小相等，方向同时指向或背离这两个截面的交线。此即为切应力互等定理。

扩展阅读

中国古代桥梁的建造智慧

隋代石匠李春建造的赵州桥，历经千年不倒。赵州桥建造中选用了附近州县生产的质地坚硬的青灰色砂石作为石料，采用圆弧拱形式，使石拱高度降低。主孔净跨度为 37.02m，而拱高只有 7.23m，拱高和跨度之比为 1∶5 左右，这样就实现了低桥面和大跨度的双重目的。

赵州桥施工时采用纵向并列砌置法，就是整个大桥由 28 道各自独立的拱券沿宽度方向并列组合在一起，每道券独立砌置，可灵活地针对每一道拱券进行施工。为加强各道拱券间的横向联系，使 28 道拱组成一个有机整体，连接紧密牢固，赵州桥建造采用了一系列技术措施：

每一拱券采用“下宽上窄、略有收分”方法，使每个拱券向里倾斜、相互挤靠，增强其横向联系，防止拱石向外倾倒；在桥的宽度上也采用“少量收分”方法，从桥两端到桥顶逐渐收缩桥宽度，加强桥的稳定性。在主券上均匀沿桥宽方向设置 5 个铁拉杆，穿过 28 道拱券，每个拉杆的两端有半圆形杆头露在石外，以夹住 28 道拱券，增强其横向联系；4 个小拱上也各有一根铁拉杆起同样作用。在靠外侧的几道拱石上和两端小拱上盖有护拱石一层，以保护拱石；在护拱石的两侧设有勾石 6 块，勾住主拱石使其连接牢固。为使相邻拱石紧密贴合，在主孔两侧外券相邻拱石之间设有起连接作用的“腰铁”，各道券之间的相邻石块也都在拱背设有“腰铁”，把拱石连锁起来；每块拱石的侧面凿有细密斜纹以增大摩擦力，加强各券横向联系。其利用扶拱敞肩的结构调整荷载分布，使恒载压力线和大拱的轴线极为接近，从而使主拱材料产生极小的拉力，充分利用了石材抗压不抗拉的特性。

建于宋代以前的安澜索桥，原长 320m，现长 280m，以木排为板，石墩为柱，承托桥身；又以慈竹扭成的缆绳横架江面，充分利用了竹材的拉伸强度。1962 年，对索桥进行了维修，改 10 根竹底绳为 6 根钢缆绳，改扶栏竹绳为铅丝绳，铅丝绳外以竹缆包缠。1964 年岷江洪水暴发，全桥被毁。重建时，只改木桥桩为钢筋混凝土桥桩，余照旧。后因兴建外江水闸，将索桥下移 100m，重建时改平房式桥头堡为大屋顶双层桥头堡，改单层金刚亭为可供行人休息的六角亭，增建沙黑河亭，桥长 261m。安澜索桥是世界索桥建筑的典范，全国重点文物保护单位。

思考与练习

11-1　试求题 11-1 图中所示各杆 1-1、2-2、3-3 截面的轴力，并画出杆的轴力图。

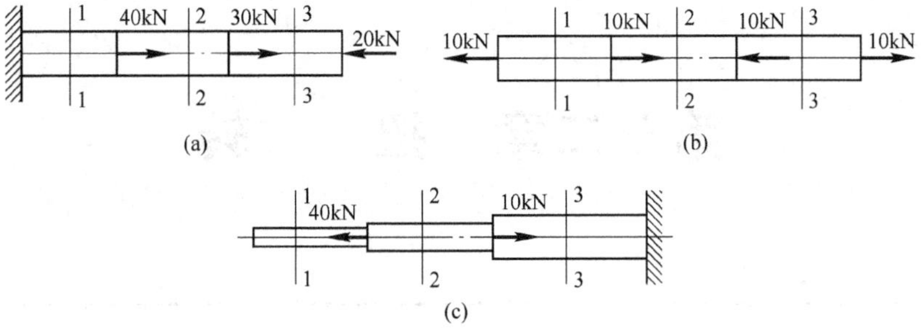

题 11-1 图

11-2　求如题 11-2 图所示等直杆截面 1-1、2-2 和 3-3 上的轴力，并作轴力图。如果横截面面积 $A=400\text{mm}^2$，求各横截面上的应力。

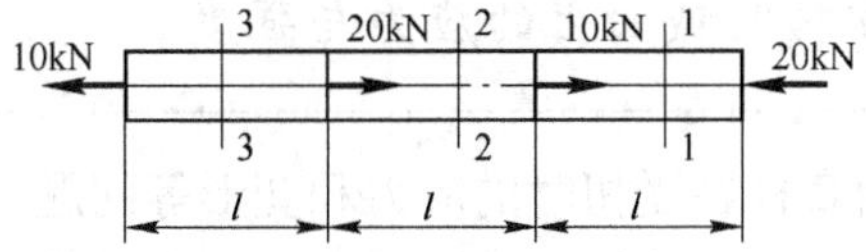

题 11-2 图

11-3　求题 11-3 图中所示阶梯状直杆横截面 1-1、2-2 和 3-3 上的轴力，并作轴力图。如横截面面积 $A_1=400\text{mm}^2$，$A_2=300\text{mm}^2$，$A_3=200\text{mm}^2$，求各横截面上的应力。

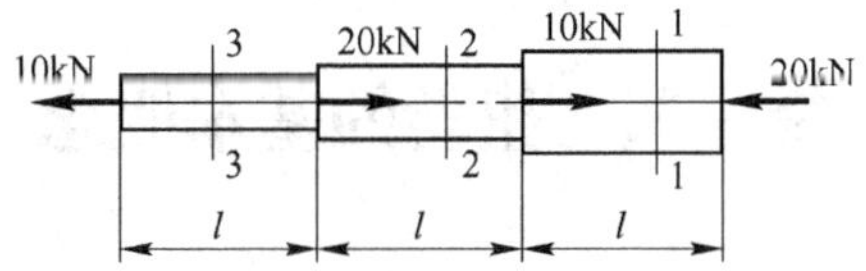

题 11-3 图

11-4　一低碳钢拉伸试样，在试验前测得试样的直径 $D=10\text{mm}$，长度 $L=50\text{mm}$，试样拉断后测得颈缩处的直径 $D_1=6.2\text{mm}$，杆的长度 $L_1=58.3\text{mm}$。试样的拉伸图如题 11-4 图所示，图中屈服阶段最高点 a 相应的载荷 $F_a=22\text{kN}$，最低点 b 相应的载荷 $F_b=19.6\text{kN}$，拉伸图最高点 c 相应的载荷 $F_c=33.8\text{kN}$。试求材料的屈服极限、强度极限、延伸率及断面收缩率。

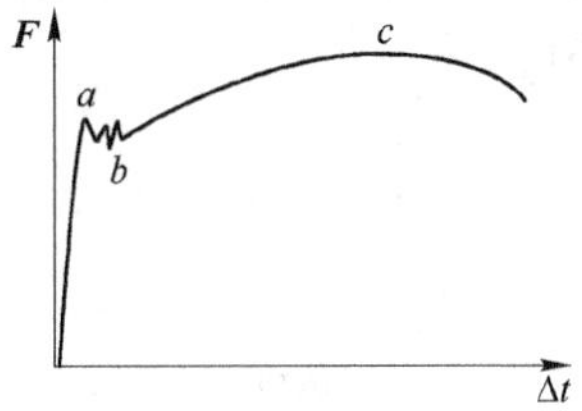

题 11-4 图

11-5　如题 11-5 图所示为一硬铝试样，其中 $a=2\text{mm}$，$b=20\text{mm}$，$l=70\text{mm}$。在轴向拉力 $\boldsymbol{F}=6\text{kN}$ 作用下，测得试验段伸长 $\Delta l=0.15\text{mm}$，板宽缩短 $\Delta b=0.014\text{mm}$，试计算硬铝的弹性模量 E 和泊松比 μ。

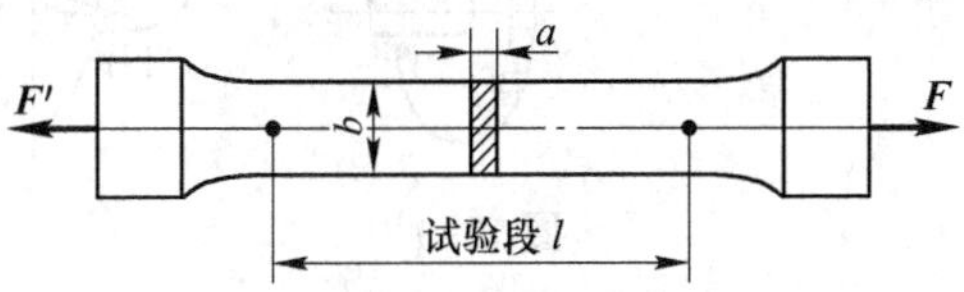

题 11-5 图

第十二章 扭 转

学习目标

（1）了解扭转的基本概念，掌握扭矩和扭矩图。

（2）熟练计算圆轴扭转时截面上的变形与刚度。

（3）熟练计算圆轴扭转时截面上的应力与强度。

本章着重分析等圆截面直杆在受扭时的应力和变形等问题，等圆截直杆受扭时横截面保持为平面，求解比较简单；非圆截面杆受扭时，即使是等截面的直杆，横截面也不再保持为平面，而发生翘曲，情况要复杂得多。

下面先介绍扭转、扭矩和扭矩图等基本概念，然后结合薄壁圆筒的扭转，介绍求解等圆截面直杆扭转问题的基本思路。

第一节 扭转的基本概念

一、扭转

在日常生活和工程实际中，存在着许多等直圆轴的应用实例，如机器的传动轴（见图12-1（a））、水轮发电机的主轴（见图12-1（b））等。在这些实例中，圆轴受力的共同特点是，圆轴受到外力偶的作用，且外力偶的作用平面垂直于圆轴的轴线，从而使圆轴的任意横截面都绕轴线发生相对转动，如图12-2所示。这种由于转动而产生的变形称为扭转。以扭转变形为主的杆件称为轴。

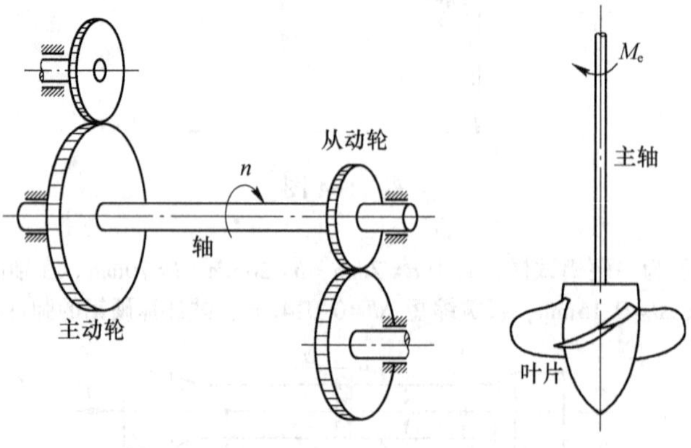

图 12-1

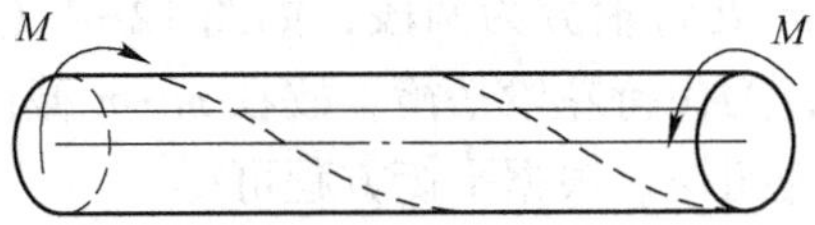

图 12-2

在机械工业中，几乎所有的动力传递都是通过轴的扭转变形实现的。本节主要研究圆截面等直杆的纯扭转变形，这是工程中最常见的情况，也是扭转中最简单的问题。

杆件发生扭转变形时的特点：（1）外力偶矩矢量方向平行于杆件轴线；（2）变形后轴表面上平行于轴线的母线倾斜角，该倾斜角称为切应变，同时各横截面绕轴线发生相对转动，产生相对扭转角。

二、外力偶矩

传动轴是指通过扭转变形输出动力的杆件，传动系统如图 12-3 所示，由电动机的转速和功率，可以求出传动轴 *AB* 的转速及通过带轮输入的功率。功率由带轮传到 *AB* 轴上，再经右端的齿轮输送出去。设轴所传递的功率为 P，外力偶矩为 M_e，轴的角速度为 ω，则由转动功率的计算方法得

$$P = M_e \cdot \omega$$

于是

$$M_e = \frac{P}{\omega}$$

式中，功率 P 的单位为 W，角速度 ω 的单位为 rad/s。

工程中，功率常用单位为 kW，力偶矩的单位为 N · m，转速 n 的单位为 r/min。作单位变换：$\omega = 2\pi n/60$，1kW = 1000W，代入上式，得

$$M_e = 9549 \frac{P}{n} \tag{12-1}$$

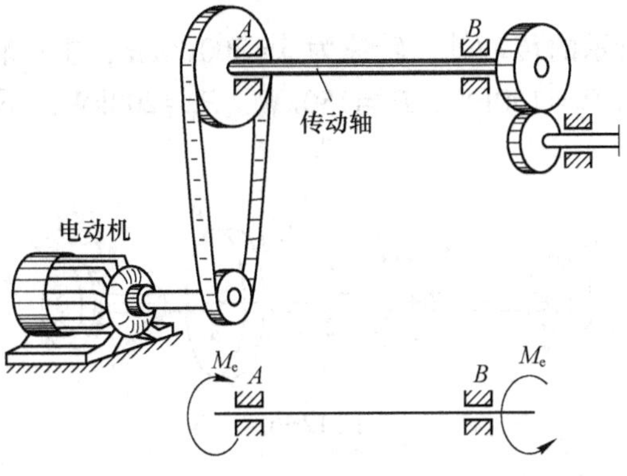

图 12-3

三、扭矩与扭矩图

若已知圆轴上的外力偶矩，可用截面法研究圆轴扭转时横截面上的内力。对如图 12-4（a）

所示的圆轴，在任意截面 m-m 处将轴分为两段，如图 12-4（b）所示，取左段为研究对象，因 A 端有外力偶的作用，为保持左段平衡，故在 m-m 截面上必有一个内力偶矩 T 与之平衡，则该内力偶矩 T 称为扭矩。根据平衡方程可得

$$\sum M_x = T - M = 0$$

于是，得出

$$T = M$$

如图 12-4（c）所示，若取右段为研究对象，则求得的扭矩与左端的扭矩大小相等、转向相反，它们是作用与反作用的关系。

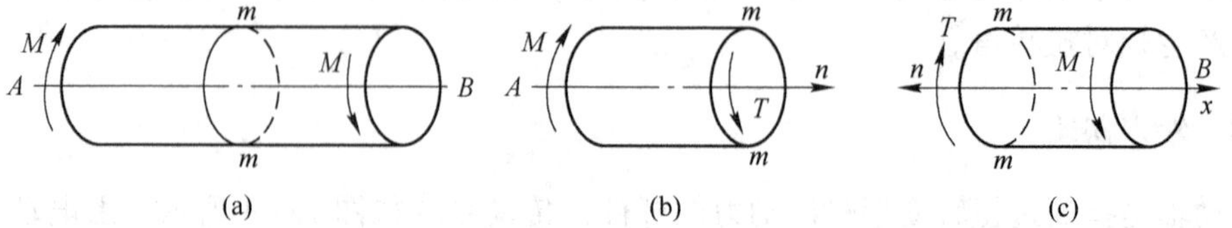

图 12-4

关于扭矩的正负，规定采用右手螺旋法则，拇指指向横截面的外法线方向，扭矩转向与四指握向一致时，扭矩为正；反之为负，如图 12-5 所示。

当圆轴上作用有多个外力偶时，需要根据外力偶所在的截面将轴分成数段，然后逐段求出其扭矩。为了形象地表示扭矩沿轴线的变化情况，可仿照轴力图的方法绘制扭矩图。作图时，横坐标表示各横截面的位置，纵坐标表示扭矩。

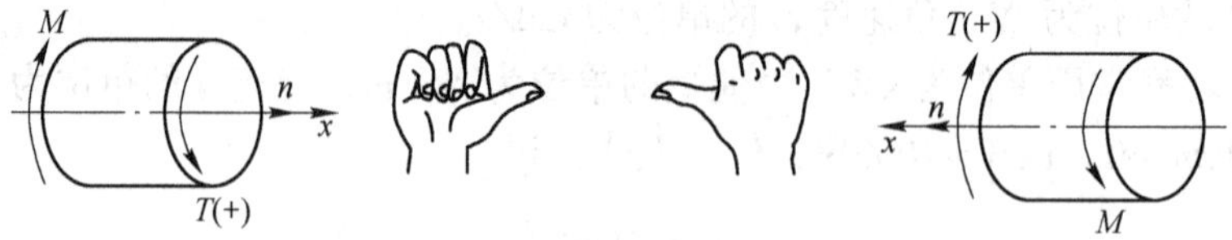

图 12-5

【例 12-1】 如图 12-6 所示的传动轴，转速为 $n = 300\text{r/min}$，主动轮的功率为 $P_1 = 500\text{kW}$，3 个从动轮的功率分别为 $P_2 = 150\text{kW}$，$P_3 = 150\text{kW}$，$P_4 = 200\text{kW}$，不计摩擦。试绘出该轴的扭矩图。

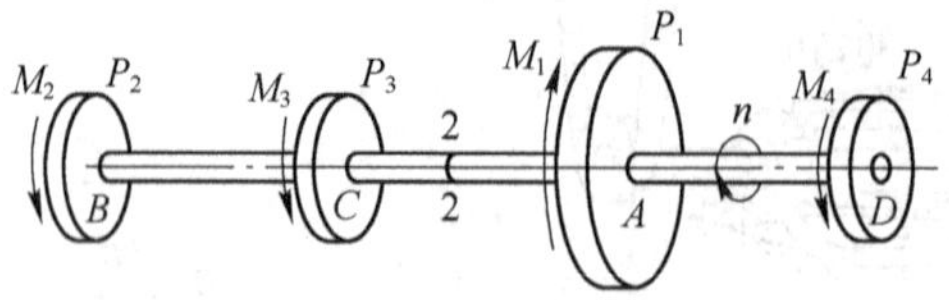

图 12-6

解：

（1）如图 12-7 所示，计算外力偶矩。

$$M_1 = 9550 \times \frac{P_1}{n} \approx 15.9 \times 10^3 \text{N} \cdot \text{m} = 15.9 \text{kN} \cdot \text{m}$$

$$M_2 = 9550 \times \frac{P_2}{n} \approx 4.78 \times 10^3 \mathrm{N \cdot m} = 4.78 \mathrm{kN \cdot m}$$

$$M_3 = 9550 \times \frac{P_3}{n} \approx 4.78 \times 10^3 \mathrm{N \cdot m} = 4.78 \mathrm{kN \cdot m}$$

$$M_4 = 9550 \times \frac{P_4}{n} \approx 6.37 \times 10^3 \mathrm{N \cdot m} = 6.37 \mathrm{kN \cdot m}$$

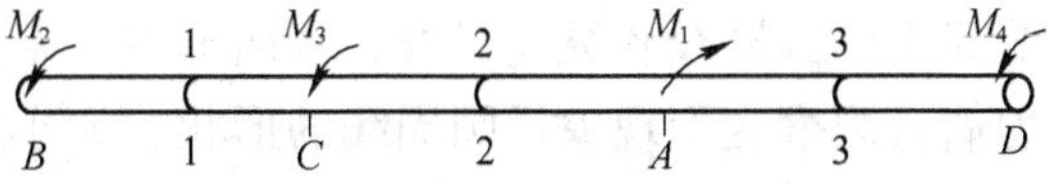

图 12-7

（2）利用截面法，求出各段轴内的扭矩。在 CA 段内，沿横截面 2-2 将轴截开，并以左段为研究对象，假设 T_2 为正，根据平衡方程可得

$$\sum M_x = M_2 + M_3 + T_2 = 0$$

于是，得出

$$T_2 = - M_2 - M_3 = - 9.56 \mathrm{kN \cdot m}$$

结果为负，说明 T_2 为负值扭矩，如图 12-8 所示。

同理，可以求出 BC 段的扭矩为

$$T_1 = - M_2 = - 4.78 \mathrm{kN \cdot m}$$

AD 段的扭矩为

$$T_3 = M_4 = 6.37 \mathrm{kN \cdot m}$$

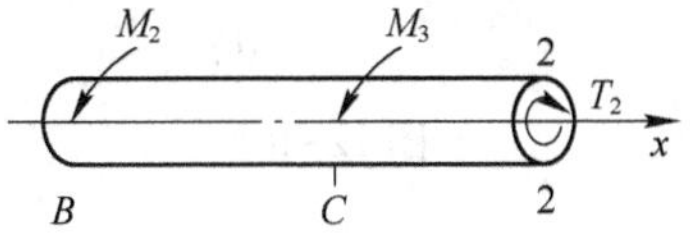

图 12-8

（3）绘制扭矩图。根据上述求得的扭矩绘制扭矩图，该轴的扭矩图如图 12-9 所示。

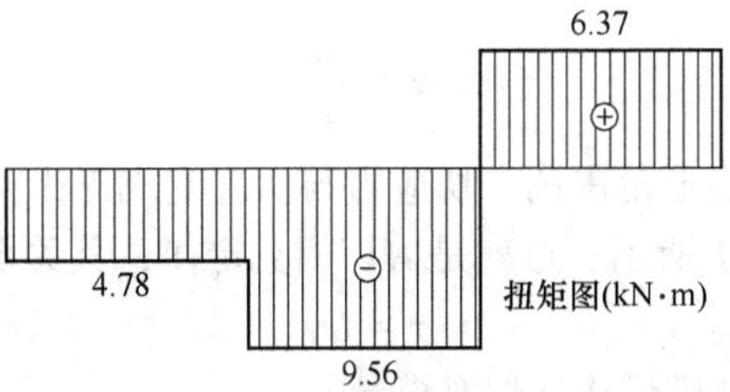

图 12-9

第二节 薄壁圆筒扭转时的应力和变形

一、薄壁圆筒扭转时的切应力

图 12-10（a）所示为一等厚薄壁圆筒，其壁厚 t 远远小于其平均半径 r_0 $\left(t \leqslant \dfrac{r_0}{10}\right)$。受扭前在圆筒表面画上等间距的圆周线和纵向母线，从而形成一系列正方形格子，然后在圆筒两端面施加扭转外力偶。观察变形现象得圆周线的形状、大小和间距均不变；在小变形下，纵向线倾斜相同的角度且仍近似为直线；表面的方格左右两边发生相对错动而变为平行四边形，如图 12-10（b）所示，圆周线与纵向直线之间原来的直角改变了一个量 γ，即物体受力而变形时，直角的这种改变量（以 rad 计）称为切应变。这些现象表明，当薄壁圆筒发生扭转变形时，其横截面及包含轴线的纵向截面上都无正应力，横截面上只有切应力 τ，因为筒壁的厚度很小，可以认为切应力沿壁厚均匀分布。又由于在同一圆周上各点变形相同，因而切应力也就相同，方向沿圆周切线方向，如图 12-10（c）所示。横截面上内力系对 O 点的力矩为横截面上的扭矩 T，即

$$T = \iint_A r_0 \tau \mathrm{d}A = \int_0^{2\pi} r_0 \tau r_0 t \mathrm{d}\theta = 2\pi r_0^2 t\tau$$

$$\tau = \frac{T}{2\pi r_0^2 t} \tag{12-2}$$

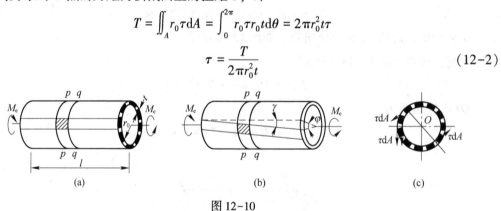

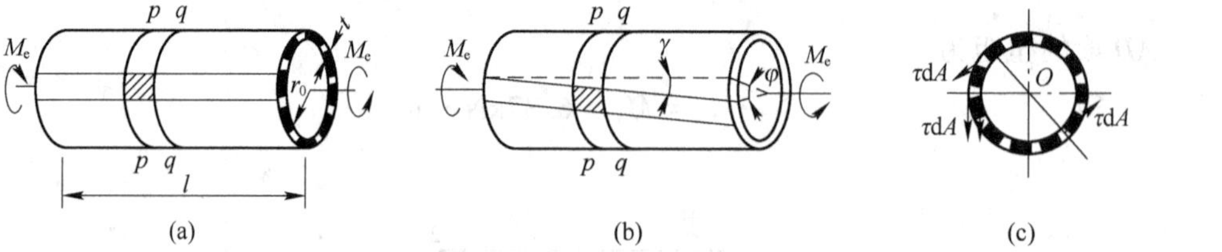

图 12-10

二、剪切胡克定律

对图 12-10 所示的受扭薄壁圆筒，在小变形情况下，它的相距 l 的两个端面的相对扭转角 φ 与切应变 γ 之间有着如下的几何关系：

$$\gamma = \frac{r_0 \varphi}{l}$$

试验可得，在线弹性变形范围内，切应力与切应变成正比，则切应力 τ 与切应变 γ 两者呈线性关系，如图 12-11 所示，这就是剪切胡克定律，其关系可表示为

$$\tau = G\gamma \tag{12-3}$$

式中，G 为材料的剪切弹性模量或称切变模量。

至此，已经引入了 3 个与材料有关的弹性常量 E、μ、G，对各向同性材料，三者的关系为

$$G = \frac{E}{2(1+\mu)} \tag{12-4}$$

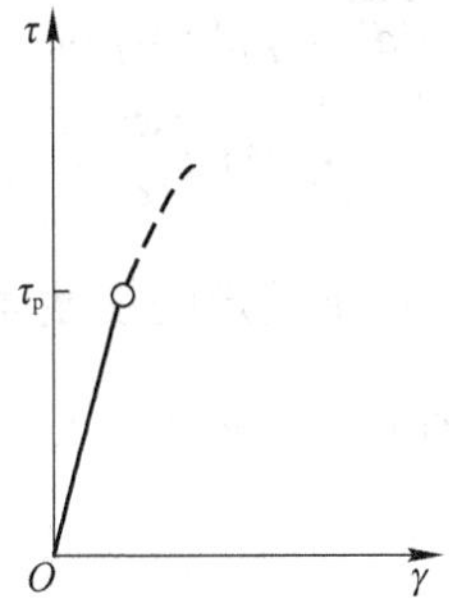

图 12-11

第三节　圆轴扭转时截面上的应力与强度计算

一、圆轴扭转时横截面上的应力分析

（一）变形几何关系

为了得到传动轴扭转时的变形规律，先做一个试验。图 12-12（a）所示为一受扭等直圆轴，未施加外力偶以前，在圆轴表面上画出圆周线和纵向线，然后在轴两端施加一对大小相等、转向相反的外力偶。观察变形发现，圆周线的大小、形状和间距均未改变，只是相邻两圆周线绕轴线转动了一个角度，且纵向线由直线变成了斜线。由于只观察到了圆轴表面的变化，对于杆件内部的变形，我们由表及里作如下假设：等直圆轴发生扭转变形后，其横截面仍保持为平面，其大小、形状和横截面间的距离均保持不变，横截面如同刚性平面般绕轴线转动。此假设称为圆轴扭转的平面假设。从上述的试验现象和平面假设易知，在圆轴的横截面上只存在切应力而无正应力，且切应力是沿横截面上各同心圆周线的切线方向。

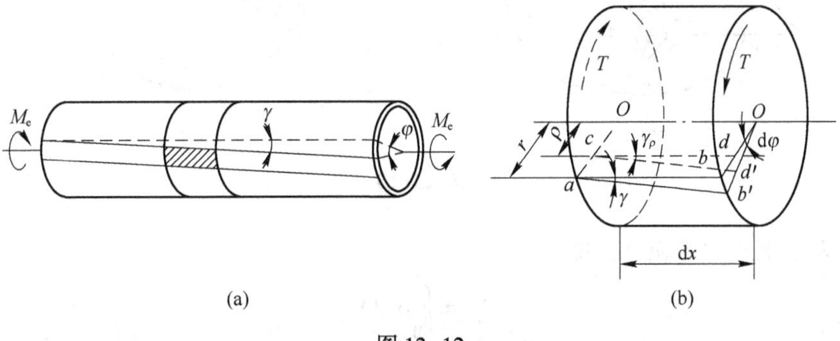

图 12-12

从变形后的圆轴中取出长为 dx 的一段，如图 12-12（b）所示。右截面相对于左截面绕轴线转动了一个角度 $d\varphi$，相应的 dx 段内的纵向线 ab 变成了斜线 ab'，ab 与 ab' 所成夹

角 γ 为 a 点的切应变。设距轴线为 ρ 的纵向线 cd 变形后为 cd'，夹角 γ_ρ 即为 c 点的切应变。从图 12-12（b）所示关系可知

$$\overline{dd'} = \gamma_\rho \mathrm{d}x = \rho \mathrm{d}\varphi$$

$$\gamma_\rho = \rho \frac{\mathrm{d}\varphi}{\mathrm{d}x} \tag{12-5}$$

式中，$\frac{\mathrm{d}\varphi}{\mathrm{d}x}$ 为单位长度的相对扭转角，对于给定的横截面为常量。

式（12-5）说明，等直圆轴受扭时，横截面上任一点处的切应变 γ_ρ 与到轴心的距离 ρ 成正比。

（二）物理关系

在线弹性变形范围内，切应力与切应变服从剪切胡克定律，由式（12-3）可得

$$\tau_\rho = G\gamma_\rho = G \cdot \rho \frac{\mathrm{d}\varphi}{\mathrm{d}x} \tag{12-6}$$

上式表明，横截面上的切应力与到轴心的距离成正比。切应力的分布如图 12-13（a）所示。

（三）静力学关系

如图 12-13（b）所示，在距圆心 ρ 处的微面积 dA 上，内力 $\mathrm{d}\boldsymbol{F} = \tau_\rho \mathrm{d}A$，其对圆心的微力矩为 $(\tau_\rho \mathrm{d}A) \cdot \rho$。在整个截面上，所有微力矩之和应等于扭矩 T，即

$$T = \iint_A \rho \cdot \tau_\rho \mathrm{d}A$$

式中，A 为横截面面积，将得到的应力关系（12-6）代入上式可得

$$T = \iint_A \rho \cdot G \cdot \rho \frac{\mathrm{d}\varphi}{\mathrm{d}x} \cdot \mathrm{d}A = G \frac{\mathrm{d}\varphi}{\mathrm{d}x} \iint_A \rho^2 \mathrm{d}A$$

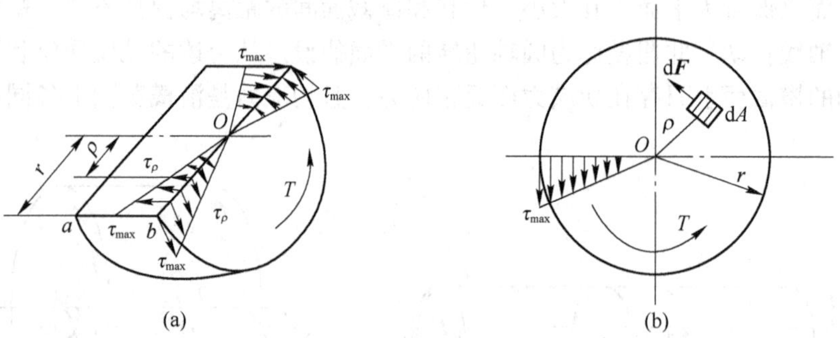

图 12-13

以 I_P 表示上式中的积分，即

$$I_P = \iint_A \rho^2 \mathrm{d}A \tag{12-7}$$

I_P 称为截面的极惯性矩，只与截面尺寸有关。于是得

$$\frac{\mathrm{d}\varphi}{\mathrm{d}x} = \frac{T}{GI_P} \tag{12-8}$$

再将上式代入应力关系式（12-6），有

$$\tau_\rho = \frac{T}{I_P}\rho \tag{12-9}$$

式（12-9）即为圆轴扭转时横截面上的切应力计算公式，对于空心圆轴同样适用。

二、圆轴扭转时的强度计算

由式（12-9）知，当 $\rho = \frac{D}{2} = r$ 时，圆轴外表面上各点切应力最大，其值为

$$\tau_{max} = \frac{Tr}{I_P} = \frac{T}{\frac{I_P}{r}}$$

引用记号

$$W_P = \frac{I_P}{r} \tag{12-10}$$

式中，W_P 称为抗扭截面系数，则上式可写为

$$\tau_{max} = \frac{T}{W_P} \tag{12-11}$$

建立圆轴扭转的强度条件时，应使轴内的最大工作切应力不超过材料的许用切应力，于是可建立等值圆轴（传动轴）受扭时的强度条件：

$$\tau_{max} = \frac{T_{max}}{W_P} \leqslant [\tau] \tag{12-12}$$

式中，T_{max} 为危险截面上的扭矩；$[\tau]$ 为材料的许用切应力。

不同材料的许用切应力 $[\tau]$ 各不相同，通常由扭转试验测得各种材料的扭转极限应力 τ_u，并除以适当的安全因数 n 得到，即 $[\tau] = \frac{\tau_u}{n}$。在静荷载情况下，它与许用拉应力的大致关系如下：

对于塑性材料，$[\tau] = (0.5 \sim 0.6)[R_t]$；

对于脆性材料，$[\tau] = (0.8 \sim 1.0)[R_t]$。

根据圆轴扭转时的强度条件，同样可以解决强度计算中的三类问题，即校核强度、设计截面和确定许用外载荷。

三、极惯性矩和抗扭截面系数

计算极惯性矩 I_P 时，取厚度为 $d\rho$ 的圆环，如图 12-14（a）所示，圆环的面积 $dA = 2\pi\rho d\rho$。从式（12-7）和式（12-10）得实心圆截面的极惯性矩和抗扭截面系数分别为

$$I_P = \iint_A \rho^2 dA = \int_0^{\frac{D}{2}} \rho^2 \cdot 2\pi\rho \cdot d\rho = \frac{\pi D^4}{32}$$

$$W_P = \frac{I_P}{\frac{D}{2}} = \frac{\pi D^3}{16}$$

设空心圆轴的内外径分别为 d 和 D，如图 12-14（b）所示，其比值 $\alpha = \frac{d}{D}$，则从式（12-7）和式（12-10）可得空心圆截面的极惯性矩和抗扭截面系数分别为

$$I_P = \iint_A \rho^2 dA = \int_{\frac{d}{2}}^{\frac{D}{2}} \rho^2 \times 2\pi\rho \times d\rho = \frac{\pi D^4}{32}(1 - \alpha^4)$$

$$W_P = \frac{\pi}{16}D^3(1 - \alpha^4)$$

式中，I_P 的单位为 m^4，W_P 的单位为 m^3。

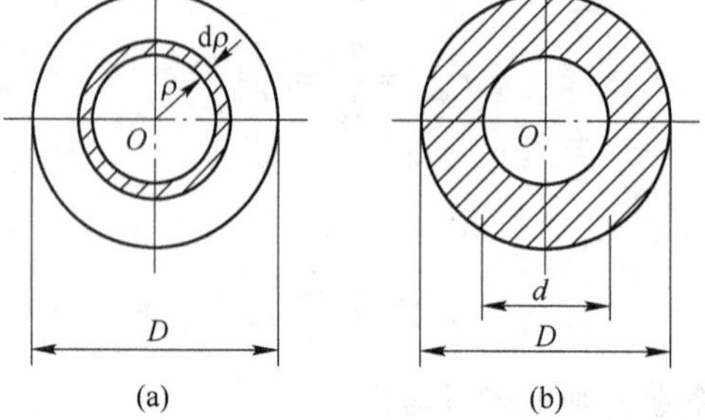

图 12-14

【例 12-2】 如图 12-15（a）所示的圆轴，已知直径 $D=80$mm，横截面上的扭矩 $T=40.2$kN·m。试求：

（1）圆轴的极惯性矩；

（2）$\rho=20$mm 处切应力的大小和方向；

（3）圆轴截面上的最大切应力。

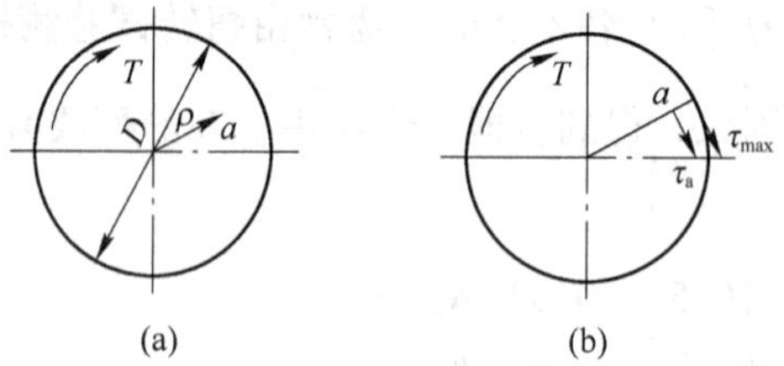

图 12-15

解：

（1）由已知条件可得实心圆轴的极惯性矩为

$$I_P = \frac{\pi D^4}{32} \approx 4.02 \times 10^6 \text{mm}^4$$

（2）$\rho=20$mm 处的切应力为

$$\tau_a = \tau_{\rho=20\text{mm}} = \frac{T\rho}{I_P} = 200\text{MPa}$$

方向如图 12-15（b）所示。

（3）圆轴截面上的最大切应力为

$$\tau_{max} = \tau_{\rho=\frac{D}{2}} = \frac{T \cdot \frac{D}{2}}{I_P} = 400\text{MPa}$$

即最大切应力出现在圆轴截面的边缘上，方向与圆周相切，指向与扭矩 T 方向一致，如图 12-15（b）所示。

第四节 圆轴扭转时截面上的变形与刚度计算

一、圆轴扭转时的变形

根据式（12-8）可得

$$d\varphi = \frac{T}{GI_P}dx \tag{12-13}$$

式中，$d\varphi$ 表示相距为 dx 的两截面间的相对扭转角。

沿轴线 x 积分，即可求得相距为 l 的两横截面之间绕轴线的相对扭转角为

$$\varphi = \int_l d\varphi = \int_0^l \frac{T}{GI_P}dx \tag{12-14}$$

若在轴两截面之间的 T 值不变，且轴为等直圆轴，此时公式可变为

$$\varphi = \frac{T \cdot l}{GI_P} \tag{12-15}$$

式中，GI_P 称为圆轴的抗扭刚度。GI_P 越大，φ 就越小。

有时，轴在各段内的扭矩 T 并不相同，或者各段内截面极惯性矩 I_P 不同（如阶梯轴），这时应分段计算各段的相对扭转角，然后求其代数和，得两端截面的相对扭转角为

$$\varphi = \sum_{i=1}^{n} \frac{T_i l_i}{GI_{Pi}} \tag{12-16}$$

式中，T_i、l_i 和 I_{Pi} 分别为第 i 段圆轴的扭矩、长度和极惯性矩。用该式计算时，应将扭矩的正负号代入。

二、圆轴扭转时的刚度计算

为防止因过大扭转变形而影响传动轴的正常工作，必须对传动轴的相对扭转角加以限制。由于实际轴的长度不同，通常将轴的单位长度扭转角 $\frac{d\varphi}{dx}$ 作为扭转变形指标，要求它不超过规定的许用值 $[\theta]$。由式（12-8）知，单位长度的扭转角为

$$\theta = \frac{d\varphi}{dx} = \frac{T}{GI_P}$$

由此可建立圆轴扭转的刚度条件为

$$\theta_{max} = \left(\frac{T}{GI_P}\right)_{max} \leqslant [\theta] \tag{12-17}$$

对于等直圆轴有

$$\theta_{max} = \frac{T_{max}}{GI_P} \leqslant [\theta] \tag{12-18}$$

若许用单位长度扭转角 $[\theta]$ 的单位为（°）/m，则式（12-18）变换为

$$\theta_{max} = \frac{T}{GI_P} \times \frac{180}{\pi} \leqslant [\theta] \tag{12-19}$$

各种轴类零件的 $[\theta]$ 可从有关规范的手册中查到。

【例 12-3】 图 12-16 所示传动轴是钢制实心圆截面轴。已知，$M_{e1}=1592\text{N}\cdot\text{m}$，$M_{e2}=955\text{N}\cdot\text{m}$，$M_{e3}=637\text{N}\cdot\text{m}$，轴的直径 $d=70\text{mm}$，$l_1=300\text{mm}$，$l_2=500\text{mm}$。钢的切变模量 $G=80\text{GPa}$。试求截面 C 相对 B 的扭转角。

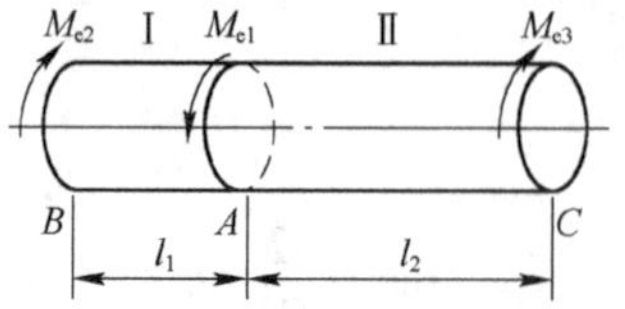

图 12-16

解：由截面法求得此轴 Ⅰ、Ⅱ两段内的扭矩分别为 $T_1=955\text{N}\cdot\text{m}$，$T_2=-637\text{N}\cdot\text{m}$。由式（12-16）得

$$\varphi_{BC} = \frac{T_1 l_1}{GI_P} + \frac{T_2 l_2}{GI_P} = \frac{955 \times 0.3 - 637 \times 0.5}{80 \times 10^9 \times \frac{\pi}{32} \times 7^4 \times 10^{-8}} = -1.7 \times 10^{-4}\text{rad}$$

计算结果中的负号表明 C 截面相对 B 截面的扭转角的转向与 M_{e3} 的转向相同。

【例 12-4】 已知图 12-17 所示的某传动轴的转速 $n=500\text{r/min}$，传递的功率 $P_A=380\text{kW}$，$P_B=160\text{kW}$，$P_C=220\text{kW}$，$[\tau]=70\text{MPa}$，$[\theta]=1°/\text{m}$，$G=80\text{GPa}$。试分别设计 AB 段、BC 段圆轴的直径。

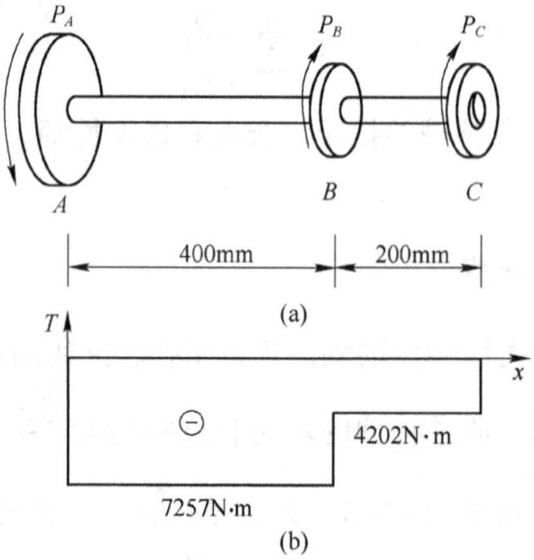

图 12-17

解：（1）计算外力偶矩，作扭矩图。

$$M_{eA} = 9549 \times \frac{P_A}{n} = 9549 \times \frac{380}{500} = 7257\text{N}\cdot\text{m}$$

$$M_{eB} = 9549 \times \frac{P_B}{n} = 9549 \times \frac{160}{500} = 3055\text{N}\cdot\text{m}$$

$$M_{eC} = 9549 \times \frac{P_C}{n} = 9549 \times \frac{220}{500} = 4202\text{N}\cdot\text{m}$$

作扭矩图如图 12-17（b）所示。

（2）设计 AB 段直径 d_1。

由扭转强度条件

$$\tau_{\max}=\frac{T_{AB}}{W_{P1}}=\frac{16T_{AB}}{\pi d_1^3}\leqslant[\tau]$$

得

$$d_1\geqslant\sqrt[3]{\frac{16T_{AB}}{\pi[\tau]}}=\sqrt[3]{\frac{16\times7257}{\pi\times70\times10^6}}=80.8\text{mm}$$

由扭转刚度条件

$$\theta_{\max}=\frac{T_{AB}}{GI_{P1}}\times\frac{180}{\pi}=\frac{T_{AB}}{G\frac{\pi}{32}d_1^4}\times\frac{180}{\pi}\leqslant[\theta]$$

得

$$d_1\geqslant85.3\text{mm}$$

所以取 $d_1=85.3\text{mm}$。

（3）设计 BC 段直径 d_2。

同理，由扭转强度条件得 $d_2\geqslant67.4\text{mm}$，由扭转刚度条件得 $d_2\geqslant74.4\text{mm}$，所以取 $d_2=74.4\text{mm}$。

扩展阅读

传竹子的“品格”

清代著名的扬州八怪之一郑板桥擅长画竹、咏竹。他有诗云：春雷一夜打新篁，解箨抽梢万尺长；最爱白方窗纸破，乱穿青影照禅床。这虽说是文学夸张，但竹子的长势的确惊人。在夏初时节，竹笋破土而出，有些竹子一天可长高 40cm。竹子还有一种独特的生长方式，就是母笋在出土前其节数就定了，出土后不再增加新节，只增大节与节间的距离，是一节比一节更长、更细。竹子这种下粗上细的独特形态，使竹子在自重作用各截面的压应力近似相等，即近似为等应力压杆，也就是说在自重作用下竹子的压杆截面最为理想。

竹子的体轻，但质地却异常坚硬。据测定，竹材的收缩量非常小，而弹性和韧性却很高，顺纹抗拉强度达 170MPa，顺纹抗压强度达 80MPa。特别是刚竹，其顺纹抗拉强度最高竟达 280MPa，几乎相当于同样截面尺寸普通钢材的一半，但若按单位质量计算抗拉强度，则竹材单位质量的抗拉强度是钢材的 2.5 倍左右。

还有，竹子在风载作用下各段抵抗弯曲变形能力基本相同，相当于阶梯状变截面杆，是一种近似的等强度杆。因为在风力作用下，沿杆自上而下各截面的弯矩越来越大。竹子根部所受弯矩最大，因而根部最粗，自下而上各截面弯矩越来越小，竹子也就越来越细。另外，竹节不仅能够增强竹子的抗弯强度，同时，能大大提高竹子横向的抗挤压和抗剪切的能力。所以，高大的毛竹，由于这种得天独厚的等强度结构，在狂风大雨中仍能随风摆动，高而不折。

思考与练习

12-1 试画出题12-1图中各轴的扭矩图，并确定最大扭矩，已知 $M_e=10\text{N}\cdot\text{m}$。

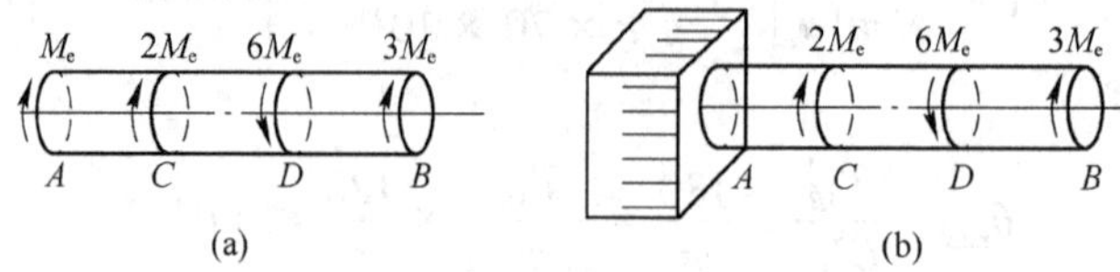

题12-1图

12-2 求题12-2图中圆轴内 A、B 点（横截面内）处的应力。(图中长度单位：mm)

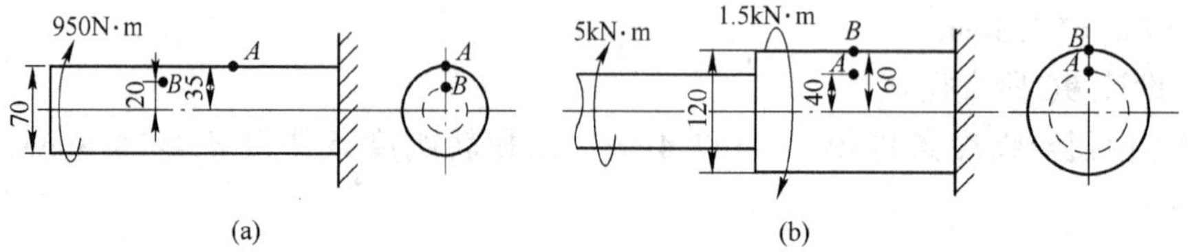

题12-2图

12-3 如题12-3图所示为一阶梯形圆轴，其中 AE 段为空心圆截面，外径 $D=140\text{mm}$，内径 $d=80\text{mm}$；BC 段为实心圆截面，直径 $d_1=100\text{mm}$。外力偶矩分别为 $M_{eA}=20\text{kN}\cdot\text{m}$，$M_{eB}=36\text{kN}\cdot\text{m}$，$M_{eC}=16\text{kN}\cdot\text{m}$。已知 $[\tau]=80\text{MPa}$，$G=80\text{GPa}$，$[\theta]=1.2°/\text{m}$。试校核轴的强度和刚度。

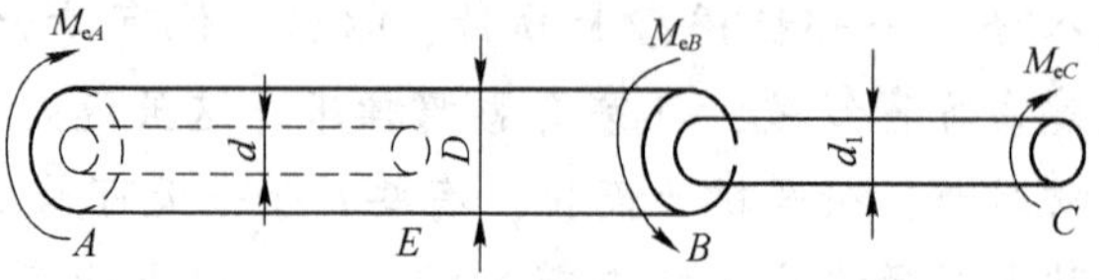

题12-3图

12-4 空心钢轴的外径 $D=100\text{mm}$，内径 $d=50\text{mm}$，若要求轴在长度2m内的最大扭转角不超过1.5°，试求它所承受的最大扭矩，并求此时轴内的最大切应力。已知 $G=80\text{GPa}$。

12-5 如题12-5图所示为一外径 $D=50\text{mm}$，内径 $d=30\text{mm}$ 的空心钢轴，当扭转力偶矩 $M_e=1.6\text{kN}\cdot\text{m}$ 时，测得相距距离 $l=20\text{cm}$ 的 A、B 两截面间的相对扭转角 $\varphi=0.4°$。已知钢的弹性模量 $E=210\text{GPa}$，试求材料的泊松比 μ。

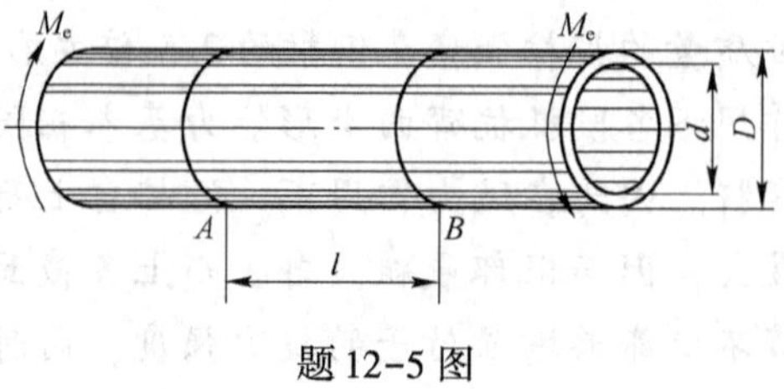

题12-5图

第十三章　弯　　曲

学习目标

（1）掌握梁的剪力和弯矩以及剪力图、弯矩图的绘画。

（2）掌握计算梁弯曲正应力和弯曲形变以及刚度条件。

（3）学会用叠加法计算梁的位移。

在工程中经常遇到图 13-1 所示的火车轮轴和图 13-2 所示的桥式起重机大梁等杆件，这类杆件所受到的外力都垂直于杆的轴线或所受到的力偶都与轴线在同一平面内，从而使杆的轴线由原来的直线变为曲线，这种变形形式称为弯曲。以弯曲为主要变形形式的杆件称为梁。

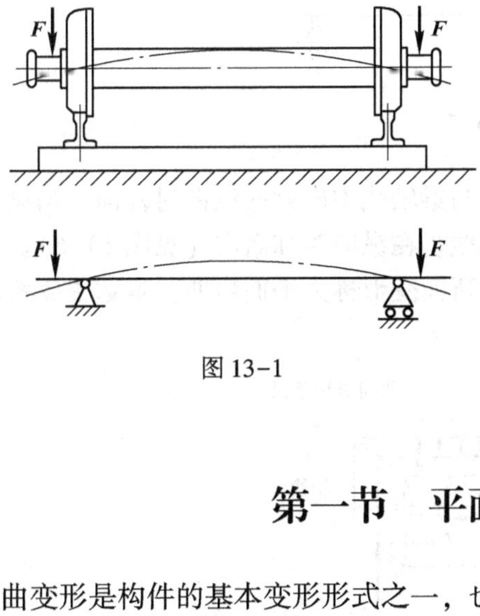

图 13-1

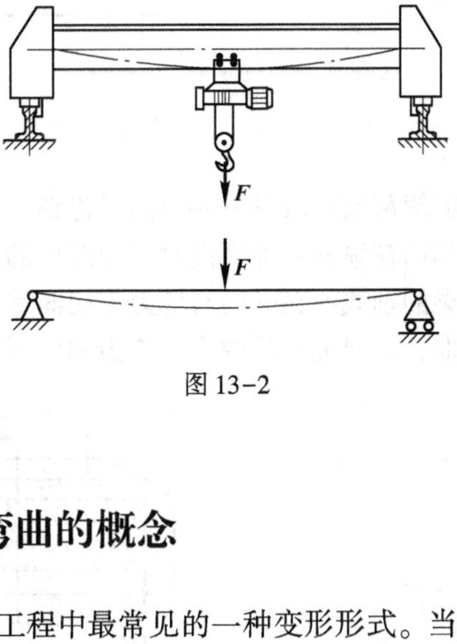

图 13-2

第一节　平面弯曲的概念

弯曲变形是构件的基本变形形式之一，也是工程中最常见的一种变形形式。当杆件承受垂直于其轴线的外力或外力偶时，其轴线由图 13-3 中的直线变为图 13-4 中的曲线（虚线）。以轴线由直线变曲线为主要特征的变形称为弯曲变形，简称弯曲；以弯曲变形为主要变形方式的杆件称为梁。通常用梁的轴线表示梁，在轴线上绘梁的受力图和变形图如图 13-4 所示。

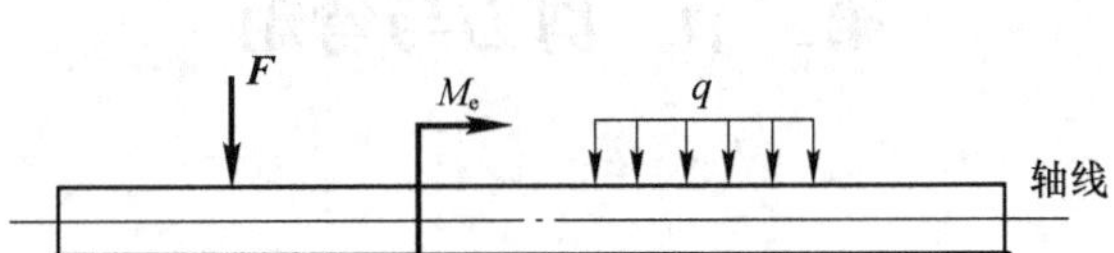

图 13-3

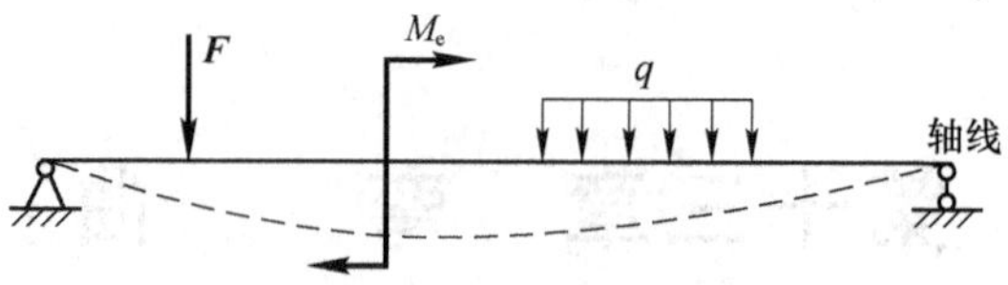

图 13-4

梁的支座反力由静力平衡条件可以完全确定的梁，称为静定梁。根据支座形式，常见的简单静定梁有三种：(1) 简支梁，如图 13-5 (a) 所示，梁的右端为固定铰支座，左端为可动铰支座；(2) 悬臂梁，如图 13-5 (b) 所示，梁的左端为固定端，右端为自由端；(3) 外伸梁，如图 13-5 (c) 所示，梁的一端或两端伸到支座之外。

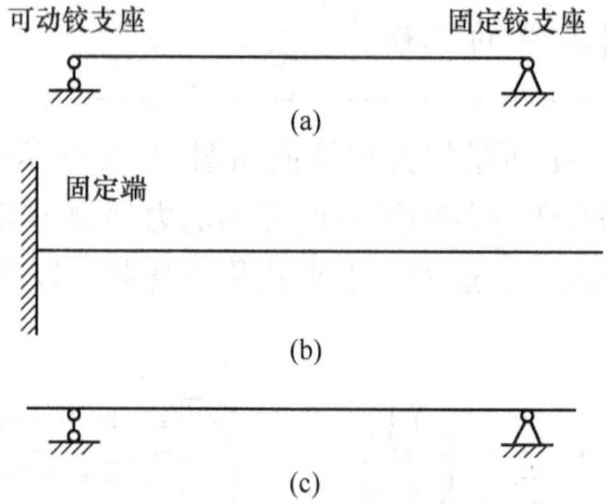

图 13-5

梁的横截面一般具有一竖向对称轴，该轴与梁轴线构成梁的纵向对称面。当梁上所有外力都作用在纵向对称面内时，变形后的梁轴线仍在纵向对称面内（见图 13-6）。这种在弯曲后梁的轴线所在平面与外力作用面重合的弯曲变形称为平面弯曲。本章主要考虑梁的平面弯曲，并研究梁的内力、应力和变形。

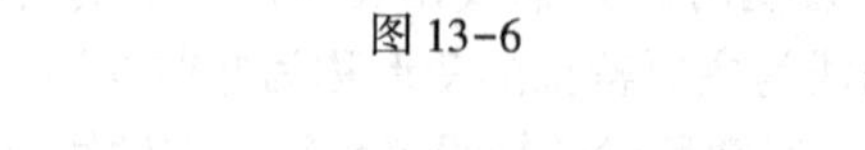

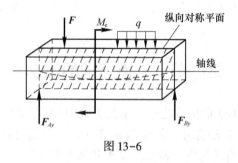

图 13-6

第二节　剪力与弯矩

一、剪力和弯矩

为了进一步研究梁的强度和刚度问题，当作用于梁上的外力确定后，可以采用截面法来分析梁任意截面上的内力。此时内力包括剪力和弯矩。

简支梁如图 13-7（a）所示，受到主动力 $\boldsymbol{F}$ 的作用，下面通过求解距离梁的左端为 x 处的横截面 m-m 上的内力来研究剪力和弯矩。

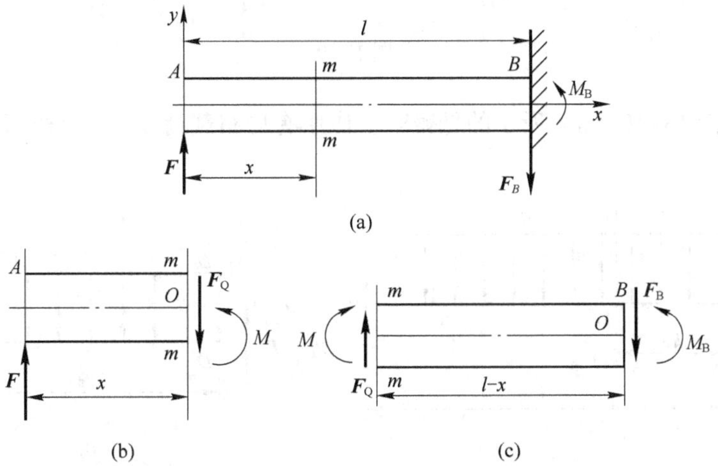

图 13-7

首先根据平衡方程求出约束反力 $F_B = F$，$M_B = Fl$；然后采用截面法，沿截面 m-m 假想地将梁截开，并以左段为研究对象，如图 13-7（b）所示。由于该梁处于平衡状态，所以梁的左段也处于平衡状态。列出平衡方程为

$$\left.\begin{aligned}\sum F_y = F - F_Q = 0\\ \sum M_O(\boldsymbol{F}) = M - Fx = 0\end{aligned}\right\}$$

解得

$$F_Q = F \quad M = Fx$$

式中，F_Q 称为横截面 m-m 上的剪力，它是与横截面平行的分布内力的合力；M 称为横截面 m-m 上的弯矩，它是与横截面垂直的分布内力的合力偶矩。

若以右段为研究对象，同样可以求出横截面 m-m 上的剪力 $\boldsymbol{F}_Q$ 和弯矩 M，但与上述结果等值反向，如图 13-7（c）所示。这反映了力的作用与反作用的关系。

为了使以上两种方法得到的同一截面上的剪力和弯矩不仅数值相等，而且符号也一致，现对剪力和弯矩的正负规定如下：凡使梁具有顺时针转动趋势的剪力为正，反之为负，如图 13-8 所示；凡使梁产生向下弯曲变形的弯矩为正，反之为负，如图 13-9 所示。由外力确定内力正负的规定可概括为“左上右下，剪力为正；左顺右逆，弯矩为正”。

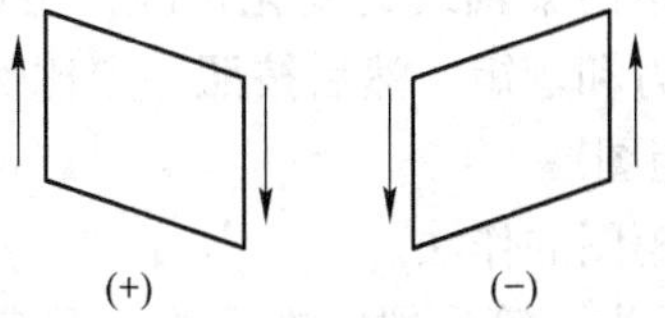

图 13-8

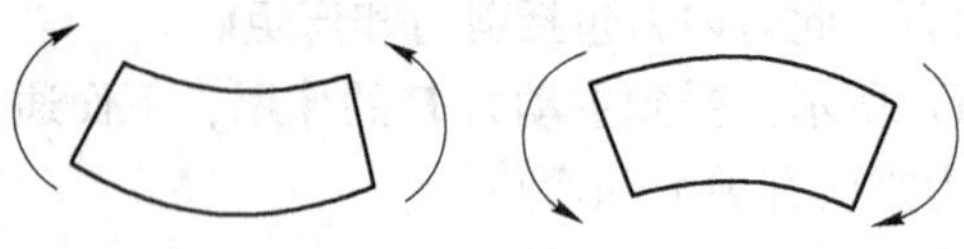

图 13-9

【例 13-1】如图 13-10（a）所示的悬臂梁上作用有均布载荷 q。试求截面 D-D 上的剪力和弯矩。

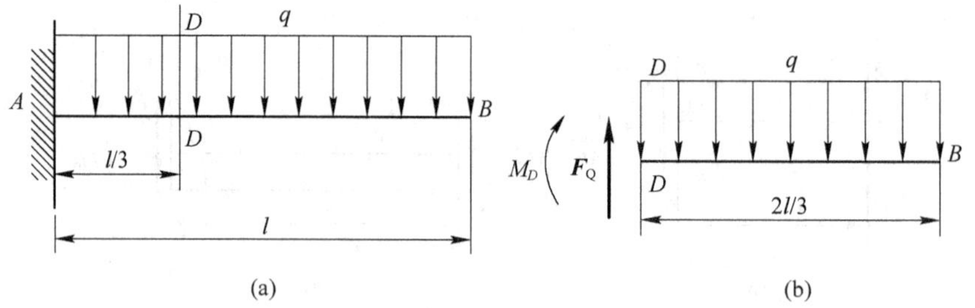

图 13-10

解：以悬臂梁的右段为研究对象，其受力情况如图 13-10（b）所示。列出平衡方程为

$$\left.\begin{aligned}\sum F_y = \boldsymbol{F}_Q - q\cdot\frac{2l}{3} = 0\\ \sum M_O(\boldsymbol{F}) = M_D + q\cdot\frac{2l}{3}\cdot\frac{l}{3} = 0\end{aligned}\right\}$$

可以解得

$$\boldsymbol{F}_Q = \frac{2ql}{3} \quad M_D = -\frac{2ql^2}{9}$$

式中，$\boldsymbol{F}_Q$ 为正，说明其方向与图示方向一致；M_D 为负，说明其方向与图示方向相反。

二、剪力图和弯矩图

通常情况下，梁横截面上的剪力和弯矩是随截面位置的不同而变化的。如果在梁的轴线方向上选取坐标 x 来表示横截面的位置，则梁任意截面上的剪力和弯矩都可表示为 x 的函数，即

$$\boldsymbol{F}_Q = \boldsymbol{F}_Q(x) \quad M = M(x)$$

上述两式分别称为梁的剪力方程和弯矩方程。

为了形象地表明剪力和弯矩沿梁轴线的变化情况，可以用横坐标表示横截面的位置，用纵坐标表示相应截面上的剪力和弯矩，然后按照一定比例绘制 $\boldsymbol{F}_Q = \boldsymbol{F}_Q(x)$ 的图形和 $M = M(x)$ 的图形，即剪力图和弯矩图。

下面举例说明剪力图和弯矩图的作法。

【例 13-2】图 13-11（a）所示为一简支梁，在全梁上受集度为 q 的均布载荷作用，试作梁的剪力图和弯矩图。

解：求此梁的内力图时，应先求支座反力，列内力方程，最后由内力方程作内力图。

（1）求支座反力。

$$F_{RA}=F_{RB}=\frac{ql}{2}$$

（2）建立内力方程。取距左端为 x 的横截面，考虑截面左侧的梁段，则梁的剪力和弯矩方程分别为

$$F_Q(x)=F_{RA}-qx=\frac{ql}{2}-qx \qquad (0<x<l)$$

$$M(x)=F_{RA}x-\frac{1}{2}qx^2=\frac{ql}{2}x-\frac{1}{2}qx^2 \qquad (0\leqslant x\leqslant l)$$

（3）画内力图。剪力方程是 x 的一次函数，所以剪力图是一条倾斜直线段。由 $F_Q(0)=\frac{ql}{2}$，$F_Q(l)=-\frac{ql}{2}$ 可画出剪力图，如图 13-11（b）所示。

弯矩方程是 x 的二次函数，所以弯矩图是一条二次抛物线。由 $M(0)=0$，$M\left(\frac{l}{2}\right)=\frac{ql^2}{8}$，$M(l)=0$ 可画出弯矩图，如图 13-11（c）所示。

由图可见，在梁跨中横截面上的弯矩值最大，该截面上剪力为零；而两支座内侧截面上的剪力值最大。

画内力图时，可不画横坐标和纵坐标的坐标方向，但需标明图的正负和各内力特征值的数值。正的内力画在坐标轴的上方，负的画在坐标轴的下方。在画高次曲线时，应运用数学方法确定曲线的凹凸方向和极值。

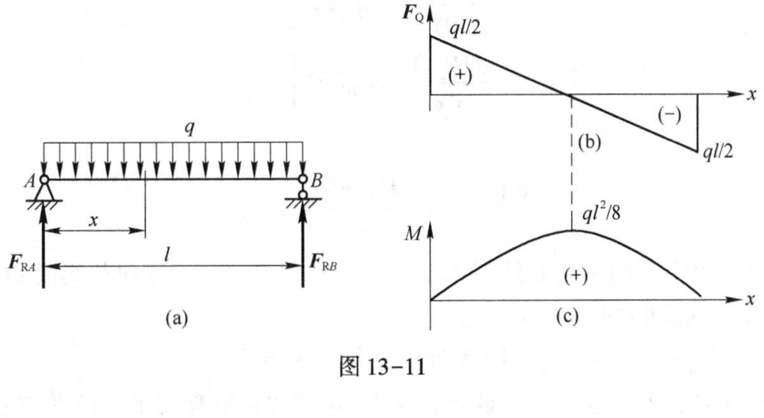

图 13-11

三、弯矩、剪力与载荷集度间的关系

梁的弯矩方程与剪力方程均可表示为横截面位置坐标 x 的函数。一般情况下，梁上不同截面的弯矩 M 和剪力 F_Q 是不同的。研究表明，横截面上的弯矩、剪力与作用于该截面的载荷集度之间存在一定的关系。

如图 13-12（a）所示，设梁上作用有任意载荷，坐标原点选在梁的左端截面形心处（即 A 处），建立平面坐标系，分布载荷以向上为正，载荷集度为 $q(x)$。

取距离点 A 为 x 处的横截面，并在该截面处截取微段 dx 进行分析，如图 13-12（b）

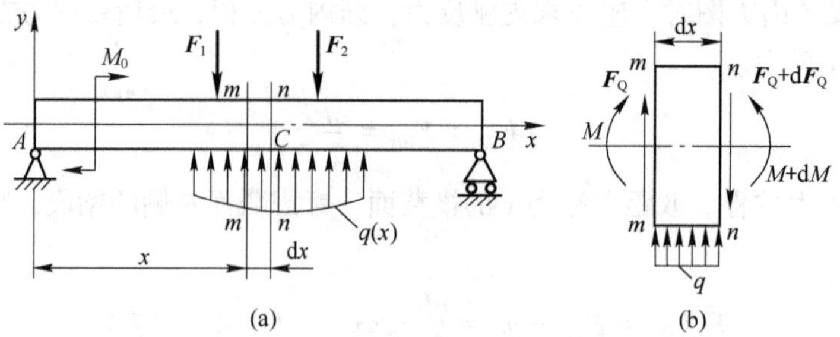

图 13-12

所示。分布载荷在微段 dx 上可以看作是均匀分布的；左截面上作用有剪力 $F_Q(x)+\mathrm{d}\boldsymbol{F}_Q(x)$ 和弯矩 $M(x)+\mathrm{d}M(x)$ 。根据平衡条件可得

$$\sum F_y = 0$$

即

$$\boldsymbol{F}_Q(x)-[\boldsymbol{F}_Q(x)+\mathrm{d}\boldsymbol{F}_Q(x)]+q(x)\mathrm{d}x=0 \qquad (13\text{-}1)$$

$$\sum M_C(F)=0$$

即

$$M(x)+\mathrm{d}M(x)-M(x)-\boldsymbol{F}_Q(x)\mathrm{d}x-q(x)\mathrm{d}x\frac{\mathrm{d}x}{2}=0 \qquad (13\text{-}2)$$

将式（13-1）和式（13-2）略去二阶微量后，化简可得

$$\left.\begin{aligned}\frac{\mathrm{d}\boldsymbol{F}_Q(x)}{\mathrm{d}x}&=q(x)\\ \frac{\mathrm{d}M(x)}{\mathrm{d}x}&=F_Q(x)\end{aligned}\right\}$$

即

$$\frac{\mathrm{d}^2M(x)}{\mathrm{d}x^2}=\frac{\mathrm{d}\boldsymbol{F}_Q(x)}{\mathrm{d}x}=q(x) \qquad (13\text{-}3)$$

式（13-3）表明了同一截面处弯矩 $M(x)$ 、剪力 $\boldsymbol{F}_Q$（x）与载荷集度 $q(x)$ 三者之间的微分关系，因此被称为平衡微分方程。

根据这些关系，可以得到剪力图和弯矩图有以下特征：

（1）若某段梁上无分布载荷，即 $q(x)=0$，则该段梁的剪力 $\boldsymbol{F}_Q(x)$ 为常量，剪力图为平行于 x 轴的直线；而弯矩 $M(x)$ 为 x 的一次函数，弯矩图为斜直线段。

（2）若某段梁上的分布载荷 $q(x)=q$（常量），则该段梁的剪力 $\boldsymbol{F}_Q(x)$ 为 x 的一次函数，剪力图为斜直线段；而 $M(x)$ 为 x 的二次函数，弯矩图为抛物线。当 $q>0$（q 向上）时，弯矩图为向下凸的曲线；当 $q<0$（q 向下）时，弯矩图为向上凸的曲线。

（3）若某截面的剪力 $\boldsymbol{F}_Q(x)=0$，根据 $\frac{\mathrm{d}M(x)}{\mathrm{d}x}=0$，该截面的弯矩为极值。

详细情况可参考表 13-1。

根据梁上的外力情况，利用剪力图与弯矩图的规律，可以判断出各段梁的剪力图和弯

矩图的形状，然后再确定梁的几个控制截面上的剪力值和弯矩值，就可以很方便地画出梁的内力图。

表 13-1　剪力图和弯矩图特征

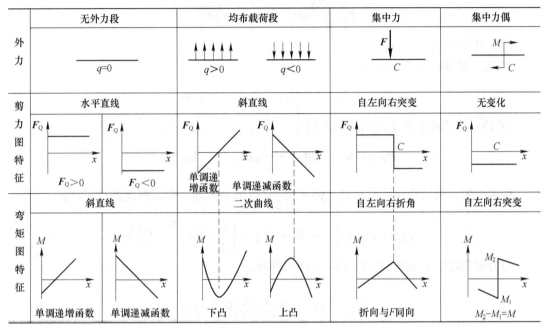

	无外力段	均布载荷段	集中力	集中力偶
外力	$q=0$	$q>0$；$q<0$	F，C	M，C
剪力图特征	水平直线	斜直线	自左向右突变	无变化
	$F_Q>0$；$F_Q<0$	单调递增函数；单调递减函数	C	C
弯矩图特征	斜直线	二次曲线	自左向右折角	自左向右突变
	单调递增函数；单调递减函数	下凸；上凸	折向与F同向	$M_2-M_1=M$

【例 13-3】 图 13-13（a）所示为一简支梁，尺寸及荷载如图 13-13 所示。利用剪力、弯矩与载荷集度间的关系，试作梁的剪力图和弯矩图。

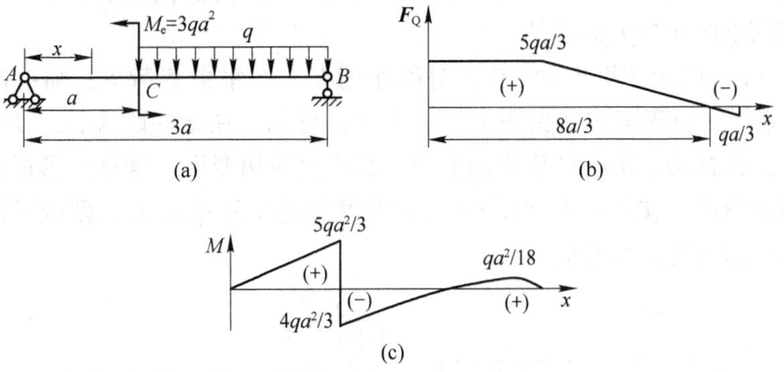

图 13-13

解：

（1）求支座反力。

利用平衡方程求得支座反力为 $F_A=\dfrac{5}{3}qa$，$F_B=\dfrac{1}{3}qa$。

（2）作剪力图。

AC 段：$q=0$，剪力图为水平直线段。

$$F_{QA右} = \frac{5}{3}qa$$

CB 段：q=常量<0，剪力图为向右下方倾斜的斜直线。

$$F_{QC} = \frac{5}{3}qa，F_{QB左} = -\frac{1}{3}qa$$

（3）作弯矩图。

AC 段：弯矩图为斜直线段。

$$M_A = 0, \qquad M_{C左} = F_A \times a = \frac{5}{3}qa^2$$

CB 段：弯矩图为向上凸的二次曲线。

$$M_{C右} = M_{C左} - M_e = -\frac{4}{3}qa^2, \qquad M_B = 0$$

由剪力图，利用几何关系可得，距 *A* 端 $\frac{8}{3}a$ 处剪力为零，弯矩在此处存在极值。

$$M_{极值} = F_A \times \frac{8}{3}a - M_e - \frac{1}{2}q \times \left(\frac{8}{3}a - a\right)^2 = \frac{qa^2}{18}$$

剪力图和弯矩图如图 13-13（b）、（c）所示。

第三节　弯曲的正应力

一、纯弯曲与横力弯曲

梁在发生平面弯曲时，工程上可以近似地认为弯矩是由横截面上的正应力形成的，而剪力是由横截面上的切应力形成的。

图 13-14（a）所示的简支梁 *AB* 上对称作用有 2 个集中载荷 **F**，则由该梁的剪力图（见图 13-14（b））和弯矩图（见图 13-14（c））可知，在梁的两端 *AC*、*BD* 上同时作用有剪力和弯矩，则这两段梁既产生弯曲变形，又产生剪切变形，这种变形形式称为剪切弯曲，也称为横力弯曲；在梁的中间段 *CD* 上只作用有弯矩而无剪力，则该梁段只产生弯曲变形，这种变形形式称为纯弯曲。

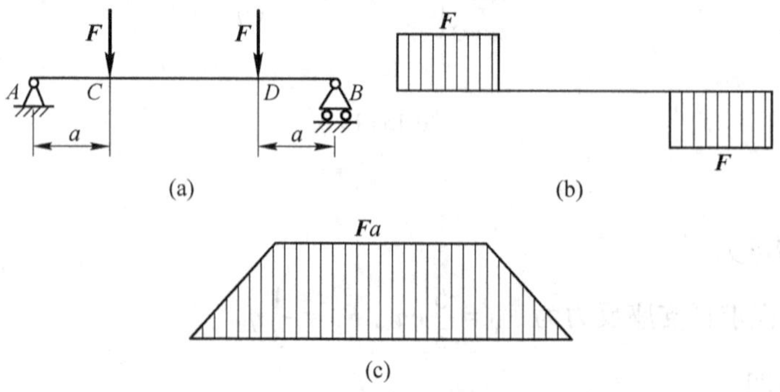

图 13-14

二、纯弯曲时梁横截面上的正应力

（一）试验观察

为了确定发生纯弯曲时梁的横截面上的正应力，需要进行纯弯曲实验。试验前首先在梁的侧面画上一些平行于轴线的纵向线和与纵向线垂直的代表横截面的横向线，然后在梁上 C 和 D 处分别加集中载荷 $\boldsymbol{F}_1$ 和 $\boldsymbol{F}_2$。CD 段梁发生纯弯曲变形，变形后形状如图 13-15（b）所示。从中可以观察到如下一些现象。

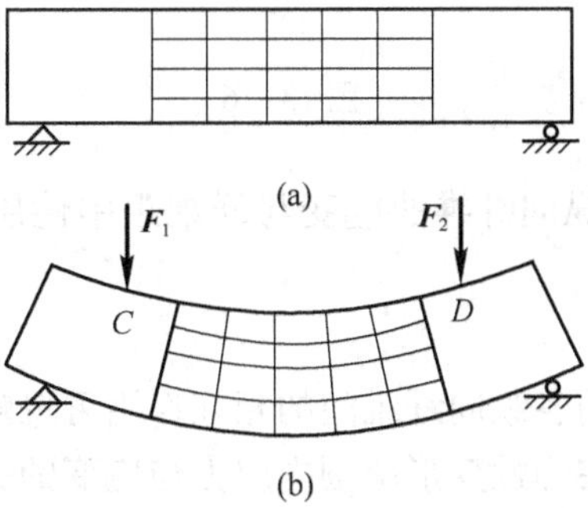

图 13-15

（1）变形前与纵向线垂直的横向线在变形后仍为直线，并且仍然与变形后的纵向线保持垂直，但相对转过一个角度。

（2）变形前互相平行的纵向直线，变形后均变为圆弧线，并且上部的纵向线缩短，下部的纵向线伸长。

设想梁是由许多平行于轴线的纵向纤维组成，根据这些试验现象，可对纯弯曲变形和受力作如下假设。

（1）平面假设——梁的横截面在梁弯曲后仍然保持为平面，并且仍然与变形后的梁轴线保持垂直。

（2）单向受力假设——梁的纵向纤维处于单向受力状态，且纵向纤维之间的相互挤压作用可忽略不计。

梁变形后，在凸边的纵向纤维伸长，而在凹边的纵向纤维缩短。由梁的变形的连续性可知，在梁中一定有一层纤维既不伸长也不缩短，此层称为中性层。中性层与梁横截面的交线称为中性轴。

（二）几何方面

如图 13-16（a）所示，假设用两横截面 $m-n$ 和 $p-q$ 在梁上截出一长为 $\mathrm{d}x$ 的微段。梁在发生纯弯曲变形后，微段的左右截面将有一个微小的相对转动，中性层和截面中性轴如图 13-16（b）所示。假设微段两端截面间的相对转角为 $\mathrm{d}\theta$（见图 13-16（c）），ρ 表示微段中性层 $\mathrm{d}x$ 的曲率半径，则弧线 O_1O_2 的长度为 $\mathrm{d}x = \rho\mathrm{d}\theta$。

距中性层为 y 处的纵向纤维 ab 原长为 $\mathrm{d}x$，变形后的长度为 $(\rho + y)\mathrm{d}\theta$，所以其伸长 $\mathrm{d}l = (\rho + y)\mathrm{d}\theta - \rho d\theta = y\mathrm{d}\theta$，相应的线应变为

$$\varepsilon = \frac{\mathrm{d}l}{\mathrm{d}x} = \frac{y\mathrm{d}\theta}{\rho\mathrm{d}\theta} = \frac{y}{\rho} \tag{13-4}$$

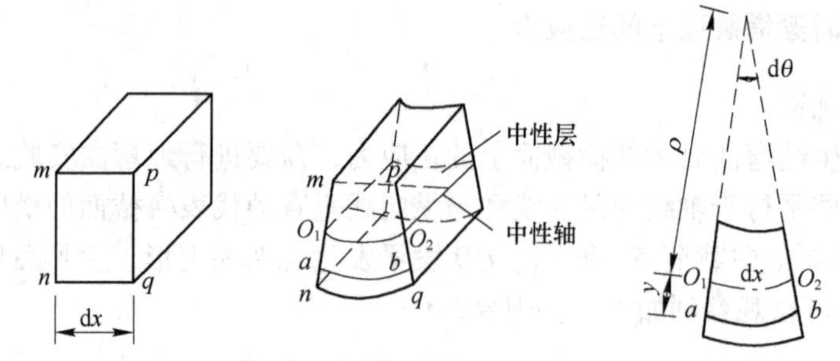

图 13-16

式（13-4）表明，梁的纵向纤维的应变与纤维距中性层的距离成正比，离中性层越远，纤维的线应变越大。

（三）物理方面

根据单向受力假设，梁的各纵向纤维间的相互作用可忽略不计，即梁的各纵向纤维均处于单向受力状态，因此，在弹性变形范围内应力与应变的关系为

$$\sigma = E\varepsilon = E\frac{y}{\rho} \tag{13-5}$$

此式表明，梁横截面上的正应力与其作用点到中性轴的距离成正比，并且在 y 坐标相同的各点处正应力相等，如图 13-17 所示。

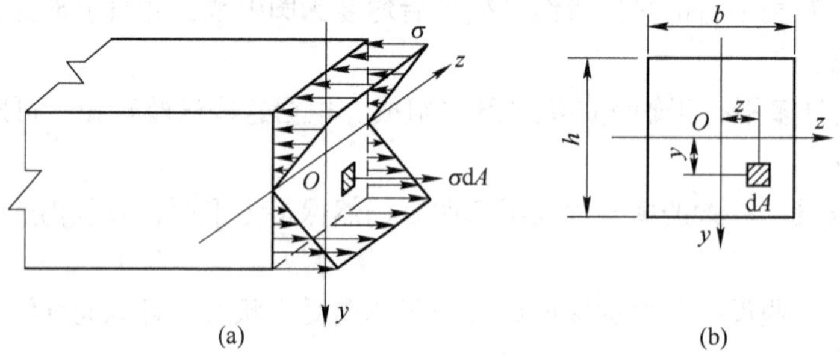

图 13-17

（四）静力学方面

由图 13-17 可以看出，梁横截面各微面积上的微内力 $\mathrm{d}F = \sigma \mathrm{d}A$ 构成了空间平行力系，它们向截面形心简化的结果为以下 3 个内力分量：

$$F_{\mathrm{N}} = \iint_A \sigma \mathrm{d}A, \quad M_y = \iint_A z\sigma \mathrm{d}A, \quad M_z = \iint_A y\sigma \mathrm{d}A$$

纯弯曲梁横截面上只有弯矩 M 作用，所以有

$$F_{\mathrm{N}} = \iint_A \sigma \mathrm{d}A = 0 \tag{13-6}$$

$$M_y = \iint_A z\sigma \mathrm{d}A = 0 \tag{13-7}$$

$$M_z = \iint_A y\sigma \mathrm{d}A = M \tag{13-8}$$

将式（13-5）代入以上3式，并结合截面的几何性质可得

$$\frac{E}{\rho}\iint_A y\mathrm{d}A = \frac{EM_{Az}}{\rho} = 0 \tag{13-9}$$

$$\frac{E}{\rho}\iint_A yz\mathrm{d}A = \frac{EI_{yz}}{\rho} = 0 \tag{13-10}$$

$$\frac{E}{\rho}\iint_A y^2\mathrm{d}A = \frac{EI_z}{\rho} = M \tag{13-11}$$

由式（13-9）可得对 z 轴静矩 $M_{Az}=0$，即梁横截面对中性轴（z 轴）的静矩等于零。亦即中性轴必通过横截面的形心，这就确定了中性轴的位置。

由式（13-10）可得 $I_{yz}=0$，即梁横截面对 y、z 轴的惯性积等于零，说明 y、z 轴应为横截面的形心主轴。对上述矩形横截面，式（13-10）是自动满足的。

最后由式（13-11）可得

$$\frac{1}{\rho} = \frac{M}{EI_z} \tag{13-12}$$

式中，I_z 是梁横截面对中性轴的惯性矩。

由式（13-12）可知：中性层曲率 $\frac{1}{\rho}$ 与弯矩 M 成正比，与 EI_z 成反比。在相向弯矩的作用下，EI_z 值越大，梁的弯曲变形就越小。EI_z 表明梁抵抗弯曲变形的能力，称为梁的抗弯刚度。

将式（13-12）代入式（13-5），整理可得

$$\sigma = \frac{My}{I_z} \tag{13-13}$$

这就是梁在纯弯曲时横截面上任一点的正应力的计算公式。由公式可知，梁横截面上任一点的正应力，与截面上的弯矩和该点到中性轴的距离成正比，与截面对中性轴的惯性矩成反比。虽然该公式是通过矩形截面梁在纯弯曲的情况下推导出来的，但也适用于具有纵向对称面的其他对称截面梁的纯弯曲情况，如工字形、T字形、槽形截面梁等。

应用式（13-13）计算梁横截面上任一点的正应力时，可将 M 和 y 的绝对值代入，计算出正应力。其正负号可由横截面的受拉压区（拉压区由弯矩方向确定）直接判断，点在受拉区为拉应力，点在受压区为压应力。拉应力为正，压应力为负。

三、弯曲正应力强度条件

由梁横截面上正应力的计算公式（13-13）可知，梁横截面上的正应力与到中性轴的距离成正比，因此在最远的位置有最大正应力。对整个等截面梁来讲，最大正应力发生在弯矩绝对值最大的横截面上，且在距中性轴最远的位置上。

为了保证梁能安全工作，必须使梁横截面上的最大正应力不超过材料的许用应力 $[\sigma]$。因此，梁的正应力强度条件为

$$\sigma_{\max} = \frac{M_{\max}y_{\max}}{I_z} = \frac{M_{\max}}{W_z} \leqslant [\sigma] \tag{13-14}$$

式中，W_z 为抗弯截面系数，它与梁的截面形状和尺寸有关。

对矩形截面：$W_z = \dfrac{I_z}{h/2} = \dfrac{bh^2}{6}$；

对实心圆形截面：$W_z = \dfrac{I_z}{d/2} = \dfrac{\pi d^3}{32}$。

基本几何形状截面的惯性矩和抗弯截面系数见表 13-2。

表 13-2　基本几何形状截面的惯性矩和抗弯截面系数

截面形状	惯性矩	抗弯截面系数
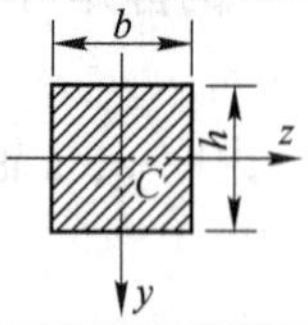	$I_z = \dfrac{bh^3}{12}$ $I_y = \dfrac{hb^3}{12}$	$W_z = \dfrac{hb^2}{6}$
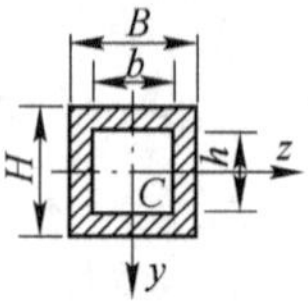	$I_z = \dfrac{BH^3 - bh^3}{12}$ $I_y = \dfrac{HB^3 - hb^3}{12}$	$W_z = \dfrac{BH^3 - bh^3}{6H}$
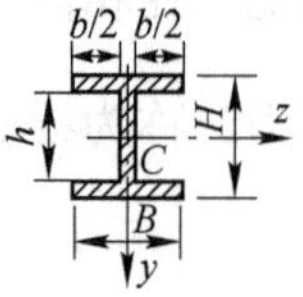	$I_z = \dfrac{BH^3 - bh^3}{12}$	$W_z = \dfrac{BH^3 - bh^3}{6H}$
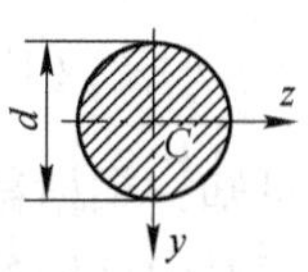	$I_z = I_y = \dfrac{\pi d^4}{64}$	$W_z = \dfrac{\pi d^3}{32}$
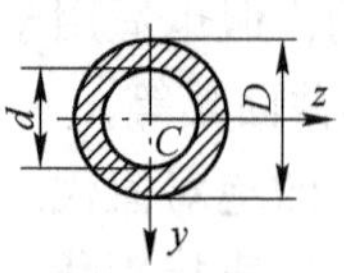	$I_z = I_y = \dfrac{\pi D^4}{64}(1-\alpha^4)$ 其中，$\alpha = \dfrac{d}{D}$	$W_z = \dfrac{\pi D^3}{32}(1-\alpha^4)$ 其中，$\alpha = \dfrac{d}{D}$

若中性轴 z 不为截面的对称轴，则中性轴两侧的抗弯截面系数不相等，此时应取较小的抗弯截面系数。

根据强度条件，可以求解与梁强度有关的三种问题。(1) 校核强度，即已知梁的结构尺寸和载荷，确定梁是否满足 $\sigma_{max} \leqslant [\sigma]$。(2) 设计截面，即已知梁的结构和载荷，设计梁的截面参数。此时应将式（13-13）改写为 $W_z \geqslant \dfrac{M_{max}}{[\sigma]}$。(3) 确定许用载荷，即已知梁的结构尺寸和载荷形式，确定梁所能承受的最大外载荷。此时应将式（13-13）改写为 $M_{max} \leqslant [\sigma] W_z$。

对于抗拉和抗压强度不同的材料（如铸铁），由于其许用拉应力 $[\sigma_t]$ 和许用压应力 $[\sigma_c]$ 不相等，因此要求梁横截面上的最大拉、压应力分别不超过材料的许用拉应力 $[\sigma_t]$

和许用压应力 $[\sigma_c]$，此时应分别求出最大拉应力和最大压应力进行强度计算。当中性轴 z 为截面的对称轴时，例如矩形或圆形截面，最大拉、压应力在数值上相等，均出现在弯矩绝对值最大的截面处；当中性轴 z 不为截面的对称轴时，例如 T 字形截面，最大拉、压应力不相等，应分别计算最大正弯矩和最大负弯矩所在横截面上的最大拉应力和最大压应力，分别列出抗拉强度条件和抗压强度条件：

$$\sigma_{t,max} \leqslant [\sigma_t], \qquad \sigma_{c,max} \leqslant [\sigma_c] \tag{13-15}$$

【例 13-4】 简支梁 AB 的受力情况如图 13-18 所示，力 $\boldsymbol{F}=27.5\text{kN}$ 作用于梁 AB 的中点，梁的抗弯截面系数 $W_z=1.5\times10^5\text{mm}^3$，弯曲许用应力 $[\sigma]=120\text{MPa}$。试校核该梁的强度。

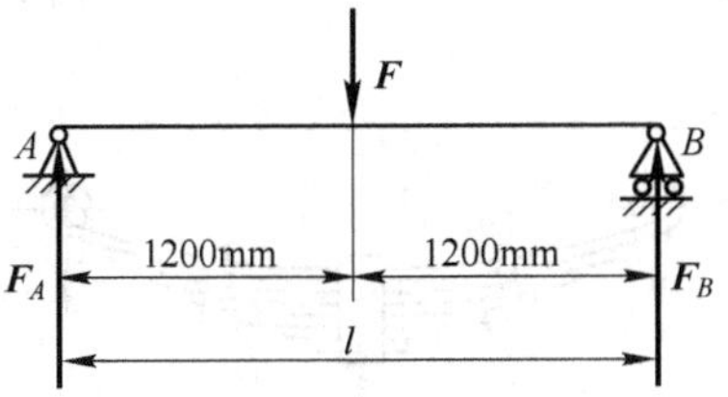

图 13-18

解：

(1) 求约束反力。由图 13-18 可知，梁 AB 的约束反力为

$$\boldsymbol{F}_A = \boldsymbol{F}_B = \frac{\boldsymbol{F}}{2} = 13.75\text{kN}$$

(2) 确定梁的最大弯矩。由于简支梁 AB 的最大弯矩发生在集中力 $\boldsymbol{F}$ 作用处的横截面上，因此，梁的最大弯矩发生在 $l/2$ 处，其值为

$$M_{max} = \boldsymbol{F}_A \cdot \frac{l}{2} = 1.65\times10^7\text{N}\cdot\text{mm}$$

(3) 强度校核。梁的最大弯曲正应力为

$$\sigma_{max} = \frac{M_{max}}{W_z} = 110\text{MPa}$$

因此，该梁满足强度条件。

第四节　梁的弯曲形变及刚度条件

一、工程实例

当杆件受弯时，杆件的轴线由直线变成曲线，称为弯曲变形。在工程实际中，为保证受弯构件的正常工作，除了要求构件有足够的强度外，在某些情况下，还要求其弯曲变形不能过大，即具有足够的刚度。例如，轧钢机在轧制钢板时，轧辊的弯曲变形将造成钢板沿宽度方向的厚度不均匀（见图 13-19）；齿轮轴若弯曲变形过大，将使齿轮啮合状况变差，引起偏磨和噪声，如图 13-20 所示。

弯曲变形虽然有不利的一面，但也有可以利用的一面。例如，汽车轮轴上的叠板弹簧

（见图 13-21）就是利用弯曲变形起到缓冲和减振的作用。此外，在求解静不定梁时，也需考虑梁的变形。本书只研究平面弯曲时梁的变形问题。

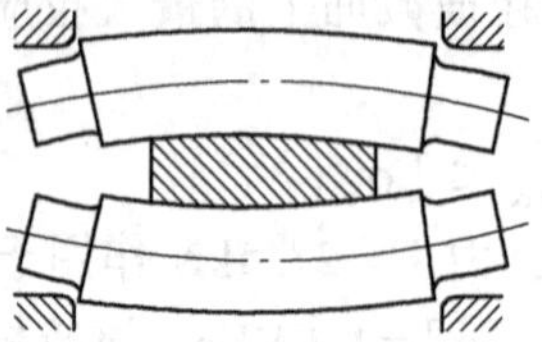

图 13-19

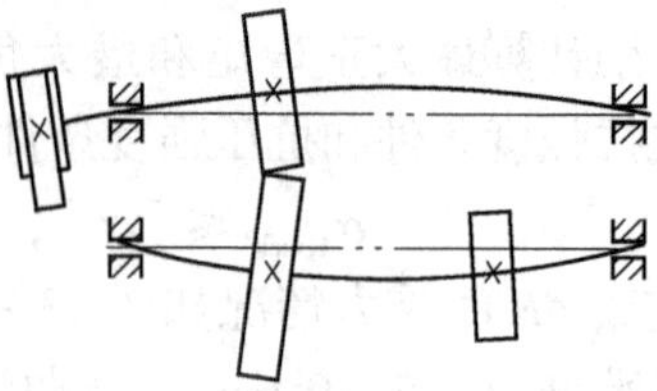

图 13-20

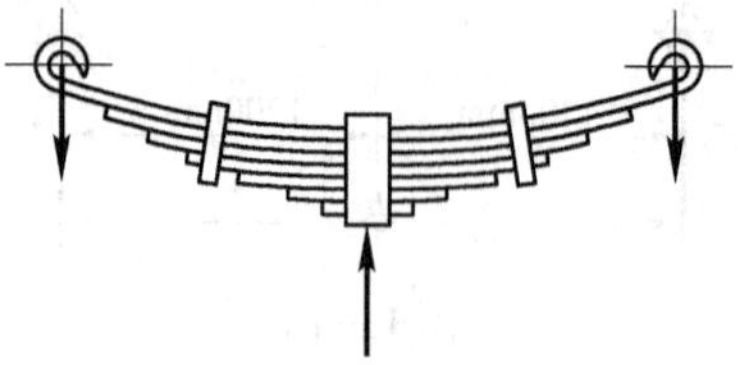

图 13-21

二、梁的位移的度量——挠度和转角

在载荷作用下梁发生平面弯曲，其轴线由直线变为一条连续光滑的平面曲线，该曲线称为挠曲线（见图 13-22）。以梁的最左端 O 点为原点建立坐标系 Oxy，挠曲线上任一点 x 处的纵坐标 f 是梁 x 横截面的形心沿 y 轴方向的线位移，称为挠度。为了清楚表示位移的方向，规定向上的挠度为正，向下的挠度为负。这样，挠曲线方程可以写为

$$f = f(x) \tag{13-16}$$

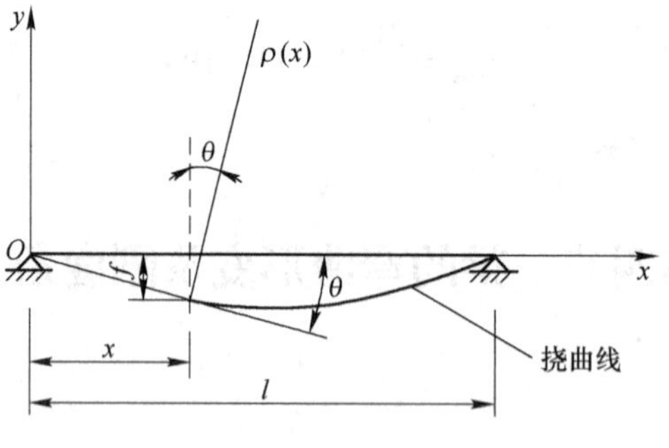

图 13-22

弯曲变形时，横截面绕中性轴发生转动，其转过的角度 θ 称为转角。根据平面假设，变形前垂直于轴线（x 轴）的横截面，变形后仍然与变形后的轴线（挠曲线）垂直。因此，转角 θ 就是挠曲线法线与 y 轴的夹角。同样，为了表示转角的转向，规定逆时针转动为正，顺时针转动为负。转角也是截面位置的函数，可以用转角方程表示

$$\theta = \theta(x) \tag{13-17}$$

三、挠度和转角的关系

弯曲变形用挠度 f 和转角 θ 这两个位移量来度量。由图 13-22 可以看出，转角 θ 与挠曲线在该点的切线倾角相等。在小变形情况下

$$\theta \approx \tan\theta = \frac{df}{dx} \tag{13-18}$$

即横截面的转角可以用该点处挠曲线切线的斜率表示。由此可见，只要知道挠曲线方程，就能确定梁上任一横截面的挠度和转角，所以求变形的关键在于如何确定梁的挠曲线方程。

四、挠曲线微分方程

在纯弯曲时，挠曲线曲率 $1/\rho$ 与弯矩 M 的关系为式（13-12），即

$$\frac{1}{\rho} = \frac{M}{EI}$$

在横力弯曲时，如果是细长梁，剪力对变形的影响可以忽略，上式仍然成立，但曲率和弯矩都是 x 的函数，即

$$\frac{1}{\rho(x)} = \frac{M(x)}{EI} \tag{13-19}$$

$f = f(x)$ 上任一点的曲率为

$$\frac{1}{\rho(x)} = \pm \frac{\dfrac{d^2 f}{dx^2}}{\left[1 + \left(\dfrac{df}{dx}\right)^2\right]^{3/2}} \tag{13-20}$$

$$\pm \frac{d^2 f}{dx^2} = \frac{M(x)}{EI} \tag{13-21}$$

根据弯矩的符号规定和挠曲线二阶导数与曲率中心方位的关系，在所取坐标系下弯矩 M 的正负号始终与 $\frac{d^2 f}{dx^2}$ 的正负号一致，如图 13-23 所示。

$$\frac{d^2 f}{dx^2} = \frac{M(x)}{EI} \tag{13-22}$$

式（13-22）即为梁的挠曲线微分方程。

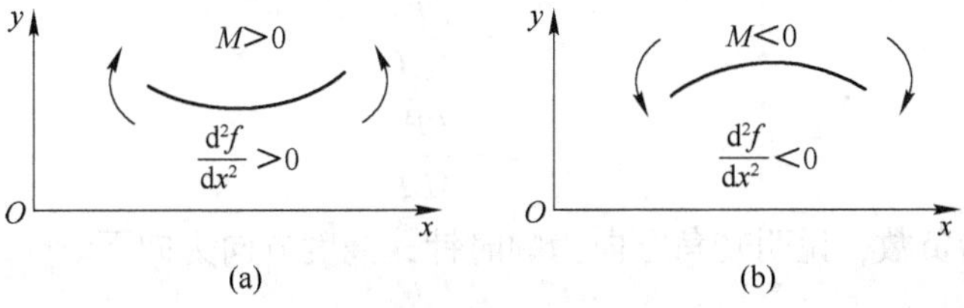

图 13-23

【例 13-5】试求图 13-24 所示的悬臂梁自由端的转角和挠度。

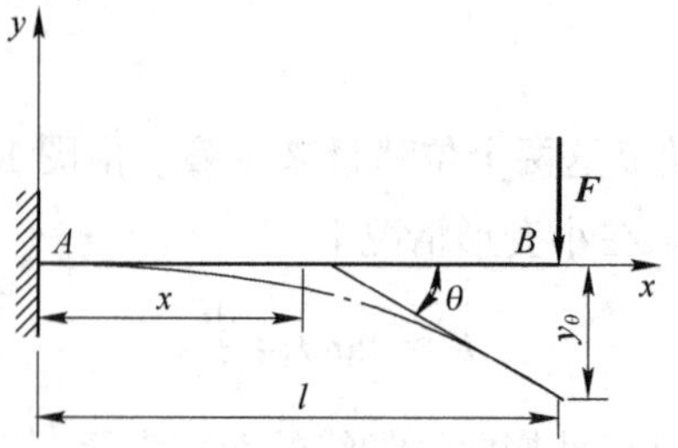

图 13-24

解：

（1）建立坐标系，列出弯矩方程，即

$$M(x) = -F(l-x)$$

（2）建立挠曲线近似微分方程为

$$\frac{\mathrm{d}^2 y}{\mathrm{d}x^2} = -\frac{F(l-x)}{EI}$$

一次积分得

$$\theta = \frac{\mathrm{d}y}{\mathrm{d}x} = \frac{1}{EI}\left(\frac{F}{2}x^2 - Flx + C\right)$$

二次积分得

$$y = \frac{1}{EI}\left(\frac{F}{6}x^3 - \frac{Fl}{2}x^2 + Cx + D\right)$$

（3）确定积分常数。由于固定端约束处，挠度和转角均为零，即 $x=0$ 时，$\theta=0$，$y=0$，于是解得

$$C = 0 \quad D = 0$$

因此，转角方程为

$$\theta(x) = \frac{1}{EI}\left(\frac{F}{2}x^2 - Flx\right)$$

挠度方程为

$$y(x) = \frac{1}{EI}\left(\frac{F}{6}x^3 - \frac{Fl}{2}x^2\right)$$

（4）求自由端 B 的转角和挠度。将 $x = l$ 代入转角方程和挠度方程，可以得出

$$\theta_B = -\frac{Fl^2}{2EI}$$

$$y_B = -\frac{Fl^3}{3EI}$$

计算结果均为负数，说明转角方向为顺时针，挠度方向为向下。

五、叠加法求梁的位移

在实际工程中，梁上可能同时作用几种载荷，此时若用积分法计算其位移，则计算过程比较烦琐，计算工作量大。由于研究的是小变形，材料处于线弹性阶段，因此所计算的梁的位移与梁上的载荷呈线性关系。所以，当梁上同时作用几种载荷时，可先分别求出每一载荷单独作用时引起的位移，然后计算这些位移的代数和，即得各载荷同时作用时引起的位移。这种计算弯曲变形时梁的位移的方法称为叠加法。

为了使用方便，将各种常见载荷作用下的简单梁的挠曲线方程、端截面转角及最大挠度列于表 13-3 中。利用表格，按叠加法计算梁在多个载荷共同作用下所引起的位移是很方便的。

表 13-3　梁在简单载荷作用下的变形

序号	梁的简图	挠曲线方程	端截面转角	最大挠度
1	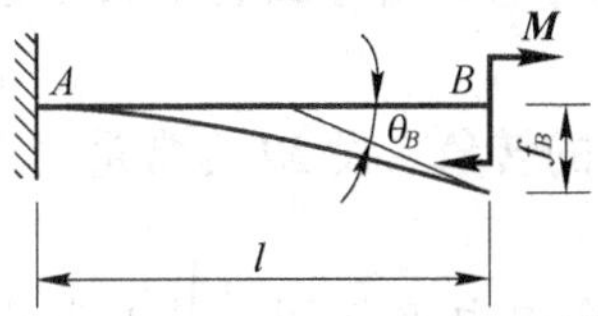	$f=-\dfrac{Mx^2}{2EI}$	$\theta_B=-\dfrac{Ml}{EI}$	$f_{\max}=-\dfrac{Ml^2}{2EI}$
2	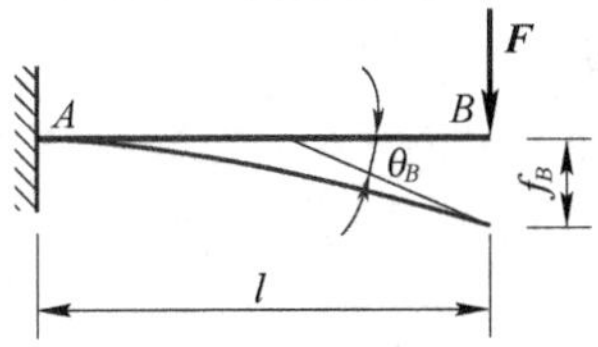	$f=-\dfrac{Fx^2}{6EI}(3l-x)$	$\theta_B=-\dfrac{Fl^2}{2EI}$	$f_{\max}=-\dfrac{Fl^3}{3EI}$
3	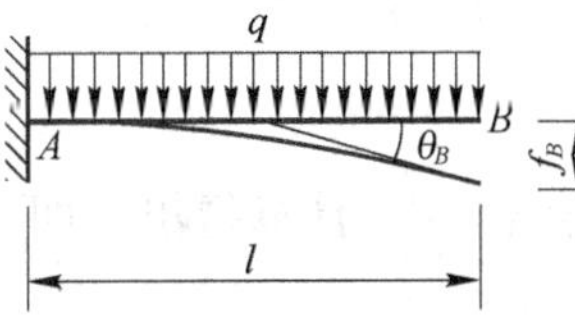	$f=-\dfrac{qx^2}{24EI}(x^2-4lx+6l^2)$	$\theta_B=-\dfrac{ql^3}{6EI}$	$f_{\max}=-\dfrac{ql^4}{8EI}$
4	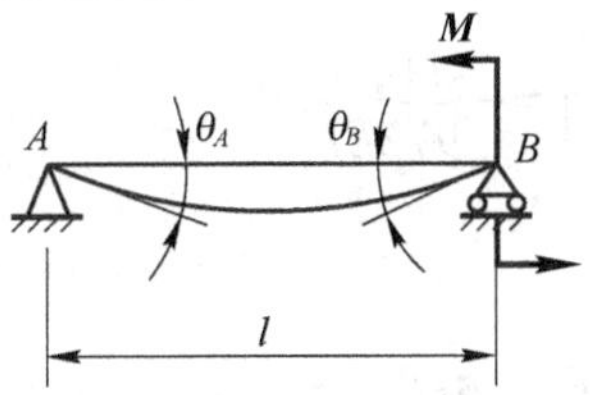	$f=-\dfrac{Mx}{6EIl}(l^2-x^2)$	$\theta_A=-\dfrac{Ml}{6EI}$ $\theta_B=\dfrac{Ml}{3EI}$	$x=\dfrac{l}{\sqrt{3}}$ 处， $f_{\max}=-\dfrac{Ml^2}{9\sqrt{3}EI}$ 在 $x=\dfrac{l}{2}$ 处，$f_{\frac{l}{2}}=-\dfrac{Ml^2}{16EI}$
5	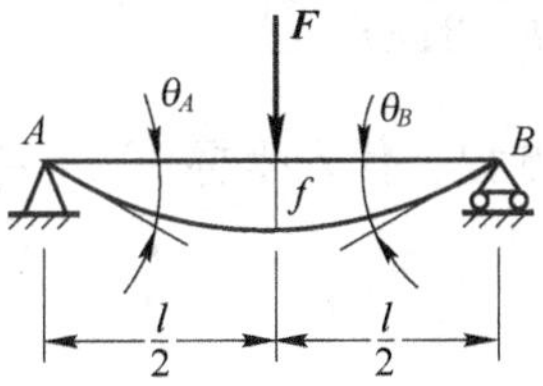	$f=-\dfrac{Fx}{48EI}(3l^2-4x^2)$ $(0\leqslant x\leqslant\dfrac{l}{2})$	$\theta_A=-\theta_B$ $=-\dfrac{Fl^2}{16EI}$	$f_{\max}=-\dfrac{Fl^3}{48EI}$
6	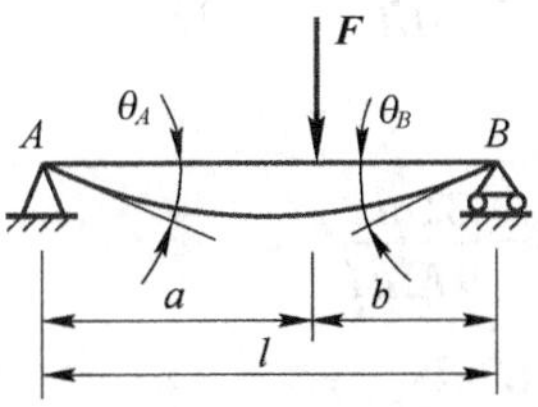	$f=-\dfrac{Fbx}{6EIl}(l^2-x^2-b^2)$ $(0\leqslant x\leqslant a)$ $f=-\dfrac{Fb}{6EIl}\Big[\dfrac{l}{b}(x-a)^3+$ $(l^2-b^2)x-x^3\Big]$ $(a\leqslant x\leqslant l)$	$\theta_A=-\dfrac{Fab(l+b)}{6EIl}$ $\theta_B=\dfrac{Fab(l+a)}{6EIl}$	设 $a>b$，在 $x=\sqrt{\dfrac{l^2-b^2}{3}}$ 处 $f_{\max}=-\dfrac{Fb(l^2-b^2)^{3/2}}{9\sqrt{3}EIl}$ 在 $x=\dfrac{l}{2}$ 处， $f_{\frac{l}{2}}=-\dfrac{Fb(3l^2-4b^2)}{48EI}$

续表 13-3

序号	梁的简图	挠曲线方程	端截面转角	最大挠度
7	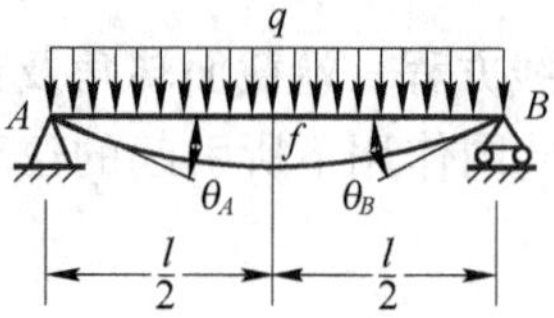	$f=-\frac{qx}{24EI}(l^3-2lx^2+x^3)$	$\theta_A=-\theta_B$ $=-\frac{ql^3}{24EI}$	$f_{\max}=-\frac{5ql^4}{384EI}$

根据叠加法，几种载荷共同作用下梁的任意横截面上的位移，等于每种荷载单独作用时该截面位移的代数和。

【例 13-6】求图 13-25（a）所示梁 C 截面的挠度和 B 截面的转角。设 EI 为常量。

解：

（1）梁的位移的分解。梁上有集度为 q 的均布载荷和集中力 $\boldsymbol{F}$ 作用，其 C 截面的挠度和 B 截面的转角为两个载荷单独作用下位移的代数和。即

$$f_C=(f_C)_q+(f_C)_F$$

$$\theta_B=(\theta_B)_q+(\theta_B)_F$$

（2）在均布载荷作用下，查表可得 B 截面转角

$$(\theta_B)_q=\frac{ql^3}{24EI}$$

C 截面的挠度可以通过查表得到挠曲线方程，代入坐标值 $x=\frac{2}{3}l$ 计算得出。即

$$(f_C)_q=-\frac{q\left(\frac{2}{3}l\right)}{24EI}\left[l^3-2l\left(\frac{2}{3}l\right)^2+\left(\frac{2}{3}l\right)^3\right]=-\frac{11ql^4}{972EI}$$

（3）在集中力 F 作用下，查表可得 B 截面转角

$$(\theta_B)_F=\frac{F\cdot\frac{2}{3}l\cdot\frac{1}{3}l\cdot\left(l+\frac{2}{3}l\right)}{6EIl}=\frac{5Fl^2}{81EI}=\frac{5ql^3}{81EI}$$

C 截面的挠度可以通过查表可选两段中的任一段挠曲线方程，代入坐标值 $x=\frac{2}{3}l$ 计算得出。即

$$(f_C)_F=-\frac{F\times\frac{l}{3}\times\frac{2}{3}l}{6EIl}\left[l^2-\left(\frac{2}{3}l\right)^2-\left(\frac{l}{3}\right)^2\right]=-\frac{5Fl^3}{243EI}=-\frac{5ql^4}{243EI}$$

（4）叠加：

$$f_C=(f_C)_q+(f_C)_F=-\frac{11ql^4}{972EI}-\frac{5ql^4}{243EI}=-\frac{31ql^4}{972EI}$$

$$\theta_B=(\theta_B)_q+(\theta_B)_F=\frac{ql^3}{24EI}+\frac{5ql^3}{81EI}=\frac{67ql^3}{648EI}$$

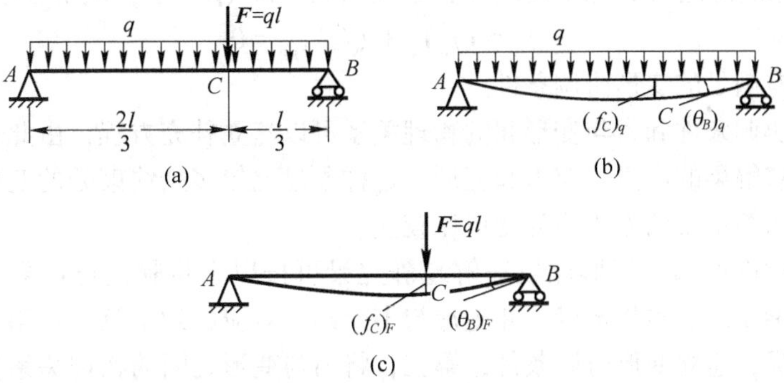

图 13-25

第五节　简单的超静定梁

一、超静定梁的概念

前面分析过的梁，如简支梁和悬臂梁等，其支座反力和内力仅用平衡条件就可全部确定，这种梁称为静定梁。在工程实际中，为了提高梁的强度和刚度，往往在静定梁上增加一个或几个约束，此时梁的支座反力和内力仅仅用平衡条件不能全部确定，这种梁称为超静定梁或静不定梁。例如在图 13-26（a）所示悬臂梁的自由端 B 加一支座，则未知约束反力增加一个，如图 13-26（b）所示，那么该梁就由静定梁变为超静定梁。

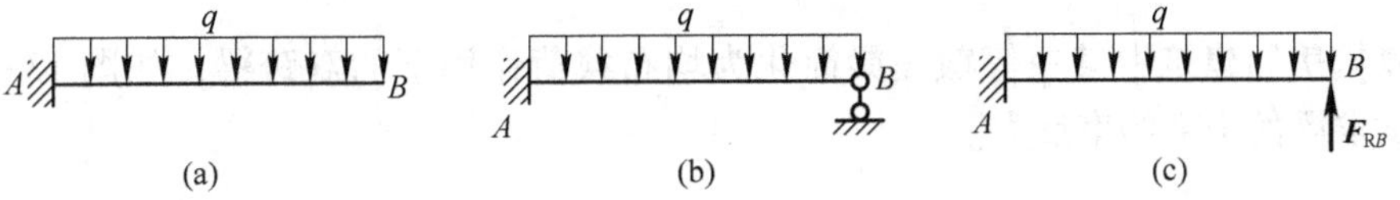

图 13-26

二、变形比较法求解简单超静定梁

在超静定梁中，那些超过维持梁的平衡所必需的约束称为多余约束，对应的支座反力称为多余约束反力。由于多余约束的存在，使得未知力的数目多于能够建立的独立平衡方程的数目，两者之差称为超静定次数。为确定超静定梁的全部约束反力，除利用平衡条件外，还必须根据梁的变形情况建立补充方程。如果解除了超静定梁上的多余约束，则该超静定梁又变为静定梁。这个静定梁称为原超静定梁的基本静定梁，2 个梁应具有相同的受力和变形。

为了使基本静定梁的受力和变形与原超静定梁完全相同，作用在基本静定梁上的外力除了原来的载荷外，还应加上多余约束反力；同时还要求基本静定梁在多余约束处的挠度或转角满足该约束所产生的限制条件。例如，在图 13-26（b）中，若将 B 端的可动铰支座作为多余约束，则可得到图 13-26（c）所示的基本静定梁。在图 13-26（b）中，由于

B 端支座的作用超静定梁 B 点挠度为零，则在图 13-26（c）中，该梁也应满足

$$f_B=(f_B)_q+(f_B)_{F_{RB}}=0$$

这就是梁应满足的变形协调条件。

根据变形协调条件和力与变形间的物理关系可以建立补充方程，由此可以求出多余约束反力，进而求解梁的内力、应力和变形。这种通过比较多余约束处的变形来建立变形协调条件以求解超静定梁的方法称为变形比较法。

从以上的讨论可知，变形比较法解超静定梁可按以下步骤进行：第一，去掉多余约束，使超静定梁变成基本静定梁，并施加与多余约束对应的约束反力；第二，比较多余约束处的变形情况，建立变形协调条件；第三，将力与变形之间的物理关系代入变形协调条件，得到补充方程，求出多余约束反力。

解超静定梁时，选择哪个约束作为多余约束并不是固定的，可以根据方便求解的原则确定。选取的多余约束不同，得到的基本静定梁的形式和变形协调条件也不同。例如图 13-26（b）中的超静定梁也可选阻止 A 端转动的约束作为多余约束，相应的多余约束反力为力偶。解除这一多余约束后，固定端将变为固定铰支座，相应的基本静定梁为简支梁，如图 13-27 所示。该梁应满足的变形协调条件为 A 端的转角为零，即

$$\theta_A=(\theta_A)_q+(\theta_A)_{M_A}=0$$

最后利用物理关系得到补充方程，求解出该补充方程可以得到与前面相同的结果。

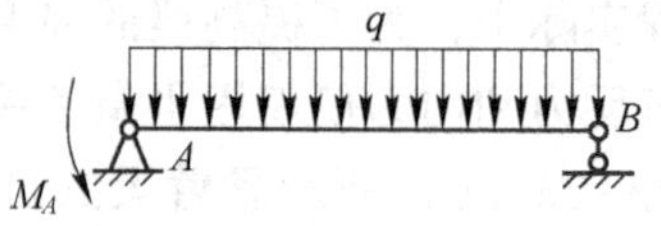

图 13-27

【例 13-7】 房屋建筑中某一等截面梁简化为均布载荷作用下的双跨梁，如图 13-28（a）所示。试求梁的全部约束反力。

解：

（1）确定基本静定梁。解除 C 点的约束，加上相应的约束反力 $\boldsymbol{F}_{RC}$，得到基本静定梁，如图 13-28（b）所示。

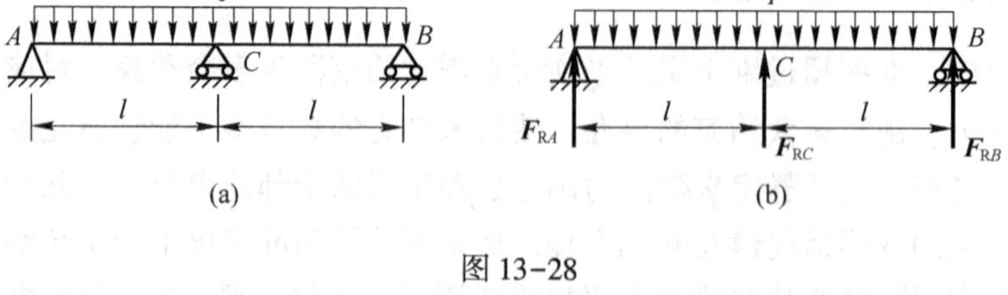

图 13-28

（2）确定变形协调条件。C 点由于支座的约束，梁的挠度为零，即

$$f_C=(f_C)_q+(f_C)_{F_{RC}}=0$$

（3）建立补充方程。查表可得

$$(f_C)_{F_{RC}}=\frac{\boldsymbol{F}_{RC}(2l)^3}{48EI}=\frac{\boldsymbol{F}_{RC}l^3}{6EI}$$

$$(f_C)_q = -\frac{5q(2l)^4}{384EI} = -\frac{5ql^4}{24EI}$$

代入变形协调条件可得补充方程为

$$-\frac{5ql^4}{24EI} + \frac{F_{RC}l^3}{6EI} = 0$$

解得

$$F_{RC} = \frac{5}{4}ql$$

(4) 列平衡方程，求解其他约束反力。

$$\sum M_A = 0 \quad 2ql \cdot l - F_{RC} \cdot l - F_{RB} \cdot 2l = 0$$

$$\sum Y = 0 \quad F_{RA} + F_{RB} + F_{RC} - 2ql = 0$$

解得

$$F_{RA} = F_{RB} = \frac{3}{8}ql$$

在求出梁上作用的全部外力后，就可以进一步分析梁的内力、应力、强度和变形了。读者可以分析比较一下 C 点有无支座时梁的强度和刚度，从而对静不定梁的作用加深理解。

扩展阅读

港珠澳大桥的设计之美系列——桥梁主体工程

港珠澳大桥全程包含了22.9km的桥梁，其中桥墩224座，桥塔7座；桥梁宽度33.1m。与其他普通的大桥相比，港珠澳大桥的桥梁建设困难重重。

桥墩是建立在具有腐蚀性的海水之上的，而且桥梁寿命远远大于国内桥梁的平均水准。由于要保护该海域白海豚，原计划修建的318个桥墩减至224个。

青州航道是高速客船及货船的主要航线，目前承担了整个水域全部交通量的50%，在设计上不允许出现因船撞而导致桥梁倒塌的情况发生，同时需要严格控制阻水率等。因此工程师们对桥梁工程的建设要求采用的几乎是世界上最苛刻的标准。

工程师们在浇筑时使用抗腐蚀性能好的高性能混凝土，这种材料性质稳定、单位承重量大、耐磨损，可以很好地抵抗海浪。

桥墩建造中用了三大新技术，对缩短桥梁建设周期、实现快速成桥方面具有重要意义，开创了桥梁基础结构施工的新方法。而其中有72座桥墩是在东莞洪梅建造的，单个桥墩最重达3510t，使用的钢筋创世界纪录。

在打地基时工程师们采用了浮式沉井法，沉井材料由中空钢板制作而成，这种材料可以浮在水上，用的时候只需要先用船拉到预定位置，然后向里面灌注混凝土进行增重，就可以重力下沉了。如此循环往复，直至完成。

桥面铺装方面采用的是4cm厚SMA+3cm厚浇筑式沥青混凝土组合铺装结构体系

设计方案。其中，在国内首次提出的GMA浇筑式沥青新技术，集合了MA技术和GA技术的优点，既具有高温稳定性和低温疲劳性能，还大幅提高了功效。

桥梁防撞模拟分析：

桥梁的稳固性非常重要，工程师们利用有限元模拟分析防船撞击桥墩产生的影响。

桥墩、船舶与防撞钢套箱分别采用单元模拟，以对桥梁影响最大的方式，对桥墩设置钢套箱后的撞击力及钢套箱的防撞性能进行了比较分析。

防撞套箱的设计综合考虑了重力、浮力、船舶碰撞力等因素；船舶主要以船首、船身以及船首与船身之间的过渡部位为主进行建模。

桥梁在被船舶撞击的过程中，由于碰撞时间较短，对整个桥梁结构产生的冲击作用大多也主要集中于被撞部位。

在碰撞过程中，主要考虑的是船首刚度对撞击力大小的影响，以及对塔墩设置钢套箱后防撞效果的评估。因此，桥墩的有限元模拟仿真分析可以采用简化方式进行。

结果表明，桥塔墩设置的钢套箱能有效地降低撞击力，具有很好的防撞效果，且即使钢套箱在受撞部位损伤较大，但在其他部位保存完好，可对受撞钢套箱节段进行更换或维修，节省成本。层层闯关，终得成功。这个在21世纪创造了桥梁建筑新里程碑的项目，一定能推动行业的进步。

思考与练习

13-1 试计算题13-1图中各梁指定截面处（标有细线）的剪力和弯矩。

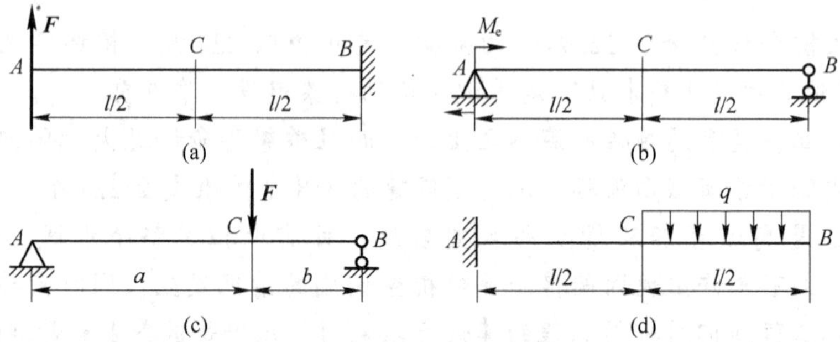

题13-1图

13-2 如题13-2图所示悬臂梁的横截面为矩形，承受载荷 $\boldsymbol{F}_1$ 与 $\boldsymbol{F}_2$ 的作用，且 $\boldsymbol{F}_1=2\boldsymbol{F}_2=5\text{kN}$，试计算梁内的最大弯曲正应力，以及该应力所在截面 K 点处的弯曲正应力。(图中长度单位：mm)

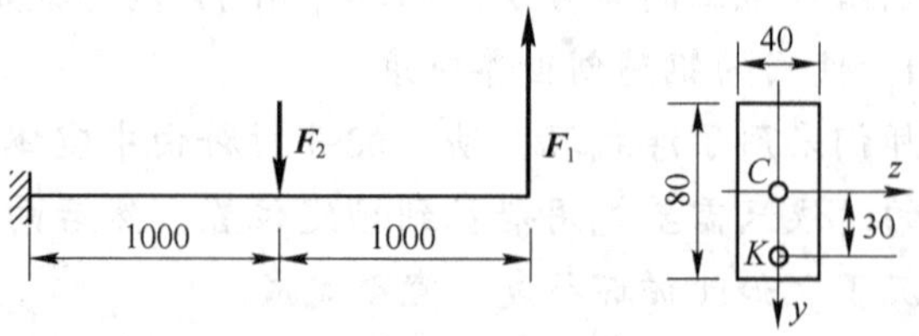

题13-2图

13-3　如题 13-3 图所示简支梁由 28 号工字钢制成，在载荷集度为 q 的均布载荷作用下，测得横截面 C 底边的纵向正应变 $\varepsilon=3\times10^{-4}$，试计算梁内的最大弯曲正应力。已知钢的弹性模量 $E=200\text{GPa}$，$a=1\text{m}$。

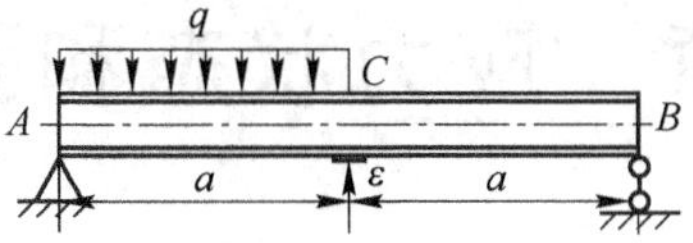

题 13-3 图

13-4　如题 13-4 图所示外伸梁承受载荷 $\boldsymbol{F}$ 作用，已知载荷 $F=20\text{kN}$，许用应力 $[\sigma]=160\text{MPa}$，试选择工字钢型号。

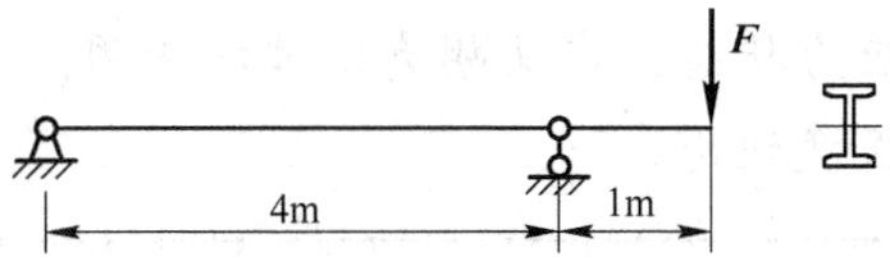

题 13-4 图

13-5　用叠加法求如题 13-5 图所示各梁中指定截面的转角和挠度。已知梁的 EI 为常量。

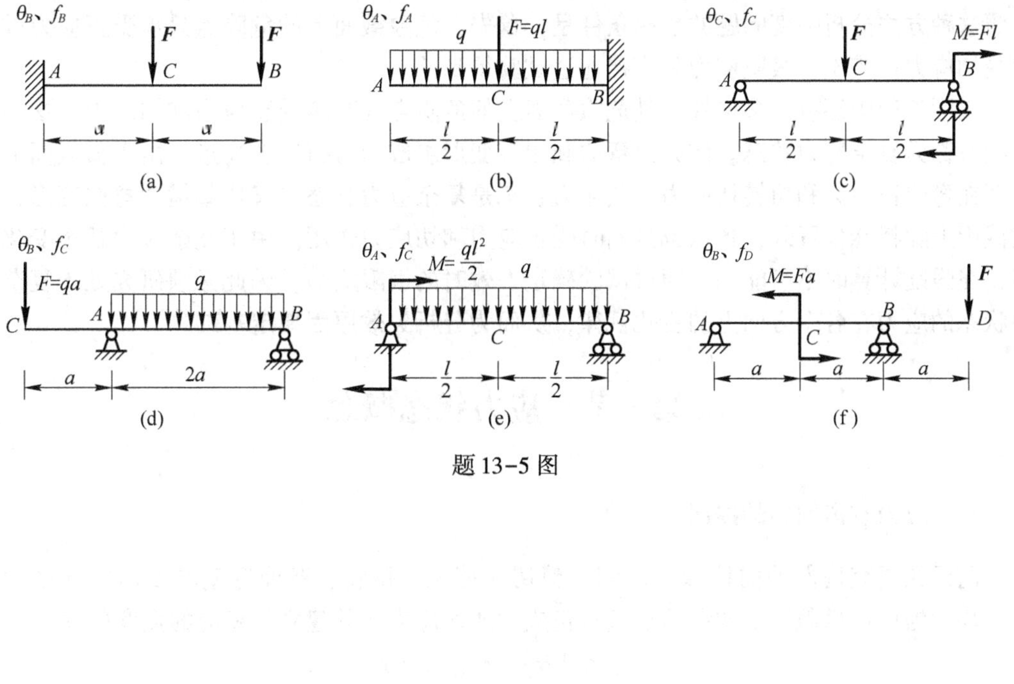

题 13-5 图

第十四章　应力状态和强度理论

学习目标

（1）了解应力状态的概念。

（2）掌握计算平面应力状态，广义胡克定律的应用。

（3）了解学习 4 种强度理论。

前面三章分别讨论了拉压、扭转和弯曲的强度计算问题。在进行这些强度计算时，一般步骤是先对杆件进行内力分析，确定危险截面位置及其内力值，再根据应力计算公式确定危险截面上的危险点处的最大应力，并与根据试验获得的极限应力相比较确定其强度。按照这种方法分析强度问题的前提条件是，首先，危险截面上的危险点只承受正应力或只承受切应力；其次，极限应力是直接通过试验得到的。

实际工程中还有许多构件，其危险截面上的危险点同时承受正应力和切应力，这种受力状态称为复杂应力状态。例如由弯曲和扭转变形组成的弯扭组合变形，由于横截面上各点存在弯曲正应力和扭转切应力，其应力状态是复杂应力状态。又比如横力弯曲变形，在横截面上除特殊位置外，各点也是同时受正应力和切应力作用。由于复杂应力状态变化繁多，在强度计算时不可能一一通过试验确定失效时的极限应力，因此必须研究处于复杂应力状态的应力在各个方向上的变化规律，从而为分析失效原因奠定基础。

第一节　应力状态概念

一、应力状态问题的提出

前面在研究构件轴向拉伸与压缩、剪切与挤压、扭转、弯曲等基本变形的强度问题时，均认为构件横截面上的危险点只有正应力或切应力，并建立了相应的强度条件

$$\sigma_{max} \leqslant [\sigma],\ \tau_{max} \leqslant [\tau]$$

而且认为只要满足以上两个条件，则杆件在强度方面即为安全的。但在工程实际中，有些杆件在满足上述强度条件后，仍有被破坏的可能性。

在工程实际中，还会遇到一些复杂的强度校核问题。例如，大型钻井机械的钻杆上同时存在扭转和压缩变形，这时钻杆横截面上的危险点不仅作用有正应力 σ，还有切应力 τ。对于这类构件，实践证明，应用上述强度条件分别对正应力和切应力进行强度校核将会导致错误的结果。横截面上的正应力和切应力并不是单独对构件起作用，而是相互联系的。因此，必须研究受力构件内部的点在所有斜截面上应力分布情况的总和，即研究点的应力状态。

研究一点的应力状态，首先要从受力构件中将该点的单元体取出，确定单元体各面上的受力情况。通常用应力已知的截面来截取单元体。例如在图 14-1（a）所示的轴向拉伸构件中，为了分析 A 点的应力状态，围绕 A 点用横截面和纵截面截取出单元体进行研究。由于横截面上只有均匀分布的正应力，纵截面上没有应力作用，因此，A 点单元体受力如图 14-1（a）所示。在图 14-1（b）所示的扭转圆轴中，为了分析表面上 C 点的应力状态，围绕 C 点用左右两个横截面、上下两个纵截面和平行于表面的一个纵截面截取出单元体进行研究。横截面上存在线性分布的切应力，根据切应力互等定理，在上下两纵截面上也有大小相等方向相反的切应力作用，在平行于表面的纵截面和表面上无应力存在，因此，C 点单元体受力如图 14-1（b）所示。在图 14-1（c）所示的矩形截面悬臂梁上，若研究 $m-m$ 截面上 A、B、C 三点的应力状态，可围绕三点分别用横截面和纵截面截取出单元体进行研究。横截面上的应力分布如图 14-1（c）所示，大小可由弯曲应力计算公式确定。由于 A 点在梁横截面的最上端，故横截面上只有正应力作用，纵截面上无应力作用，其单元体受力如图 14-1 所示；B 点在中性轴上，故横截面上只有切应力作用，根据该截面上剪力的方向可确定切应力的方向，再根据切应力互等定理可以确定其他各面上的切应力，其单元体受力如图 14-1 所示；同理可确定 C 点的单元体受力情况。

取出单元体，确定其受力后，应用截面法和静力平衡条件就可求出单元体其他截面上的应力。

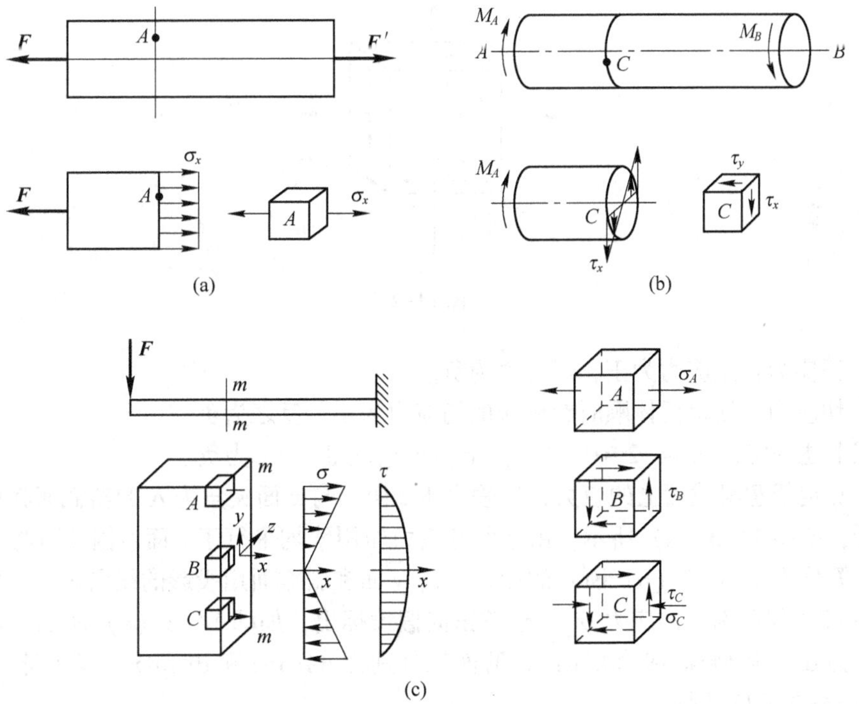

图 14-1

二、主平面和主应力

围绕构件内一点截取不同方向的单元体，则各个截面上的受力情况也各不相同。若某一截面上无切应力，则称这种切应力为零的面为主平面。主平面上的正应力称为主应力。一般来说，受力构件的任意点上总存在 3 个互相垂直的主平面，也有 3 个主应力。通常将这 3 个主应力按代数值从大到小的顺序后排列分别用 σ_1、σ_2、σ_3 表示。若 3 个主应力中只有一个不等于零，则称为单向应力状态，图 14-1（c）中的 A 点就是单向应力状态。若 3 个主应力中有 2 个不等于零，则称为二向应力状态或平面应力状态，图 14-1（c）中的 B、C 点就是二向应力状态。若 3 个主应力都不等于零，则称为三向应力状态或空间应力状态。单向应力状态也称为简单应力状态，二向应力状态和三向应力状态统称为复杂应力状态。

第二节 平面应力状态分析

二向应力状态是最常见的一种应力状态，图 14-2 所示单元体的受力情况为二向应力状态下的最一般的受力情况。建立图 14-2 所示坐标系，坐标轴 x、y、z 分别是单元体 3 个互相垂直平面的法线，对应的面分别称为 x 面、y 面、z 面，表示其上的应力时加该面的名称作为下标，如 σ_x 、τ_y 等。为了确定任意斜截面上的应力，需首先对单元体上的各应力正负号作如下约定。

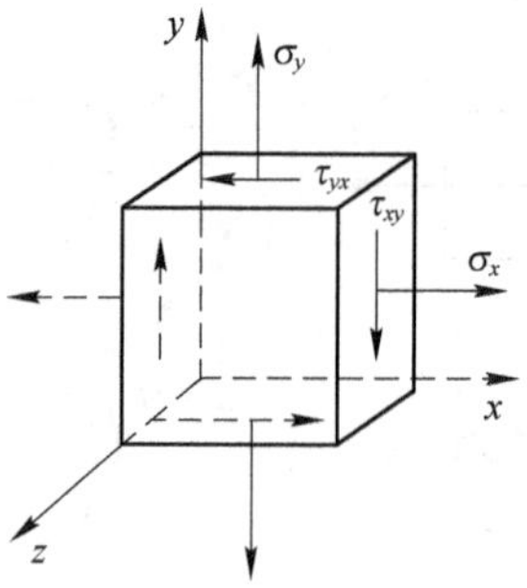

图 14-2

（1）正应力：拉应力为正，压应力为负。

（2）切应力：使单元体顺时针旋转的切应力为正，反之为负。

按照上述约定，图 14-2 中应力 σ_x 、σ_y 和 τ_{xy} 为正，τ_{yx} 为负。

为了确定任意斜截面上的应力，用垂直于 z 面、与 x 面夹角为 α 的斜截面将单元体假想地截开，如图 14-3（a）所示。由于所有应力作用线均平行于 z 面，因此可将单元体受力图投影简化为图 14-3（b）所示的形式，x、y 面和斜截面用投影的线段表示。取出楔形体 ABC 研究，斜截面上的应力 σ_α 、τ_α 按正向假设标出，如图 14-3（c）所示。若设斜截面的面积为 $\mathrm{d}A$，则侧面 AB 和底面 AC 的面积分别为 $\mathrm{d}A\cos\alpha$ 和 $\mathrm{d}A\sin\alpha$ ，楔形体 ABC 的受力图如图 14-3（d）所示。

列斜截面法向 n 和切向 t 的投影平衡方程，有

$$\sum F_n = 0$$

$$\sigma_\alpha \cdot \mathrm{d}A - (\sigma_x \cdot \mathrm{d}A\cos\alpha)\cos\alpha + (\tau_{xy} \cdot \mathrm{d}A\cos\alpha)\sin\alpha - (\sigma_y \cdot \mathrm{d}A\sin\alpha)\sin\alpha + (\tau_{yx} \cdot \mathrm{d}A\sin\alpha)\cos\alpha = 0$$

$$\sum F_t = 0$$

$$\sigma_\alpha \mathrm{d}A - (\sigma_x \cdot \mathrm{d}A\cos\alpha)\sin\alpha - (\tau_{xy} \cdot \mathrm{d}A\cos\alpha)\cos\alpha + (\sigma_y \cdot \mathrm{d}A\sin\alpha)\cos\alpha + (\tau_{yx} \cdot \mathrm{d}A\sin\alpha)\sin\alpha = 0$$

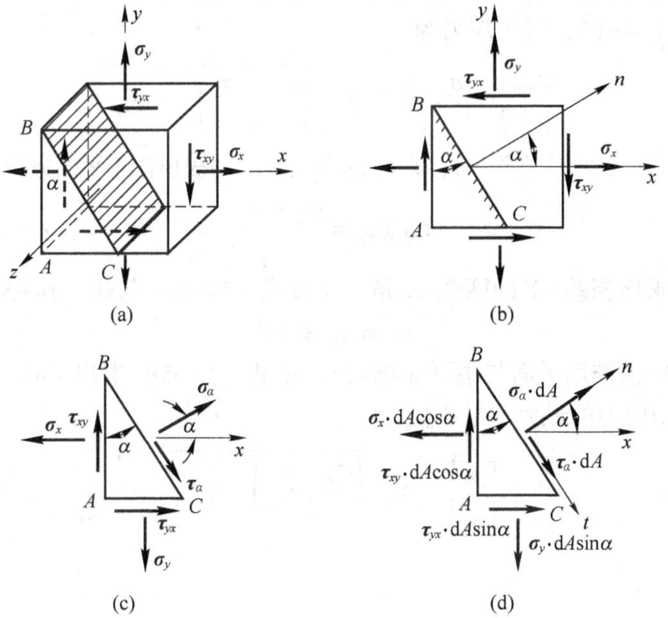

图 14-3

注意到 τ_{xy} 和 τ_{yx} 数值上相等，都用 τ_{xy} 表示，利用三角公式，上面两式简化为

$$\sigma_\alpha = \frac{\sigma_x + \sigma_y}{2} + \frac{\sigma_x - \sigma_y}{2}\cos 2\alpha - \tau_{xy}\sin 2\alpha \tag{14-1}$$

$$\tau_\alpha = \frac{\sigma_x - \sigma_y}{2}\sin 2\alpha + \tau_{xy}\cos 2\alpha \tag{14-2}$$

以上公式就是计算二向应力状态下任意斜截面上应力的公式。这里的 α 是指斜截面与 x 截面的夹角，即斜截面外法线正向 n 和 x 轴间的夹角。规定由 x 轴正向转到法线 n 正向，若为逆时针转向，α 为正；若为顺时针转向，α 为负。在应用以上公式时，应注意正确选取各量的符号。还应注意到，公式中的斜截面仅是指垂直于 z 面的斜截面，并不能求解任意斜截面上的应力。

斜截面上的应力是随 α 的改变而改变的。利用以上公式可进一步确定正应力和切应力的极值及其所在位置。

将式（14-1）对 α 求导数并令其为零，得

$$\frac{\mathrm{d}\sigma_\alpha}{\mathrm{d}\alpha} = -2\left(\frac{\sigma_x - \sigma_y}{2}\sin 2\alpha + \tau_{xy}\cos 2\alpha\right) = 0$$

将括号中的式子与式（14-2）比较，可见在正应力的极值作用截面上，切应力为零。根据主应力和主平面的定义，正应力的极值就是主应力，其作用面就是主平面。以 α_0 表示主平面方位，则由上式解得主平面方位

$$\tan 2\alpha_0 = -\frac{2\tau_{xy}}{\sigma_x - \sigma_y} \tag{14-3}$$

从上式可求出相差90°的两个 α_0 角，这两个 α_0 角对应的面再加上主平面 z 面，构成互相垂直的3个主平面，形成由主平面组成的主应力单元体。由式（14-3）求出 $\sin 2\alpha_0$ 和 $\cos 2\alpha_0$，代入式（14-1），得主应力为

$$\left.\begin{matrix}\sigma_{max}\\ \sigma_{min}\end{matrix}\right\} = \frac{\sigma_x + \sigma_y}{2} \pm \sqrt{\left(\frac{\sigma_x - \sigma_y}{2}\right)^2 + \tau_{xy}^2} \tag{14-4}$$

将式（14-2）对 α 求导数并令其为零，解得切应力的极值作用平面方位（用 α_1 表示）为

$$\tan 2\alpha_1 = \frac{\sigma_x - \sigma_y}{2\tau_{xy}} \tag{14-5}$$

从上式也可求出相差90°的两个 α_1 角。比较式（14-3）与式（14-5）可得

$$\alpha_1 = \alpha_0 \pm 45°$$

即切应力的极值作用平面与主平面成45°。由式（14-5）求出 $\sin 2\alpha_1$ 和 $\cos 2\alpha_1$，代入式（14-2），得切应力的最大和最小值为

$$\left.\begin{matrix}\tau_{max}\\ \tau_{min}\end{matrix}\right\} = \pm\sqrt{\left(\frac{\sigma_x - \sigma_y}{2}\right)^2 + \tau_{xy}^2} \tag{14-6}$$

思考题

图14-4中所示的3个单元体是否处于平面应力状态？

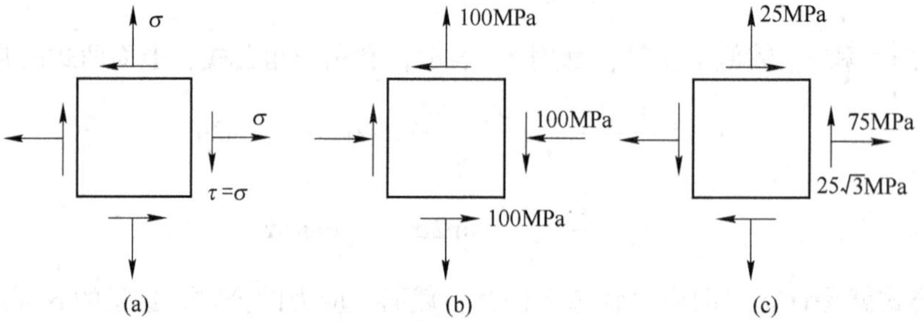

图14-4

【例14-1】 单元体受力如图14-5（a）所示（应力单位：MPa）。试求：（1）指定斜截面上的应力；（2）主应力和主平面方位；（3）最大切应力。

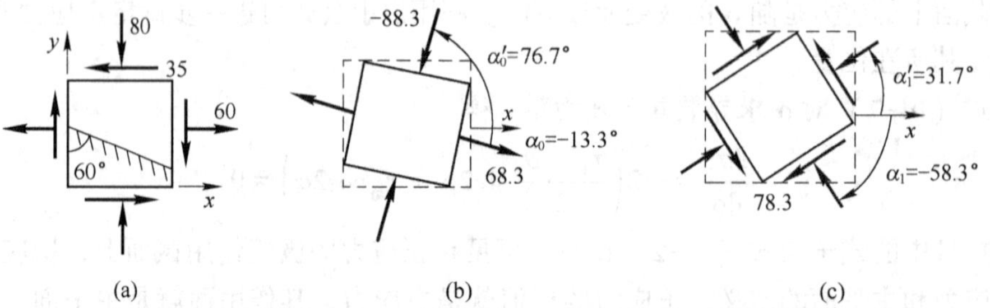

图14-5

解：（1）计算斜截面上的应力。建立图 14-5（a）所示坐标轴，根据符号规定有：$\sigma_x=60\text{MPa}$，$\sigma_y=80\text{MPa}$，$\tau_{xy}=35\text{MPa}$，$\alpha=60^\circ$。将上述数据代入式（14-1）和式（14-2），可得

$$\sigma_{60^\circ}=-75.3\text{MPa}$$
$$\tau_{60^\circ}=43.1\text{MPa}$$

（2）计算主应力和主平面方位。由式（14-3）得

$$\tan 2\alpha_0=-\frac{2\times 35}{60+80}=-0.5$$

解得

$$\alpha_0=-13.3^\circ,\ \alpha_0'=76.7^\circ$$

为了确定对应主平面上的主应力值，分别将 α_0 和 α_0' 值代入式（14-1），得

$$\sigma_{\alpha_0}=68.3\text{MPa}$$
$$\sigma_{\alpha'_0}=-88.3\text{MPa}$$

若按主应力排列，则 $R_1=68.3\text{MPa}$，$R_2=0$，$R_3=-88.3\text{MPa}$。主应力单元体如图 14-4（b）所示。

（3）计算最大切应力。由式（14-6）得

$$\left.\begin{matrix}\tau_{\max}\\ \tau_{\min}\end{matrix}\right\}=\pm\sqrt{\left(\frac{60+80}{2}\right)^2+35^2}=\pm 78.3\text{MPa}$$

其作用面方位由 $\alpha_1=\alpha_0\pm 45^\circ$ 得：$\alpha_1'=31.7^\circ$ 和 $\alpha_1=-58.3^\circ$。其单元体如图 14-5（c）所示。

第三节　平面应力状态下的胡克定律

一、三向应力状态概述

三向应力状态是最一般的应力状态情况，其单元体受力为：在每个截面上都有正应力和平行于该截面棱边的两个切应力分量，如图 14-6（a）所示。理论分析证明，与二向应力状态类似，三向应力状态单元体也可以找到互相垂直的 3 个主平面，得到主应力单元体，如图 14-6（b）所示。

在工程实际中经常会出现三向应力状态的情况。例如滚珠轴承中的滚珠与外圈的接触处，由于有接触应力 σ_3 的作用，单元体会向四周膨胀，引起周围材料对它的约束应力 σ_1 和 σ_2，受力呈三向应力状态，如图 14-7 所示。

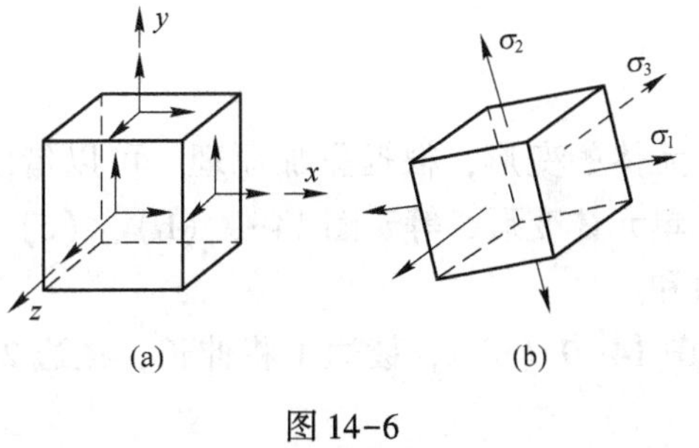

图 14-6

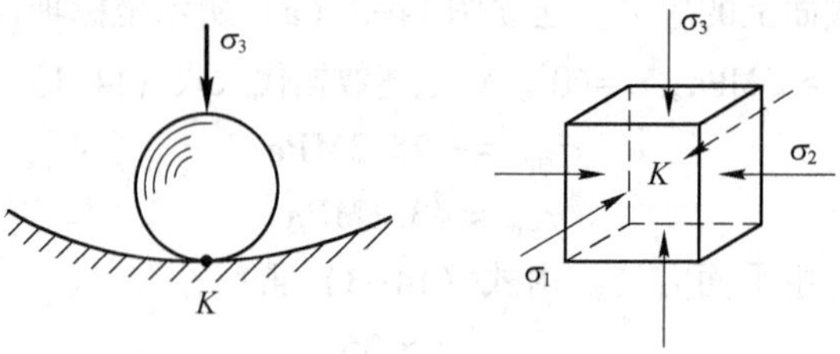

图 14-7

二、三向应力状态的最大应力

为了分析单元体上的最大应力，在主应力单元体上取平行于 σ_3 的 α 截面（图 14-8（a）），沿 σ_3 方向对单元体受力图进行投影。可以看出，单元体受力情况与二向应力状态完全相同，因此可用二向应力状态的分析方法求 α 截面上的应力并画出该方向斜截面应力圆。同理，分别取平行于 σ_1 的 β 截面（见图 14-8（b））和平行于 σ_2 的 γ 截面（见图 14-8（c）），画出相应的应力圆，结果如图 14-8（d）所示：两两相切的 3 个应力圆圆周上的点对应于平行于 3 个主应力方向的斜截面上的应力。可以证明，与 3 个主应力方向不平行的一般斜截面上的应力点落在图 14-8（d）所示的阴影区域内。

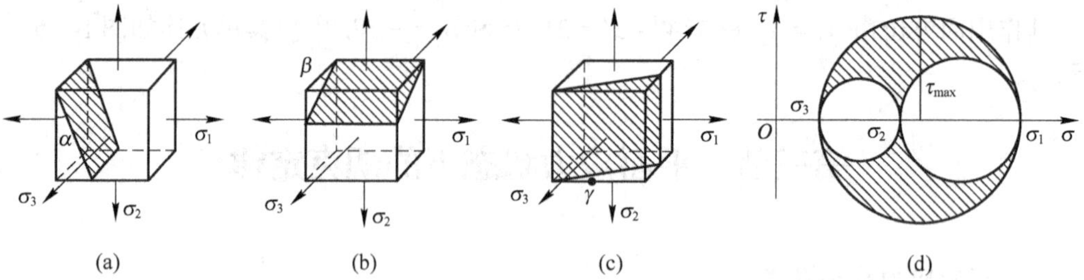

图 14-8

从应力圆图中可以看出，最大正应力和最小正应力分别为

$$\sigma_{max} = \sigma_1 \quad \sigma_{min} = \sigma_3$$

最大切应力为

$$\tau_{max} = \frac{\sigma_1 - \sigma_3}{2} \tag{14-7}$$

最大切应力位于平行于 σ_2 且与 σ_1 和 σ_3 均成 45°角的斜截面上。

三、广义胡克定律

对于三向应力状态单元体的变形，根据叠加原理，可以借助单向拉压的胡克定律计算。即图 14-9（a）所示单元体变形，等于图 14-9（b）、（c）及（d）所示的三种情况下单元体相应变形的代数和。

当只有 σ_1 作用时（图 14-9（b）），棱边 1 将伸长，棱边 2、3 将缩短。各方向的应变为

$$\varepsilon_1' = \frac{\sigma_1}{E} \quad \varepsilon_2' = \varepsilon_3' = -\mu\frac{\sigma_1}{E}$$

同理，在只有 σ_2 作用（见图 14-9（c））和只有 σ_3 作用时（见图 14-9（d）），各方向的应变分别为

$$\varepsilon_2'' = \frac{\sigma_2}{E} \quad \varepsilon_1'' = \varepsilon_3'' = -\mu\frac{\sigma_2}{E}$$

$$\varepsilon_3''' = \frac{\sigma_3}{E} \quad \varepsilon_1''' = \varepsilon_2''' = -\mu\frac{\sigma_3}{E}$$

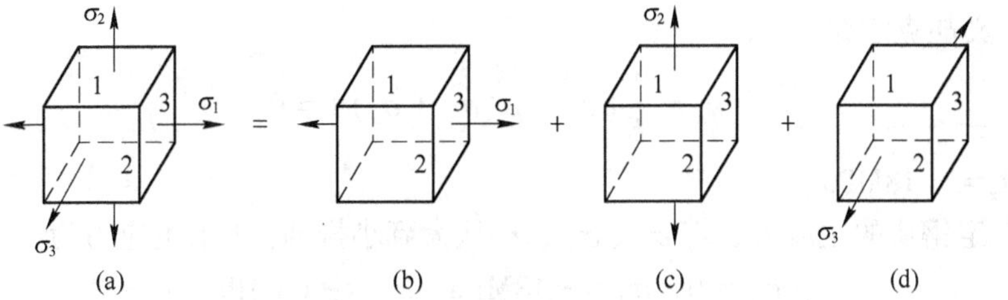

图 14-9

在小变形条件下，叠加可得 3 个主应力同时作用时各棱边的应变为

$$\left.\begin{aligned}\varepsilon_1 &= \frac{1}{E}[\sigma_1 - \mu(\sigma_2 + \sigma_3)]\\ \varepsilon_2 &= \frac{1}{E}[\sigma_2 - \mu(\sigma_1 + \sigma_3)]\\ \varepsilon_3 &= \frac{1}{E}[\sigma_3 - \mu(\sigma_1 + \sigma_2)]\end{aligned}\right\} \tag{14-8}$$

上式称为广义胡克定律。所求的应变 ε_1、ε_2、ε_3 称为主应变，其中 ε_1 是所有方向应变中的最大值，即 $\varepsilon_{max} = \varepsilon_1$。

对于线弹性小变形条件下的各向同性材料，正应变只与正应力有关，与切应力无关。因此，对于如图 14-9（a）所示的一般受力情况的单元体，其广义胡克定律可表示为

$$\left.\begin{aligned}\varepsilon_x &= \frac{1}{E}[\sigma_x - \mu(\sigma_y + \sigma_z)]\\ \varepsilon_y &= \frac{1}{E}[\sigma_y - \mu(\sigma_x + \sigma_z)]\\ \varepsilon_z &= \frac{1}{E}[\sigma_z - \mu(\sigma_x + \sigma_y)]\end{aligned}\right\} \tag{14-9}$$

【例 14-2】 如图 14-10 所示，在一个宽、深均为 10mm 的刚性槽内放置一个 10mm×10mm×10mm 的正方体钢块，顶部施加均布压力 F=60MPa，钢材料的弹性模量 E=200GPa，泊松比 μ=0.3。假设钢块与槽之间光滑接触，求钢块的 3 个主应力和最大切应力。

解：（1）计算钢块 3 个方向的应力。选取图示坐标系，沿 y 方向作用均布压力，则 $\sigma_y = -F = -60$MPa。

沿 z 方向不受力，且变形不受限制，则 $\sigma_z = 0$。

沿 x 方向受刚性槽约束不变形，则 $\varepsilon_x = 0$。

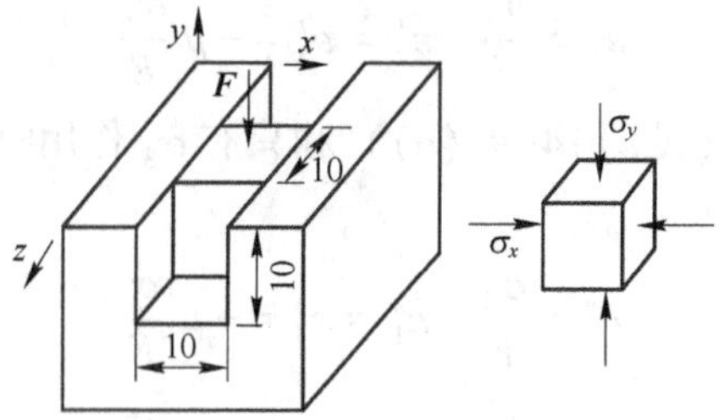

图 14-10

根据广义胡克定律

$$\varepsilon_x = \frac{1}{E}[\sigma_x - \mu(\sigma_y + \sigma_z)] = 0$$

解得 $R_x = -18\text{MPa}$。

（2）确定钢块的主应力。将 σ_x、σ_y、σ_z 从大到小排列，3 个主应力为

$$\sigma_1 = 0 \quad \sigma_2 = -18\text{MPa} \quad \sigma_3 = -60\text{MPa}$$

（3）计算钢块的最大切应力。

$$\tau_{\max} = \frac{\sigma_1 - \sigma_3}{2} = 30\text{MPa}$$

第四节　强度理论简介

一、材料的破坏形式

在前面的一些项目中，我们曾接触过一些材料的破坏现象。例如，低碳钢在拉伸时，当应力达到屈服极限时，产生明显的塑性变形，丧失了承载能力，并且可以观察到在 45°斜截面上出现滑移线的破坏现象。再如，铸铁在拉伸时，当应力达到强度极限时，会发生断裂破坏，断口位置在横截面方向。总结材料在各种受力情况下的破坏形式可以归纳为两种：材料在未产生明显的塑性变形情况下突然断裂的破坏形式，称为脆性断裂；材料产生明显的塑性变形、丧失了承载能力的破坏形式，称为塑性屈服。

通常情况下，脆性材料的破坏形式是脆性断裂；塑性材料的破坏形式是塑性屈服。但试验也表明，应力状态也对材料的破坏形式有影响，例如，在三向拉伸应力状态下，即使是塑性材料也会发生脆性断裂；在三向压缩应力状态下，即使是脆性材料也会发生塑性屈服。

二、强度理论的概念

在材料处于单向应力状态和纯剪切应力状态时，其破坏条件和强度条件可以完全建立在试验的基础上。然而，工程中许多构件的危险点处于复杂应力状态，由于复杂应力状态单元体的 3 个主应力可以有无数种组合，故要想通过试验来建立强度条件是不可能的，因此，只能寻求新的方法来建立复杂应力状态下的强度条件。此外，虽然通过试验已经建立了基本变形下的强度条件，但对引起材料破坏的原因还缺乏了解，也需要加以研究。

通过长期的观察、试验和分析，人们提出了许多假说来解释在复杂应力状态下材料发生破坏的原因。这些经过科学试验和工程实际检验并得到普遍认同的假说称为强度理论。这些假说认为不论在何种应力状态下，当同样的因素达到同一极限值时，材料就会发生破坏。按照这些假说，可以用单向拉伸时的试验结果确定破坏因素的极限值，从而建立复杂应力状态下的强度条件。

由于材料的多样性和应力状态的复杂性，一种强度理论经常是适合某类材料却不适合另一类材料，适合一般应力状态却不适合特殊应力状态，所以现有的强度理论还并不能解决所有的强度问题。强度理论的研究必将随着材料科学和工程技术的不断进步而得到发展。

三、适用于脆性断裂的强度理论

（一）最大拉应力理论（第一强度理论）

最大拉应力理论认为，最大拉应力是引起材料发生脆性断裂的主要因素。按照这一理论，不论材料处于何种应力状态，只要最大拉应力 σ_1 达到某一极限值 σ_u，材料就会发生脆性断裂。在单向拉伸应力状态下，当最大拉应力 σ_1 达到材料的强度极限 σ_m 时，发生脆性断裂，因此强度极限就是极限应力。所以材料的破坏条件为

$$\sigma_1 = \sigma_u = \sigma_m$$

将极限应力除以安全因数得到许用应力［σ］，则最大拉应力理论的强度条件为

$$\sigma_1 \leqslant [\sigma] \tag{14-10}$$

最大拉应力理论在 17 世纪由伽利略提出，是最早的强度理论，故也被称为第一强度理论。这一理论能较好地解释均质脆性材料（如砖石、玻璃、铸铁等）的破坏现象，与试验结果较为吻合，因此得到广泛应用。但该理论未考虑另外 2 个主应力的影响，对不存在拉应力的受力情况也不适用。

（二）最大拉应变理论（第二强度理论）

最大拉应变理论认为，最大拉应变是引起材料发生脆性断裂的主要因素。按照这一理论，不论材料处于何种应力状态，只要最大拉应变 ε_1 达到某一极限值 ε_u，材料就会发生脆性断裂。在单向拉伸应力状态下，当最大拉应力 σ_1 达到材料的强度极限 σ_m 时，最大拉应变达到极限值 $\varepsilon_u = \sigma_m/E$ 。所以材料的破坏条件为

$$\varepsilon_1 = \varepsilon_u = \sigma_m/E$$

以主应力表达为

$$\sigma_1 - \mu(\sigma_2 + \sigma_3) = \sigma_m$$

将极限应力除以安全因数得到许用应力［R］，则最大拉应变理论的强度条件为

$$\sigma_1 - \mu(\sigma_2 + \sigma_3) \leqslant [\sigma] \tag{14-11}$$

最大拉应变理论在 17 世纪后期由马里奥特提出，也被称为第二强度理论。这一理论能较好地解释石料和混凝土等脆性材料受轴向压缩时沿纵向截面开裂的破坏现象，但该理论与许多试验结果不相吻合，所以目前应用较少。

四、适用于塑性屈服的强度理论

（一）最大切应力理论（第三强度理论）

最大切应力理论认为，最大切应力是引起材料发生塑性屈服的主要因素。按照这一理

论，不论材料处于何种应力状态，只要最大切应力 τ_{max} 达到某一极限值 τ_u，就会发生塑性屈服。在单向拉伸应力状态下，当最大拉应力达到材料的屈服极限 σ_e 时，发生屈服破坏，此时在45°斜截面上最大切应力达到极限值，即有 $\tau_u=\sigma_e/2$。所以材料的破坏条件为

$$\tau_{max}=\tau_u=\sigma_e/2$$

以主应力表达为

$$\sigma_1-\sigma_3=\sigma_e$$

将极限应力 σ_e 除以安全因数得到许用应力 $[\sigma]$，则最大切应力理论的强度条件为

$$\sigma_1-\sigma_3\leqslant[\sigma] \tag{14-12}$$

最大切应力理论由库仑提出，后经屈雷斯卡加以完善，也被称为第三强度理论。这一理论较圆满地解释了塑性材料的屈服破坏现象，与许多塑性材料发生屈服的试验结果相吻合，所以它得到了广泛应用。但该理论未考虑中间主应力 σ_2 的影响，在二向应力状态下，理论计算结果与试验比较偏安全。

（二）畸变能密度理论（第四强度理论）

在介绍该理论之前，首先简要介绍一下畸变能密度的概念。在弹性变形范围内，变形固体在外力作用下会发生弹性变形。若外力作用点产生位移，则外力对变形固体作功。根据能量守恒原理，外力的功转化为一种能量储存在变形固体内，这种能量称为应变能。在外力撤除后，变形固体释放应变能使变形完全恢复。因为变形固体内各点的变形可能不同，为了衡量各点的应变能的大小，可用单位体积内储存的应变能来表示，称为应变能密度。单元体内储存的应变能的多少用单元体的应变能密度表示。单元体的变形形式包含体积改变和形状改变两种，因此，单元体的应变能密度也包括由体积改变产生的体积改变能密度和由形状改变产生的畸变能密度。对于处于复杂应力状态的单元体，其畸变能密度计算公式为

$$v_d=\frac{1+\mu}{6E}[(\sigma_1-\sigma_2)^2+(\sigma_2-\sigma_3)^2+(\sigma_3-\sigma_1)^2]$$

畸变能密度理论认为，畸变能密度是引起材料发生塑性屈服的主要因素。按照这一理论，不论材料处于何种应力状态，只要畸变能密度 v_d 达到某一极限值 v_{du}，材料就会发生塑性屈服。在单向拉伸应力状态下，当最大拉应力达到材料的屈服极限 σ_e 时，发生屈服破坏，此时的畸变能密度达到极限值，由上式求得 $v_{du}=\frac{1+\mu}{6E}(2\sigma_e^2)$。所以材料的破坏条件为

$$v_d=v_{du}=\frac{1+\mu}{6E}(2\sigma_e^2)$$

以主应力表达为

$$\sqrt{\frac{1}{2}[(\sigma_1-\sigma_2)^2+(\sigma_2-\sigma_3)^2+(\sigma_3-\sigma_1)^2]}=\sigma_e$$

将极限应力 σ_e 除以安全因数得到许用应力 $[\sigma]$，则畸变能密度理论的强度条件为

$$\sqrt{\frac{1}{2}[(\sigma_1-\sigma_2)^2+(\sigma_2-\sigma_3)^2+(\sigma_3-\sigma_1)^2]}\leqslant[\sigma] \tag{14-13}$$

畸变能密度理论最早由胡贝尔和米塞斯以不同的形式提出，后经亨奇用畸变能密度进

一步解释论证，该理论也被称为第四强度理论。这一理论比第三强度理论更符合试验结果，所以目前得到了广泛应用。

【例 14-3】 蒸汽锅炉是圆筒形薄壁容器，如图 14－11（a）所示。已知气体压力 $p=3.5\text{MPa}$，锅炉平均直径 $D=1\text{m}$，$[\sigma]=140\text{MPa}$，试按第三和第四强度理论设计其壁厚。

解：(1) 确定应力状态。锅炉等圆筒形压力容器是工程中常用的一类工业设备。当圆筒形压力容器的壁厚 a_0 远小于它的直径 D 时（一般要求 $a_0 < D/20$），它就被称为薄壁压力容器。此时，可以近似认为应力沿壁厚均匀分布。在内压力的作用下，圆筒横截面上有均布的正应力 σ_x，用截面法沿横截面方向将圆筒截开，受力如图 14-11（b）所示。作用在筒底的内压力等于横截面上的内力，即

$$\sigma_x \cdot (\pi D a_0) = F = p\left(\frac{\pi D^2}{4}\right)$$

得到轴向应力

$$\sigma_x = \frac{pD}{4a_0}$$

用相距 l 的 2 个横截面和包含直径的纵截面截取一部分筒壁作为研究对象，如图 14-11（c）所示。若筒壁纵截面上的应力为 σ_t，则纵截面上的应力的合力等于筒壁上作用的内压力在 y 方向的分力，即

$$\sigma_t \cdot (2a_0 l) = \int_0^{\pi} pl\frac{D}{2}\sin\theta \mathrm{d}\theta$$

得到周向应力

$$\sigma_t = \frac{pD}{2a_0}$$

比较轴向应力和周向应力计算公式可知，薄壁圆筒受内压作用时，周向应力是轴向应力的 2 倍。薄壁圆筒外壁为自由表面，径向应力为零，内壁径向应力 $\sigma_D=-p$，远远小于 σ_x 和 σ_t，可以忽略不计，因此可将薄壁圆筒视为二向应力状态。单元体受力如图 14-11（a）所示。主应力为

$$\sigma_1 = \sigma_t = \frac{pD}{2a_0} \quad \sigma_2 = \sigma_x = \frac{pD}{4a_0} \quad \sigma_3 = \sigma_D \approx 0$$

(2) 按第三强度理论设计壁厚 a_0。

$$\sigma_{r3} = \sigma_1 - \sigma_3 = \frac{pD}{2a_0} \leqslant [\sigma]$$

得

$$a_0 \geqslant \frac{pD}{2[\sigma]} = \frac{3.5\times1000}{2\times140} = 12.5\text{mm}$$

(3) 按第四强度理论设计壁厚 a_0。

$$\sigma_{r4} = \sqrt{\frac{1}{2}[(\sigma_1-\sigma_2)^2+(\sigma_2-\sigma_3)^2+(\sigma_3-\sigma_1)^2]} = \frac{\sqrt{3}pD}{4a_0} \leqslant [\sigma]$$

得

$$a_0 \geqslant \frac{\sqrt{3}pD}{4[\sigma]} = \frac{\sqrt{3}\times3.5\times1000}{4\times140} = 10.8\text{mm}$$

两个强度理论计算出的壁厚 a_0 均满足薄壁容器的壁厚 $a_0<D/20$ 的要求，因此计算结果可用。

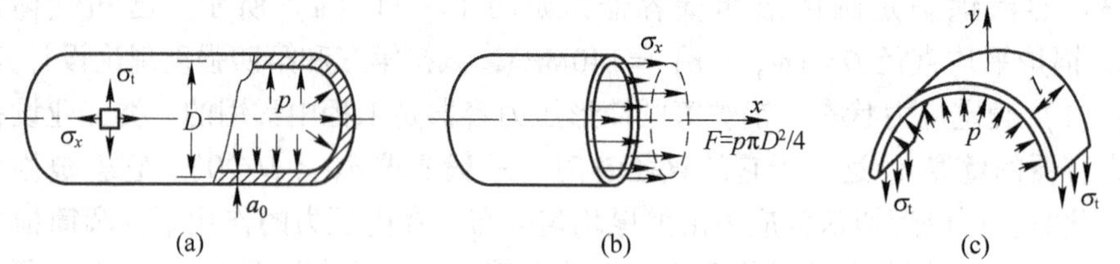

图 14-11

扩展阅读

莫尔-库仑理论

查利·奥古斯丁·库仑（1736—1806），法国工程师、物理学家。1736 年 6 月 14 日生于法国昂古莱姆，1806 年 8 月 23 日在巴黎逝世。主要贡献有扭秤实验、库仑定律、库仑土压力理论等，同时也被称为“土力学之始祖”。

库仑在 1736 年 6 月 14 日生于法国昂古莱姆。库仑在青少年时期就受到了良好的教育。他后来到巴黎军事工程学院学习，离开学校后，他进入西印度马提尼克皇家工程公司工作。工作了 8 年以后，他又在埃克斯岛瑟堡等地服役。这时库仑就已开始从事科学研究工作，他把主要精力放在研究工程力学和静力学问题上。

本章前面介绍的 4 个基本的强度理论并不能解决所有的强度问题。例如对于铸铁受压破坏的问题，其断裂方向在与横截面成45°～55°的斜截面上，显然应该是剪切破坏，与第一、第二强度理论破坏原因的解释不相吻合，因此不能选用第一、第二强度理论进行强度计算。事实上，四个基本的强度理论都没有考虑到抗拉与抗压性能不同的材料（如各种脆性材料）的特点。莫尔-库仑理论（Mohr Coulomb theory）又称库仑强度理论，内容包括：材料的破坏是剪切破坏，当任意平面上的剪应力等于材料的抗剪强度时该点就发生破坏，并提出破坏面上的剪应力（剪切强度）取决于剪切面上的正应力和岩石的性质，是剪切面上正应力的函数，破坏面上的剪应力函数形式有多种：直线型、抛物线型、双曲线型等，是一系列由实验拟合的极限莫尔圆包络线，其直线型方程与库仑公式的表达式相同。

莫尔认为，材料的破坏主要是由于某一截面上的切应力达到了一定限度，同时也与该截面上的正应力有关。按照莫尔强度理论建立的强度条件为

$$\sigma_1 - \frac{[\sigma_t]}{[\sigma_c]}\sigma_3 \leqslant [\sigma]$$

式中，$[\sigma_t]$ 为材料的许用拉应力；$[\sigma_c]$ 为材料的许用压应力。

试验表明，对于抗拉与抗压性能不同的材料，该理论能给出比较满意的结果。如果材料的抗拉与抗压性能相同，即 $[\sigma_t]=[\sigma_c]$，式子变成了最大切应力理论公式。

因此，我们可以将最大切应力理论看成是莫尔强度理论的特殊情况。

库仑是 18 世纪最伟大的物理学家之一，他的杰出贡献是永远也不会磨灭的。

思考与练习

14-1 试求题 14-1 图所示单元体斜截面 *ab* 上的应力，并在图中标出。

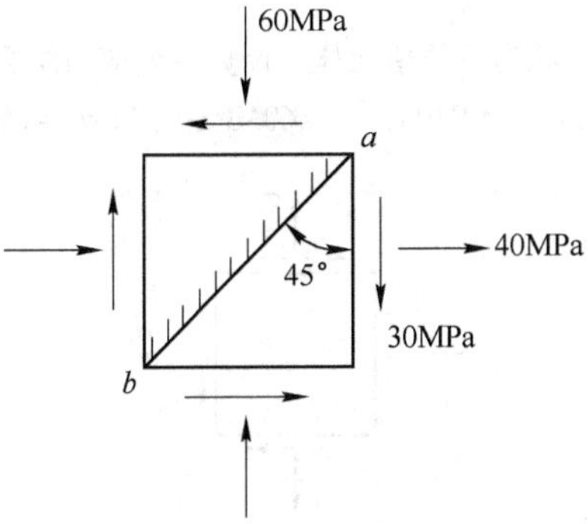

题 14-1 图

14-2 已知应力状态如题 14-2 图所示（应力单位：MPa）。试用截面法及平衡条件求指定截面（标有阴影线者）上的应力。

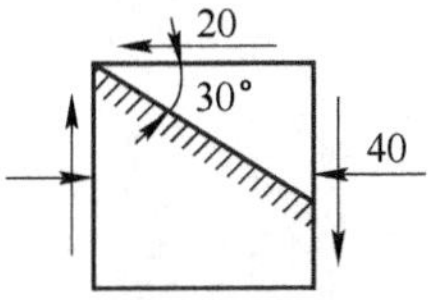

题 14-2 图

14-3 从构件中取单元体，受力如题 14-3 图所示（应力单位：MPa），其中 *BC* 为自由表面，且无外力作用。试求 σ_x 和 τ_x。

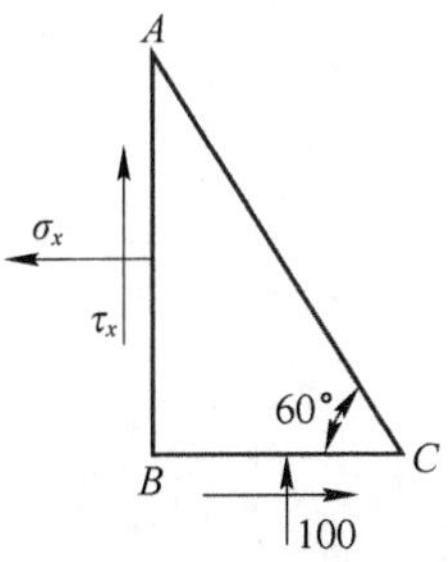

题 14-3 图

14-4 从钢构件中取出一部分如题 14-4 图所示（图中长度单位：mm）。已知 $\sigma=30\text{MPa}$，$\tau=15\text{MPa}$。已

知材料的弹性模量 $E=200\text{GPa}$，泊松比 $\mu=0.3$。试求对角线 AC 的长度改变量。（提示：先求 AC 方向和垂直 AC 方向的正应力，再用广义胡克定律求 AC 方向的应变）

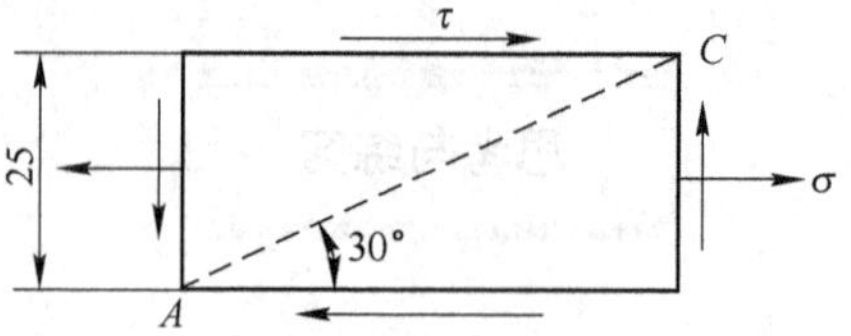

题 14-4 图

14-5 如题 14-5 图所示为二向应力状态下的单元体，计算下列应力组合情况下的第三和第四强度理论的相当应力。(1) $\sigma_x=40\text{MPa}$，$\sigma_y=40\text{MPa}$，$\tau_{xy}=60\text{MPa}$；(2) $\sigma_x=60\text{MPa}$，$\sigma_y=-80\text{MPa}$，$\tau_{xy}=-40\text{MPa}$。

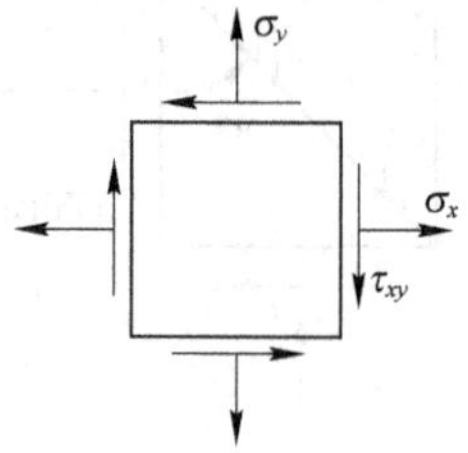

题 14-5 图

第十五章　组合变形

学习目标

(1) 了解组合变形的概念。

(2) 掌握拉（压）弯组合变形的强度计算。

(3) 掌握扭弯组合变形的强度计算。

前面各章分别讨论了杆件的轴向拉伸（压缩）、剪切、扭转、弯曲四种基本变形形式，而工程实际中的杆件，在使用时可能同时产生几种基本变形。例如，图 15-1 所示的压力机机架在工作时受到力 $\boldsymbol{F}$ 作用，立柱横截面上存在轴力和弯矩，因此立柱将产生拉伸和弯曲的组合变形；图 15-2 所示为一传动轴，电动机对传动轴施加一力偶，力偶矩为 M_0，皮带轮紧边和松边张力分别为 $\boldsymbol{F}_{T1}$ 和 $\boldsymbol{F}_{T2}$，轴在这些外力共同作用下将产生弯曲和扭转的组合变形。

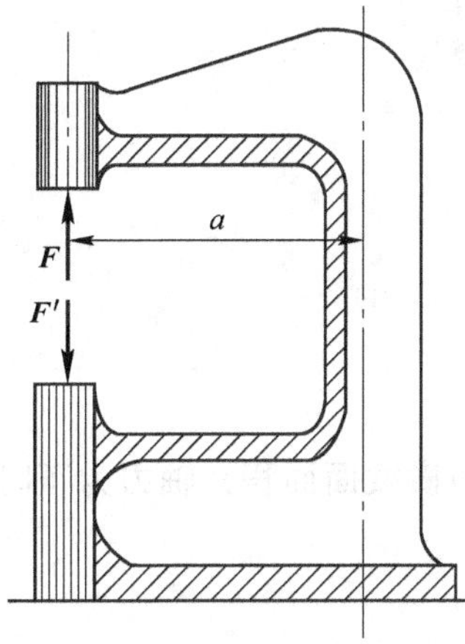

图 15-1

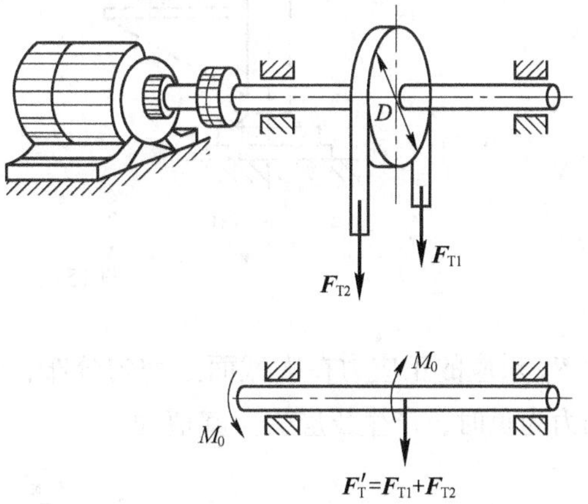

图 15-2

杆件同时产生两种或两种以上基本变形的情况称为组合变形。根据基本变形情况，组合变形可分为拉伸（压缩）与弯曲组合变形、拉伸（压缩）与扭转组合变形、弯曲与扭转组合变形及拉伸（压缩）、扭转与弯曲组合变形几种情形。由于杆件的一般弯曲问题（称为斜弯曲）可认为是同时在两个方向发生平面弯曲，其分析方法与组合变形相同，因此也常将斜弯曲作为组合变形处理。

当发生组合变形的杆件服从胡克定律且变形满足小变形条件时，在进行组合变形强度计算时，可以认为任一载荷作用所产生的应力都不受其他载荷的影响，此时有如下结论：

杆在几个载荷共同作用下所产生的应力，等于每一个载荷单独作用下所产生的应力的总和，这一结论称为叠加原理。

但上述叠加的方法只在小变形的情况下才适用。当变形较大时，各基本变形及其引起的应力之间将会相互影响，并使构件产生新的内力。本章着重讨论拉伸（压缩）与弯曲、扭转与弯曲两种组合变形，分别简称拉（压）弯、扭弯组合变形，这也是工程上最常见的两种情况。

第一节　拉（压）与弯曲的组合变形

拉伸（压缩）与弯曲的组合变形是工程实际中最常见的组合变形情况。如果杆件除了在通过其轴线的纵向平面内受到力偶或垂直于轴线的横向外力外，还受到轴向拉（压）力作用，杆件将发生拉伸（压缩）与弯曲的组合变形，简称拉（压）弯组合变形。

图 15-3 所示为悬臂钻床结构。立柱 $m-m$ 截面上同时作用轴力和弯矩，根据外力情况画杆件的轴力图和弯矩图，可以确定杆件的危险截面及危险截面上的轴力 $\boldsymbol{F}_{\mathrm{N}}$ 和弯矩 M。

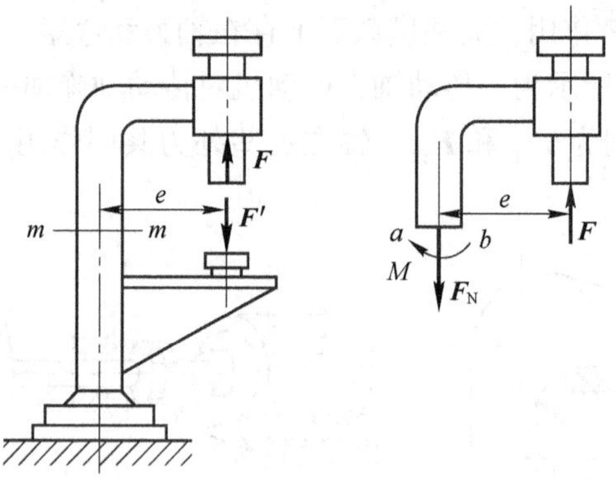

图 15-3

轴力 $\boldsymbol{F}_{\mathrm{N}}$ 对应的正应力在横截面上均匀分布，A 为横截面面积，轴力为正时，产生拉应力；轴力为负时，产生压应力。其值为

$$\sigma_{\mathrm{N}} = \frac{\boldsymbol{F}_{\mathrm{N}}}{A}$$

弯矩 M 对应的正应力沿横截面高度方向线性分布，相对对称轴一侧是拉应力，另一侧是压应力，W_z 为抗弯截面系数，其值为

$$\sigma_M = \frac{M}{W_z}$$

应用叠加法，将同一点的 2 个正应力代数值相加，所得的应力就是该点的总应力。由于弯曲正应力的最大值出现在受弯方向的凹凸表面上，因此最大应力也应出现在此处。根据实际受力和截面形状，最大正应力有不同的情形。若横截面在弯曲方向有对称轴，则最大弯曲拉应力与最大弯曲压应力相等，即有最大正应力

$$\sigma_{max} = |\sigma_N| + |\sigma_{Mmax}| = \left|\frac{F_N}{A}\right| + \left|\frac{M_{max}}{W_z}\right| \tag{15-1}$$

强度条件与弯曲时相同，即

$$\sigma_{max} \leqslant [\sigma] \tag{15-2}$$

【例 15-1】 图 15-4（a）所示为一起重支架，AB 梁由两根并排槽钢复合而成。已知：$a=3\text{m}$，$b=1\text{m}$，$F=36\text{kN}$，AB 梁的材料许用应力 $[\sigma]=140\text{MPa}$。试选择槽钢型号。

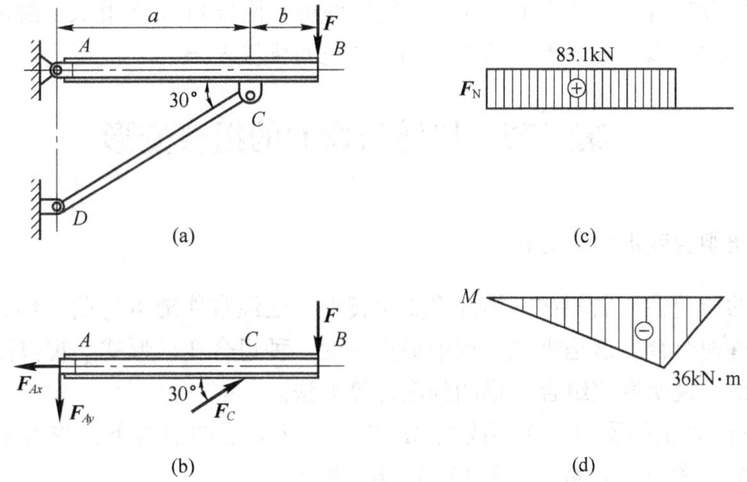

图 15-4

解：（1）确定 AB 梁的外力。分析 AB 受力，画受力图如图 15-4（b）所示。列平衡方程

$$\sum M_A = 0 \quad F_C a\sin30^\circ - F(a+b) = 0$$

解得 $F_C=96\text{kN}$。

（2）作内力图，确定危险截面。根据 AB 杆的外力，作杆的轴力图和弯矩图如图 15-4（c）、（d）所示。由于弯曲切应力很小，可不考虑剪力图。从图中可以看到，在 AC 段既存在弯矩又有轴力，是拉弯组合变形，并且 CB 段是弯曲变形。显然 C 截面是危险截面，其内力为

$$F_N = 83.1\text{kN} \quad M_{max} = 36\text{kN}\cdot\text{m}$$

（3）确定危险点应力，计算强度。在 C 截面的上下侧边缘有最大弯曲正应力，上侧为拉应力，下侧为压应力；拉伸正应力各点相同。显然叠加后 C 截面上侧边缘各点正应力最大，是危险点。建立强度条件

$$\sigma_{max} = \frac{F_N}{A} + \frac{M_{max}}{W_z} \leqslant [\sigma]$$

因为上式中 A 和 W_z 都未知，故用试凑法计算。可先只考虑弯曲应力确定 W_z，选择槽钢型号，再进行校核。由

$$\frac{M_{max}}{W_z} \leqslant [\sigma]$$

得

$$W_z \geqslant 257\times10^{-6}\text{m}^3 = 257\text{cm}^3$$

查型钢表，选 2 根 18a 槽钢，$W_z = 141\times2 = 282\text{cm}^3$，相应的横截面积 $A = 25.699\times2 = 51.398\text{cm}^2$，校核强度

$$\sigma_{\max} = \frac{\boldsymbol{F}_{\mathrm{N}}}{A} + \frac{M_{\max}}{W_z} = 143.8\text{MPa} > \sigma$$

最大应力没超过许用应力的 5%，工程中许可，因此可以选用 18a 槽钢。如果最大应力超过许用应力较多，则应重新选择型钢，并进行强度校核。

第二节 扭转与弯曲的组合变形

一、弯扭组合变形状态分析

机械中的传动轴、曲柄轴等零件除受扭转外，还经常伴随着弯曲变形，这种组合变形形式常称为弯扭组合，这是机械工程中最重要的一种组合变形形式。现以图 15-5（a）所示曲拐轴为例，说明弯扭组合变形的强度计算方法。

首先分析 *AB* 轴的受力。在不改变 *AB* 的内力和变形的前提下，将力 $\boldsymbol{F}$ 等效平移到 *B* 点，得到一个力和一个力偶，如图 15-5（b）所示。

$\boldsymbol{F}' = \boldsymbol{F}$——使 *AB* 杆产生弯曲变形；

$M_B = \boldsymbol{F}a$——使 *AB* 杆产生扭转变形。

画出 *AB* 杆的扭矩图和弯矩图，如图 15-5（c）、（d）所示。可以看出，在 *AB* 杆的固定端截面 *A* 上有最大扭矩和最大弯矩，因此截面 *A* 是危险截面。危险截面上的扭矩和弯矩分别为

$$T = M_B = \boldsymbol{F}a \qquad M_{\max} = \boldsymbol{F}l$$

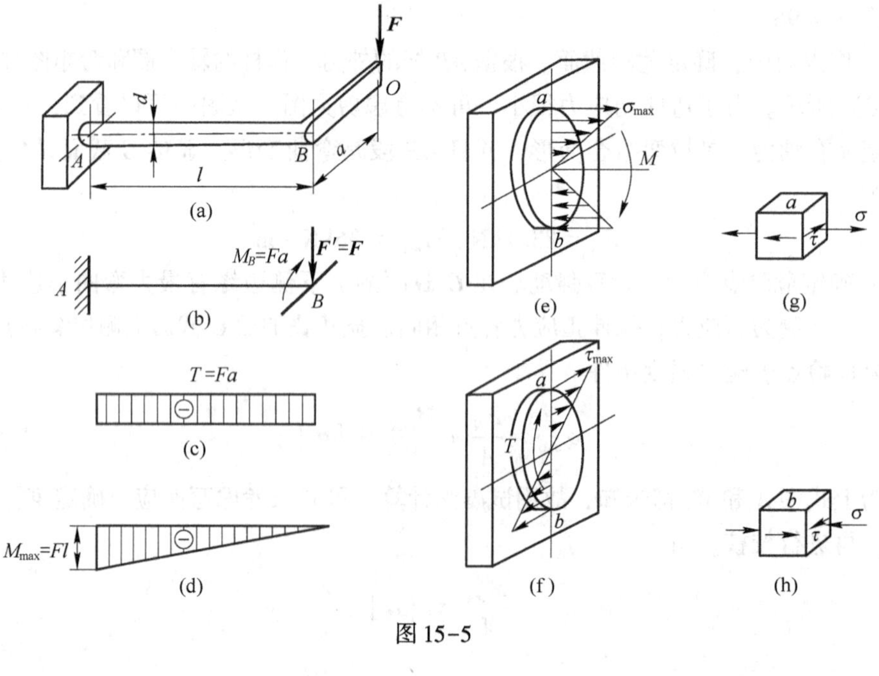

图 15-5

需要说明的是，横截面上还存在大小为 F_Q 的剪力。但一般情况下剪力引起的切应力与扭转切应力相比很小，通常在研究弯扭组合变形强度问题时都不加考虑。

接着分析危险截面上的应力。该截面上由于弯矩作用产生弯曲正应力，其应力分布如图 15-5（e）所示，最大正应力出现在截面的上下边缘 a、b 两点处；由于扭矩作用产生扭转切应力，其应力分布如图 15-5（f）所示，最大切应力出现在截面周边各点。显然，在 a、b 两点处同时有最大正应力和最大切应力，故 a、b 两点是危险点。将 a、b 两点的单元体取出，其受力如图 15-5（g）、（h）所示。可见其应力状态是二向应力状态。

最大扭转切应力和最大弯曲正应力分别为

$$\tau = \frac{T}{W_P} \quad \sigma = \frac{M_{max}}{W_z}$$

式中，W_P 和 W_z 分别为圆截面的抗扭截面系数和抗弯截面系数。

二、扭弯组合变形的强度计算

对于塑性材料制成的杆件，可选用第三或第四强度理论进行强度计算。强度计算前先确定危险点的主应力 σ_1、σ_2 和 σ_3，对于 a 点有

$$\sigma_1 = \frac{\sigma}{2} + \sqrt{\left(\frac{\sigma}{2}\right)^2 + \tau^2},\ \sigma_2 = 0,\ \sigma_3 = \frac{\sigma}{2} - \sqrt{\left(\frac{\sigma}{2}\right)^2 + \tau^2}$$

对于 b 点有

$$\sigma_1 = -\frac{\sigma}{2} + \sqrt{\left(\frac{\sigma}{2}\right)^2 + \tau^2},\ \sigma_2 = 0,\ \sigma_3 = -\frac{\sigma}{2} - \sqrt{\left(\frac{\sigma}{2}\right)^2 + \tau^2}$$

选用第三强度理论进行强度计算时，将两点数据代入强度条件公式，有

$$\sigma_{r3} = \sigma_1 - \sigma_3 = \sqrt{\sigma^2 + 4\tau^2} \leqslant [\sigma] \tag{15-3}$$

选用第四强度理论进行强度计算时，将两点数据代入强度条件公式，有

$$\sigma_{r4} = \sqrt{\frac{1}{2}[(\sigma_1 - \sigma_2)^2 + (\sigma_2 - \sigma_3)^2 + (\sigma_3 - \sigma_1)^2]} = \sqrt{\sigma^2 + 3\tau^2} \leqslant [\sigma] \tag{15-4}$$

两点的相当应力相同，说明两点危险程度相同。

将应力计算代入式（15-3）和式（15-4），并注意到圆截面杆的 $W_P = 2W_z$，得到的弯扭组合强度条件如下。

第三强度理论
$$\sigma_{r3} = \sqrt{\sigma^2 + 4\tau^2} = \frac{\sqrt{M_{max}^2 + T^2}}{W_z} \leqslant [\sigma] \tag{15-5}$$

第四强度理论

$$\sigma_{r4} = \sqrt{\sigma^2 + 3\tau^2} = \frac{\sqrt{M_{max}^2 + 0.75T^2}}{W_z} \leqslant [\sigma] \tag{15-6}$$

【例 15-2】 图 15-6（a）所示电动机带动皮带轮工作。已知电动机的功率为 9kW，转速为 715r/min，皮带轮直径 D=250mm，皮带的紧边拉力为 $\boldsymbol{F}_1$，松边拉力为 $\boldsymbol{F}_2$，且 $\boldsymbol{F}_1 = 1.5\boldsymbol{F}_2$，电动机主轴外伸部分的长度 l=120mm，直径 d=40mm。若已知轴材料的许用应力 [R] = 100MPa，试用第三强度理论校核主轴外伸部分的强度。

解：（1）主轴上作用外力的计算和简化。电动机通过皮带轮输出功率，其作用在皮带

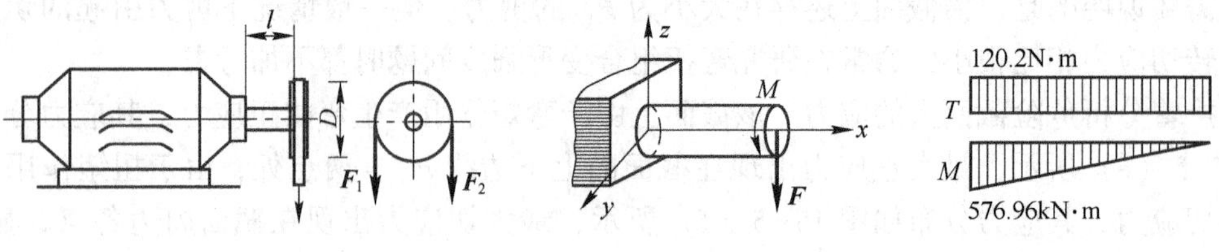

(a) (b) (c)

图 15-6

轮上的外力偶矩为

$$M = 9549\frac{P}{n} = 9549 \times \frac{9}{715} = 120.2\text{N} \cdot \text{m}$$

根据皮带拉力与外力偶矩的平衡关系有

$$\boldsymbol{F}_1 \times \frac{D}{2} - \boldsymbol{F}_2 \times \frac{D}{2} = M$$

因为 $\boldsymbol{F}_1 = 1.5\boldsymbol{F}_2$，所以

$$\boldsymbol{F}_1 = 2884.8\text{N} \qquad \boldsymbol{F}_2 = 1923.2\text{N}$$

将电动机主轴外伸部分简化为悬臂结构，皮带拉力 $\boldsymbol{F}_1$ 和 $\boldsymbol{F}_2$ 向轮心简化，得计算模型如图 15-6（b）所示。其中

$$\boldsymbol{F} = \boldsymbol{F}_1 + \boldsymbol{F}_2 = 4808\text{N}$$

（2）确定危险截面及其弯矩和扭矩。作扭矩图和弯矩图，如图 15-6（c）所示，可以看出，在主轴根部有最大弯矩，同时受扭矩作用，是危险截面，其扭矩和弯矩分别为

$$T = M = 120.2\text{N} \cdot \text{m}$$

$$M_{\max} = Fl = 576.96\text{N} \cdot \text{m}$$

（3）强度校核。按第三强度理论有

$$\sigma_{r3} = \frac{\sqrt{M_{\max}^2 + T^2}}{W_z} = \frac{\sqrt{576.96^2 + 120.2^2}}{\frac{\pi \times 0.04^3}{32}} = 93.8\text{MPa} \leqslant [\sigma]$$

所以，电动机主轴的强度足够，是安全的。

第三节 斜弯曲

一、斜弯曲的概念

当外力施加在梁的对称面（或主轴平面）内时，梁将产生平面弯曲变形，此时外力作用平面与梁的挠曲线所在平面是同一平面。若外力作用平面不是对称面（或主轴平面）（见图 15-7（a））或弯曲外力不在同一平面内作用时（见图 15-7（b）），梁产生的弯曲变形较复杂，挠曲线所在平面与外力作用面不共面，这种弯曲称为斜弯曲。借助平面弯曲的结论，可以用叠加法计算斜弯曲的强度。

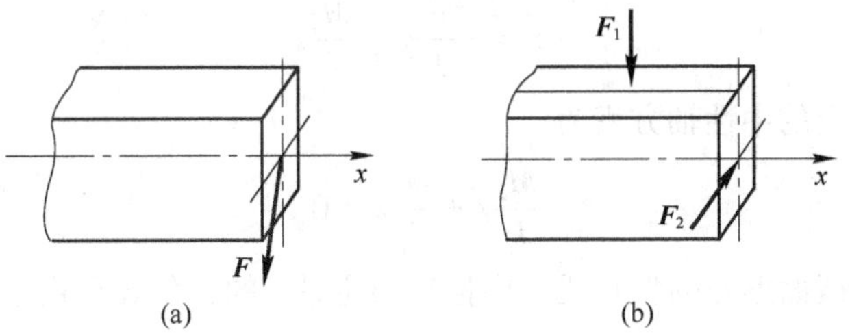

(a)　　(b)

图 15-7

二、内力与应力的计算

为了确定发生斜弯曲变形时梁横截面上的应力，在小变形条件下，可以将斜弯曲分解为2个相互垂直的主轴平面内的平面弯曲，分别研究2个平面弯曲的横截面应力，最后将同一点的应力相加得到该点总的应力。一般弯曲切应力非常小，因此在分析时只考虑弯曲正应力。

以矩形截面梁为例，如图 15-8 所示，作用在梁端截面形心上的外力 $\boldsymbol{F}$ 垂直于轴线 x，与对称轴 y 的夹角为 φ。将力 $\boldsymbol{F}$ 向 2 个对称轴 y、z 分解成 $\boldsymbol{F}_y$、$\boldsymbol{F}_z$ 两个分力

$$\boldsymbol{F}_y = \boldsymbol{F}\cos\varphi$$

$$\boldsymbol{F}_z = \boldsymbol{F}\sin\varphi$$

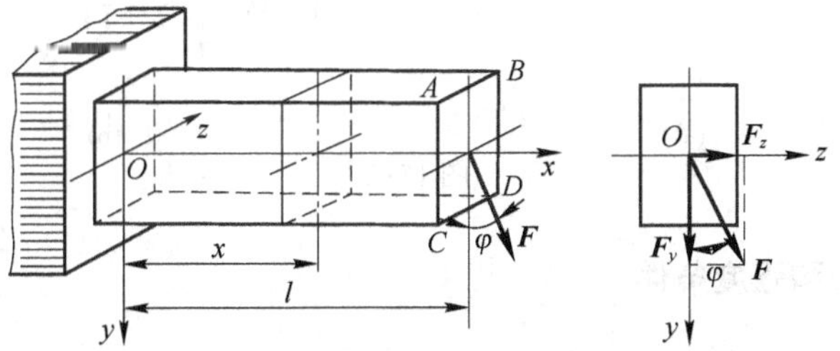

图 15-8

在 $\boldsymbol{F}_y$ 作用下梁在 Oxy 平面发生平面弯曲，在 $\boldsymbol{F}_z$ 作用下梁在 Oxz 平面发生平面弯曲。任一横截面上有两个弯矩分量（见图 15-9（a））为

$$M_z = \boldsymbol{F}_y(l - x)$$

$$M_y = \boldsymbol{F}_z(l - x)$$

由弯曲正应力计算公式得由弯矩 M_z 产生的正应力为

$$\sigma_z = -\frac{M_z}{I_z}y$$

应力分布如图 15-9（b）所示，在 AB 边有最大拉应力，在 CD 边有最大压应力。同样，由弯矩 M_y 产生的正应力为

$$\sigma_y = -\frac{M_y}{I_y}z$$

应力在 AC 边有最大拉应力，在 BD 边有最大压应力。

根据叠加原理，截面上任意一点（y，z）的应力为

$$\sigma = -\frac{M_z}{I_z}y - \frac{M_y}{I_y}z \tag{15-7}$$

显然，横截面上的中性轴方程为

$$\frac{M_z}{I_z}y + \frac{M_y}{I_y}z = 0 \tag{15-8}$$

它是一条通过截面形心的斜直线。中性轴与主轴 z 的夹角 α 可由下式确定

$$\tan\alpha = \frac{y}{z} = -\frac{M_y}{M_z} \cdot \frac{I_z}{I_y} \tag{15-9}$$

中性轴将横截面分成受拉和受压 2 个区域。叠加后的应力 σ 仍然呈线性分布（见图 15-9（b）），其大小与到中性轴的距离成正比。

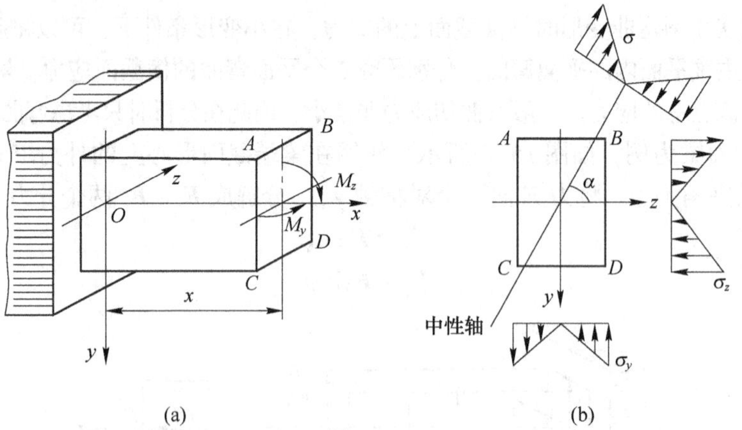

图 15-9

三、最大正应力和强度条件

横截面上的最大正应力出现在距中性轴最远的点上。对于有凸角点的截面，例如矩形、工字形截面，最大正应力出现在某一凸角处。图 15-9 所示矩形横截面上最大拉应力出现在 A 点，最大压应力出现在 B 点。其值为

$$\sigma_{\max} = \sigma_{zA} + \sigma_{yA} = \frac{M_z}{W_z} + \frac{M_y}{W_y} \tag{15-10}$$

对于没有凸角点的截面，可在确定中性轴位置后，做平行于中性轴且与截面边界相切的线段，切点处有最大正应力。

若进行强度计算，则首先根据 2 个方向的弯矩图确定危险截面位置，再确定危险截面上的危险点的正应力 $\sigma_{\max}$，建立强度条件

$$\sigma_{\max} \leqslant [\sigma] \tag{15-11}$$

【例 15-3】 吊车大梁由 32a 热轧普通工字钢制成，可简化为简支梁，如图 15-10（a）所示。已知梁长 $l=2\text{m}$，许用应力 $[\sigma]=160\text{MPa}$，起吊重物的重力为 80kN，作用在梁的中点，作用线与铅直方向的夹角 $\alpha=5°$。试校核吊车大梁的强度。

解：（1）将斜弯曲分解成两个平面弯曲。将载荷 $\boldsymbol{F}$ 分解为对称轴 y、z 方向的分力 $\boldsymbol{F}_y$ 和 $\boldsymbol{F}_z$，如图 15-10（b）、（c）所示。

$$\boldsymbol{F}_y = \boldsymbol{F}\cos\alpha \quad \boldsymbol{F}_z = \boldsymbol{F}\sin\alpha$$

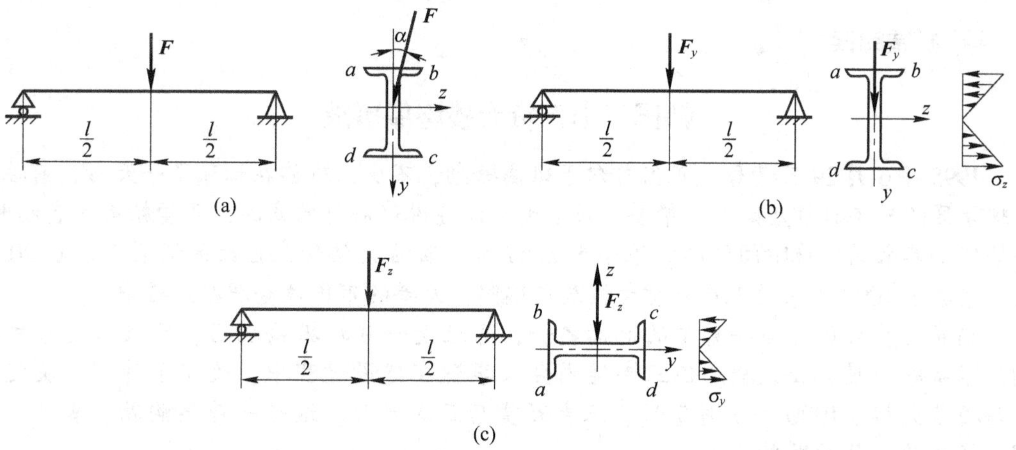

图 15-10

（2）求两个平面弯曲下的最大弯矩。根据图 15-10（b）、（c）所示受力情况可得，最大弯矩出现在梁的中点处，因此此处为危险截面，最大弯矩值分别为

$$M_{z\max} = \frac{1}{4}F_y l = \frac{1}{4}Fl\cos\alpha$$

$$M_{y\max} = \frac{1}{4}F_z l = \frac{1}{4}Fl\sin\alpha$$

（3）求两个平面弯曲下的最大正应力。在 $M_{z\max}$ 作用下，梁在铅直面内发生平面弯曲，最大拉应力出现在 ab 线上，最大压应力出现在 cd 线上。其值为

$$\sigma_{z\max} = \frac{M_{z\max}}{W_z} = \frac{Fl\cos\alpha}{4W_z}$$

在 $M_{y\max}$ 作用下，梁在水平面内发生平面弯曲，最大拉应力出现在工字钢左侧角点 a、d，最大压应力出现在工字钢右侧角点 c、b。其值为

$$\sigma_{y\max} = \frac{M_{y\max}}{W_y} = \frac{Fl\sin\alpha}{4W_y}$$

（4）叠加求最大应力，进行强度计算。根据应力分布情况可得，最大拉应力出现在角点 d 处，最大压应力出现在角点 b 处，两处应力数值相同，有

$$\sigma_{\max} = \sigma_{z\max} + \sigma_{y\max} = \frac{Fl\cos\alpha}{4W_z} + \frac{Fl\sin\alpha}{4W_y}$$

查型钢表得 32a 热轧普通工字钢的 $W_y = 70.8\text{cm}^3$，$W_z = 692\text{cm}^3$。将数据代入上式，得

$$\sigma_{\max} = 106.7\text{MPa} < [\sigma]$$

因此，梁在斜弯曲时满足强度条件。

如果上述计算中令 $\alpha = 0$，即载荷不偏离铅直位置，则有

$$\sigma_{\max} = \frac{M_{z\max}}{W_z} = \frac{Fl}{4W_z} = 57.8\text{MPa}$$

该值远小于斜弯曲时的最大正应力。可见，载荷偏离对称轴对梁的安全是非常有害的，工程中应当尽量避免这种现象发生。

扩展阅读

韩国三丰百货大楼垮塌事故

1995 年 6 月 29 日黄昏，正值首尔下班高峰期，不少上班族在忙碌了一天后，前往位于瑞草区的三丰百货店购物、聚餐。正当大家流连琳琅满目的商品，品尝精美的食物时，一场突如其来的灾难瞬间降临。下午 5 点 57 分，百货大楼传来巨大的爆裂声。在 20 秒内，聚集了 1000 多人的五层百货大楼层层塌陷，无辜的市民被淹埋在瓦砾中。

这家百货大楼是当年首尔的地标之一，原址是一片垃圾掩埋场，后被三丰集团收购，准备建一座办公大楼。但三丰集团会长李豐在建设过程中，改变了计划，决定建一座百货大楼。1990 年 7 月 7 日，三丰百货店正式开业。这是一座集购物、餐饮、休闲、娱乐为一体的购物中心。

三丰百货店不但规模大，而且档次高，根据资料记载："时髦的三丰百货由南、北两翼两栋侧楼以巨大的镶铬玻璃在中庭相连，墙面的装饰是意大利粉红色大理石，货架上陈列着高级服饰、各种家具及奢侈品，五楼有多家时髦的韩国餐馆，锁定消费能力惊人的市区上班人潮，三丰百货平时的业绩非常好，平均每天营业额超过 50 万美元，日平均接待顾客约 4 万人次。"三丰百货店在当时可谓是首尔百货行业的翘楚，在国内的地位相当于法国的巴黎老佛爷百货，是城市精英人士问津的场所。但就这样一座装修豪华、高级档次的百货大楼为何会在营业短短 5 年的时间里就发生倒塌事故？这其中又有哪些不可告人的内幕呢？

事故发生后，韩国政府一面展开救援，一面开始了事件调查工作。原来这起事故并非天灾，而是彻底的人祸。早在三丰集团会长李豐决定改变建筑用途时，就已经种下了苦果。按照原计划，这栋建筑是要建一座办公楼，但李豐改变计划后，随意改变了设计图纸。将很多承重柱拆除，以腾出更大空间扩大商场面积，并安置自动扶梯等设备。原建筑承包商看到改动过的建筑图纸后，感到事关重大，明确拒绝按照这个计划施工。这可把李豐惹火了，愤然中止了合同，请三丰集团旗下的建筑公司负责施工。

为了降低成本，三丰公司又在建设中偷工减料。他们拆除了内部墙，所安置的柱子也非常细，无力支撑多出的重量。更可怕的是，原本四层的楼房，又被加盖了一层，作为餐饮之用，当时共有 8 家餐饮企业入驻。而且韩国人有吃饭时席地而坐的习惯，有些餐馆就在地面下添加了一层加热设备，这又极大地增加了承重结构的负担。不但如此，三丰百货大楼的空调设备都被安装在了楼顶之上。三台大型空调共重 29t，加上开放空调满水时，总重量更高达 87t，远远超过楼房承重量 4 倍多。

豆腐渣工程固然可怕，但上帝仍给了大家一次避免灾祸的机会。6 月 29 号清晨，商场的保安向设施经理汇报说，大楼楼顶出现了裂痕。但这位经理却认为是 2 年前移动冷气机所致，并不放在心上。

当天上午，"春园餐厅"工作人员再次向设施经理报告楼顶地板上出现大裂缝的问题，其中编号为 5E 的柱子开裂，餐厅已经暂停营业。此时，李豐立刻召开董事会，商议对策。可这些三丰集团的头头，却认为裂缝只是开冷气机所致，只要将其关闭，并将楼顶的货物搬到地下室就没事了。

但是前来调查的土木专家却明确指出，三丰百货有倒塌的危险，要求立刻停止营业。可三丰集团管理层并未做出关闭商场，疏散顾客的通知。原因居然是，他们不想在购物旺季失去高额的利润。正是三丰集团从一开始改变建筑计划，建设过程中偷工减料，得到预警后不作为，才导致了这次人间惨剧的发生。502条鲜活生命的逝去以及无数家庭的破裂，都是三丰集团追名逐利的牺牲品。

思考与练习

15-1　由22a工字钢制成的简支梁受力如题15-1图所示。已知 $l=1\text{m}$，$\boldsymbol{F}_1=8\text{kN}$，$\boldsymbol{F}_2=12\text{kN}$。试求梁的最大正应力。

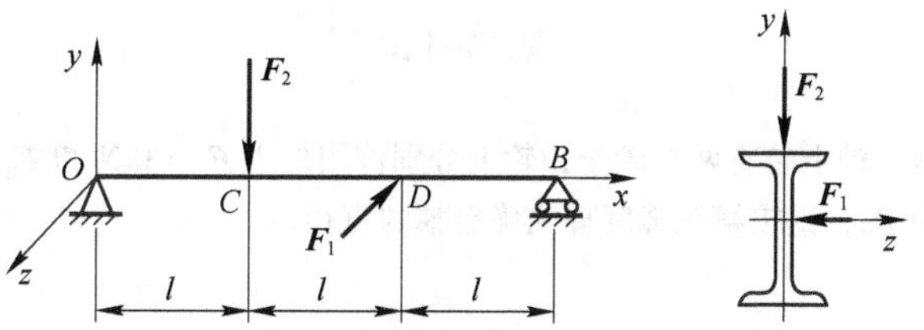

题15-1图

15-2　矩形截面悬臂梁在自由端受到 $\boldsymbol{F}_1$ 和 $\boldsymbol{F}_2$ 两个集中载荷作用，如题15-2图所示。已知 $\boldsymbol{F}_1=60\text{kN}$，$\boldsymbol{F}_2=4\text{kN}$。求固定端横截面上 A、B、C、D 四点的正应力。(图中长度单位：mm)

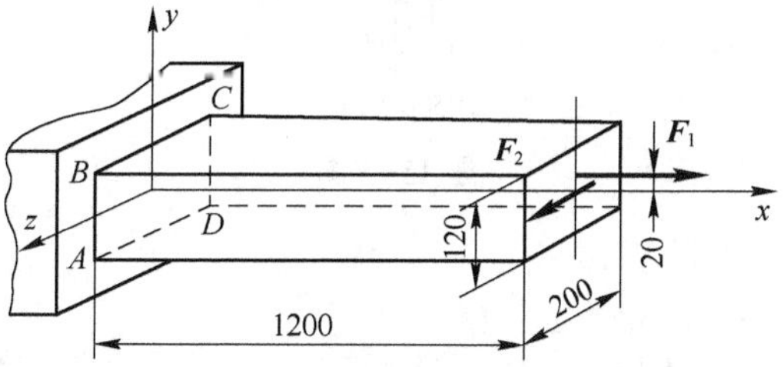

题15-2图

15-3　求题15-3图所示两杆上的最大正应力及其比值。

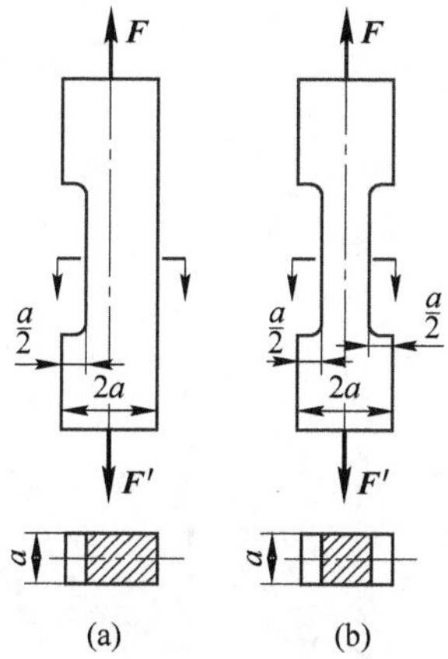

题15-3图

15-4 如题 15-4 图所示，曲拐圆截面部分的直径为 50mm。分析在图示载荷作用下 *A*、*B*、*C*、*D* 四点的应力状态，并计算第三强度理论下的相当应力。(图中长度单位：mm)

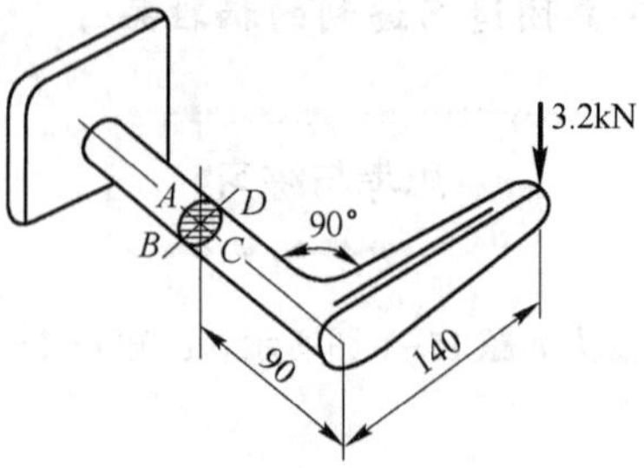

题 15-4 图

15-5 如题 15-5 图所示，轴上装有两个轮子，轮上分别作用外力 $\boldsymbol{F}_1=3\text{kN}$ 和 $\boldsymbol{F}_2$ 使轴处于平衡。轴的许用应力 $[\sigma]=80\text{MPa}$，试按第三强度理论确定轴的直径。

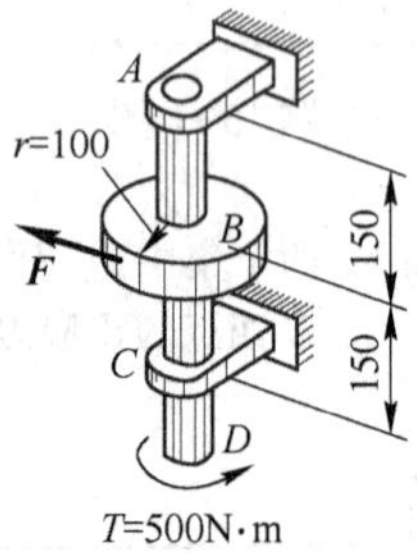

题 15-5 图

第十六章　压杆稳定

学习目标

（1）了解压杆稳定性的基本概念。

（2）掌握欧拉公式计算方法。

（3）掌握压杆稳定性的计算方法。

在第十一章中讨论直杆的轴向压缩问题时，曾把强度条件作为衡量杆件能否正常工作的主要依据。实际上，这种方法仅适用于短而粗的受压直杆，对细长压杆并不适用。

受压直杆失效表现为强度不足，即杆件发生塑性屈服或脆性断裂。事实上，对于较长的受压直杆，常出现另一种与强度失效完全不同的破坏形式，就是在使用中突然变弯甚至折断。这种破坏形式称为失稳。为了保证压杆工作的安全性，在设计压杆时必须考虑其稳定性。

工程结构中有许多受压的细长杆，例如内燃机配气机构中的挺杆（见图 16-1），在它推动摇臂打开气门时，就受压力作用；又如磨床液压装置中的活塞杆（见图 16-2），当驱动工作台向右移动时，油缸活塞上的压力和工作台的阻力将使活塞杆受压。同样，内燃机、空气压缩机、蒸汽机等的连杆也是受压杆件；还有桁架结构中的抗压杆，建筑物中的柱也是压杆。实践证明，导致细长受压杆件失稳破坏的轴向力要比其发生强度破坏时的轴向力小得多，可见这种形式的失效并非强度不足，而是稳定性不够。在工程史上，曾发生过不少因细长杆的突然失稳破坏而导致整个结构毁坏的事故。

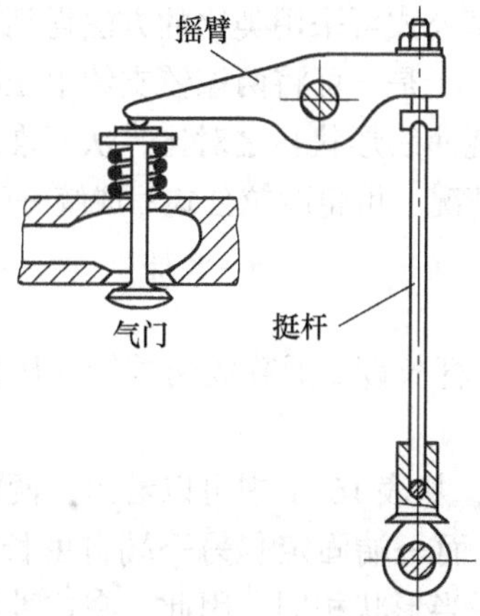

图 16-1

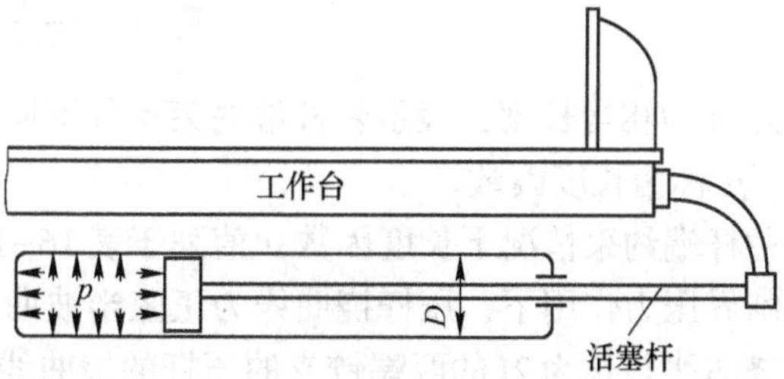

图 16-2

为了研究细长压杆的稳定性问题，可做如下试验。如图 16-3（a）所示，在压杆两端施加轴向力 $\boldsymbol{F}$，当力 $\boldsymbol{F}$ 不大时，压杆保持直线平衡状态；当施加一个微小的横向干扰力 $\boldsymbol{F}'$ 时，压杆会发生微小的弯曲。如图 16-3（b）所示，当横向干扰力消除后，压杆经过几次摆动后仍恢复到原来的直线平衡状态，即压杆处于稳定的平衡状态。如图 16-3（c）所示，压杆在轴向力 $\boldsymbol{F}$ 和横向干扰力 $\boldsymbol{F}'$ 共同作用下发生弯曲，当轴向力 $\boldsymbol{F}$ 增大到某一值 $\boldsymbol{F}_{cr}$ 时，撤去横向干扰力 $\boldsymbol{F}'$，压杆仍保持弯曲的平衡状态，而无法恢复到原来的直线平衡状态，即此时压杆由原来稳定的平衡状态过渡到不稳定的平衡状态，在这种临界状态下，压杆所受到的轴向力 $\boldsymbol{F}_{cr}$ 称为临界力。

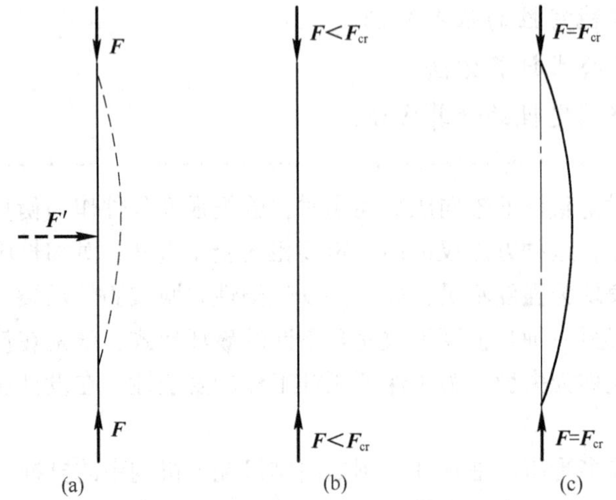

图 16-3

第一节 欧拉公式

研究压杆的稳定性问题，关键在于确定压杆的临界力，建立压杆的稳定条件，从而进行稳定性计算。杆端为其他约束的细长压杆临界压力的计算公式可采用类比的方法得到。可以认为，具有相同挠曲线形状的压杆，其临界压力亦相同。于是，可将两端铰支约束压杆的挠曲线形状取为基本情况，将其他杆端约束条件下压杆的挠曲线形状与之对比，从而推得相应杆端约束条件下压杆临界压力的表达式。综合各种约束情况，可将欧拉公式写成统一的形式

$$\boldsymbol{F}_{cr}=\frac{\pi^2 EI}{(\mu l)^2} \tag{16-1}$$

式中，μl 称为相当长度，表示将杆端约束条件不同的压杆长度 l 折算成两端铰支压杆的长度大小；μ 称为长度因数。

几种杆端约束情况下长度因数 μ 值列于表 16-1 中，从表 16-1 中可以看出，两端铰支时，在临界压力作用下，压杆挠曲线为正弦半波曲线。而一端固定、另一端自由长为 l 的压杆的挠曲线与长为 $2l$ 的两端铰支的压杆的挠曲线的一半形状相同。因此，在这种约束情况下，相当长度为 $2l$。其他约束情况下的长度因数可依此类推。这里需注意，压杆挠曲线拐点处弯矩为零，这相当于杆端铰支约束的情况。

表 16-1　压杆长度因数

支撑情况	两端铰支	一端固定 一端铰支	两端固定	一端固定 一端自由
μ 值	1.0	0.7	0.5	2
挠曲线形状	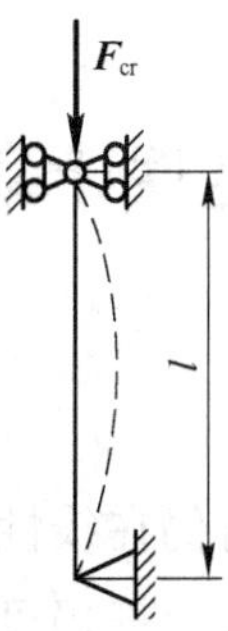	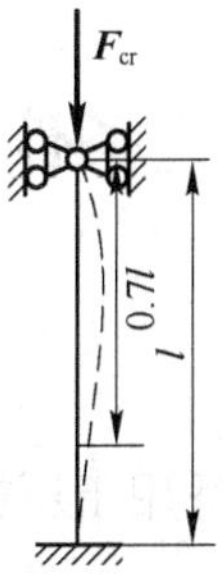	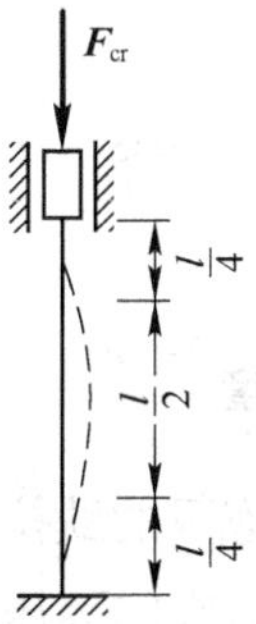	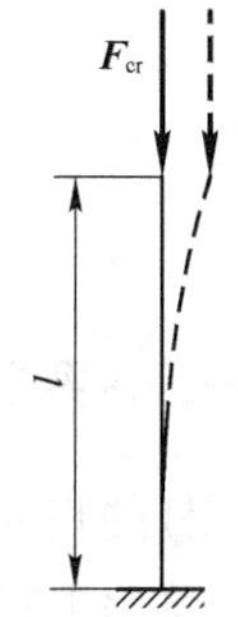

【例 16-1】 一矩形截面细长压杆，截面宽度 $b=40$mm，高度 $h=60$mm，两端用图 16-4 所示夹头约束。在 $x-y$ 平面内弯曲时，两端可简化为铰支，如图 16-4（a）所示，长度 $l=2.4$m，在 $x-z$ 平面内弯曲时，两端可视为固定端，如图 16-4（b）所示，长度 $l_1=2.3$m。压杆材料为 Q235 钢，弹性模量 $E=210$GPa。试用欧拉公式求压杆的临界压力。

解：（1）计算 $x-y$ 平面内杆发生弯曲时的临界压力。由于两端为铰支，因此其长度因数 $\mu=1$，由式（16-1）可得临界压力

$$F'_{cr}=\frac{\pi^2 EI_z}{(\mu l)^2}=\frac{\pi^2 Ebh^3/12}{(\mu l)^2}=\frac{\pi^2\times 210\times 10^9\times 40\times 60^3\times 10^{-12}}{(1\times 2.4)^2\times 12}=259\text{kN}$$

（2）计算 $x-z$ 平面内杆发生弯曲时的临界压力。由于两端为固定支座，其长度因数 $\mu=0.5$，由式（16-1）可得临界压力

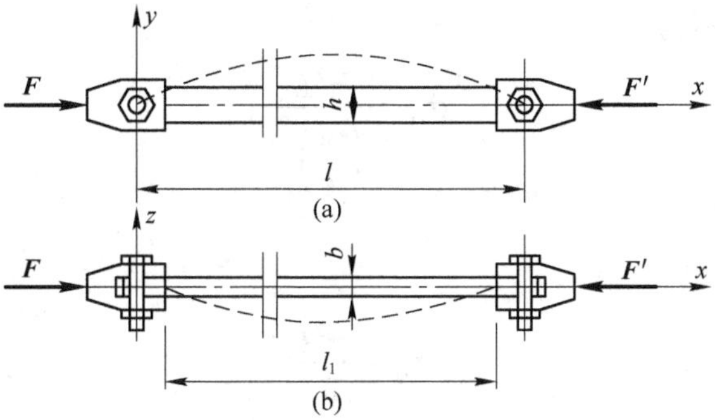

图 16-4

$$F''_{cr}=\frac{\pi^2 EI_y}{(\mu l_1)^2}=\frac{\pi^2 Ehb^3/12}{(\mu l_1)^2}=\frac{\pi^2\times 210\times 10^9\times 60\times 40^3\times 10^{-12}}{(0.5\times 2.3)^2\times 12}=501.5\text{kN}$$

（3）确定压杆的临界压力。比较上面两种情况下的临界压力，由于 $F'_{cr}<F''_{cr}$，可知压杆首先在 $x-y$ 平面内失稳。故该压杆的临界压力为 $F_{cr}=259$kN。

(4) 讨论可知，如果从压杆的强度考虑，对于 Q235 钢，其屈服强度 $R_e = 240\text{MPa}$，使该压杆因发生塑性屈服而被破坏的轴向压力为

$$F_u = R_e S = R_e bh = 240 \times 10^6 \times 40 \times 60 \times 10^{-6} = 576\text{kN}$$

可见，该压杆的 F_{cr} 远小于 F_u 值，说明细长压杆的承载能力往往是由它的稳定性来决定的。

第二节　压杆稳定条件和稳定性计算

一、临界应力和柔度

压杆的临界压力状态下的欧拉公式只适用于压杆失稳时仍在线性弹性范围内的工作的情况。按照失稳的概念，在临界压力状态下，如果不受干扰，杆仍可在直线状态下保持平衡。因此可以将压杆的临界压力 F_{cr} 除以其横截面面积 A 所得的结果定义为压杆的临界应力，即

$$\sigma_{cr} = \frac{F_{cr}}{A}$$

将式 (16-1) 代入上式，得

$$\sigma_{cr} = \frac{\pi^2 EI}{(\mu l)^2 A}$$

若将压杆横截面的惯性矩 I 写成

$$I = i^2 A \quad 或 \quad i = \sqrt{\frac{I}{A}}$$

式中，i 称为压杆横截面的惯性半径。

于是临界应力可写为

$$\sigma_{cr} = \frac{\pi^2 E}{\left(\frac{\mu l}{i}\right)^2}$$

令 $\lambda = \frac{\mu l}{i}$，则

$$\sigma_{cr} = \frac{\pi^2 E}{\lambda^2} \tag{16-2}$$

上式为计算压杆临界应力的欧拉公式。式中 λ 称为压杆的柔度或长细比，柔度是无量纲的量，它反映了压杆的约束情况、长度、横截面形状和尺寸等因素对临界应力的综合影响。则式 (16-2) 可改写为：

$$\lambda = \sqrt{\frac{\pi^2 E}{\sigma_{cr}}} \tag{16-3}$$

从式 (16-3) 可以看出，若压杆的柔度越大，其临界应力就越小，越容易失稳。

【例 16-2】现有一根两端为球形铰支的矩形截面细长杆，如图 16-5 所示。长度 $l=5\text{m}$，材料的弹性模量 $E=210\text{GPa}$。试用欧拉公式计算压杆的临界应力和临界压力。（图中长度单位：mm）

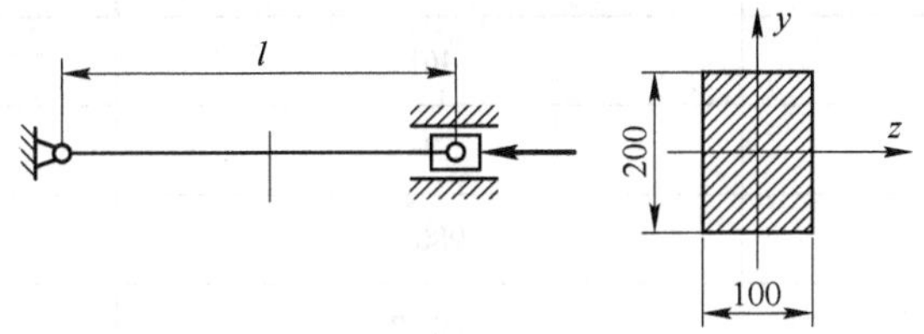

图 16-5

解：（1）计算最大柔度 λ_{max}。截面的惯性半径为

$$i_y = \sqrt{\frac{I_y}{A}} = \sqrt{\frac{0.2 \times 0.1^3/12}{0.2 \times 0.1}} = 2.89 \times 10^{-2}\text{m}$$

$$i_z = \sqrt{\frac{I_z}{A}} = \sqrt{\frac{0.1 \times 0.2^3/12}{0.2 \times 0.1}} = 5.77 \times 10^{-2}\text{m}$$

因为 $i_y < i_z$，且杆两端为球形铰支，即压杆在 2 个纵向平面内微弯时的约束条件一样，长度相同，所以 $\lambda_y > \lambda_z$。故压杆的最大柔度为

$$\lambda_{max} = \lambda_y = \frac{\mu l}{i_y} = \frac{1 \times 5}{2.89 \times 10^{-2}} = 173$$

（2）压杆临界应力的计算。由欧拉公式（16-3）可得到压杆的临界应力为

$$\sigma_{cr} = \frac{\pi^2 E}{\lambda_{max}^2} = \frac{\pi^2 \times 210 \times 10^9}{173^2} = 69.3\text{MPa}$$

（3）计算临界压力。

$$F_{cr} = \sigma_{cr} A = 69.3 \times 10^6 \times 0.1 \times 0.2 = 1.39 \times 10^6\text{N} = 1.39 \times 10^3\text{kN}$$

二、临界应力经验公式

当压杆临界应力超过材料的比例极限但不超过材料的屈服极限时，实践表明，压杆失效形式仍为失稳。此时，材料处于弹塑性阶段，此类压杆的稳定性被称为弹塑性稳定。对这类压杆大多采用经验公式确定临界应力或临界压力。经验公式是在实验和实践的基础上，经分析、归纳得到的。较常用的经验公式为直线公式和抛物线公式等。

若压杆的柔度小于 λ_p，则临界应力 σ_{cr} 大于材料的比例极限 σ_r，这时欧拉公式已不再适用，属于超出比例极限的压杆稳定问题。对于超出比例极限的压杆失稳现象，工程上一般采用以试验结果为依据的经验公式。下面介绍经常使用的直线型经验公式。

用直线型经验公式计算临界应力的一般表达式为

$$\sigma_{cr} = a - b\lambda \tag{16-4}$$

式中，a 和 b 是与材料有关的常数，其单位为 MPa，一些常用材料的 a、b 值见表 16-2。

表 16-2　常用材料的直线公式的系数 a 和 b

材　料	a/MPa	b/MPa
Q235	304	1.12
优质碳钢	461	2.568
硅钢	578	3.744
铬钼钢	9807	5.296
铸铁	332.2	1.454
强铝	373	2.15
松木	28.7	0.19

一般把柔度值在 λ_1 和 λ_2 之间的压杆称为中柔度杆或中长杆，用经验公式计算其临界应力。柔度小于 λ_2 的压杆称为小柔度杆或粗短杆，对于塑性材料压杆，其临界应力 $\sigma_{cr}=\sigma_e$，对于脆性材料，其临界应力 $\sigma_{cr}=\sigma_m$。

三、临界应力总图

将压杆的临界应力随柔度变化的关系用图形表示，称为临界应力总图，如图 16-6 所示。对于 $\lambda<\lambda_2$ 的小柔度杆，其临界应力 $\sigma_{cr}=\sigma_e$，在图 16-6 中表示为水平线 AB。对 $\lambda\geqslant\lambda_1$ 的大柔度杆，用欧拉公式（16-2）计算临界应力，在图 16-6 中表示为曲线 CD。柔度 λ 介于 λ_2 和 λ_1 之间的中柔度杆（$\lambda_2\leqslant\lambda\leqslant\lambda_1$），用经验公式（16-4）计算临界应力，在图 16-6 中表示为斜直线 BC。

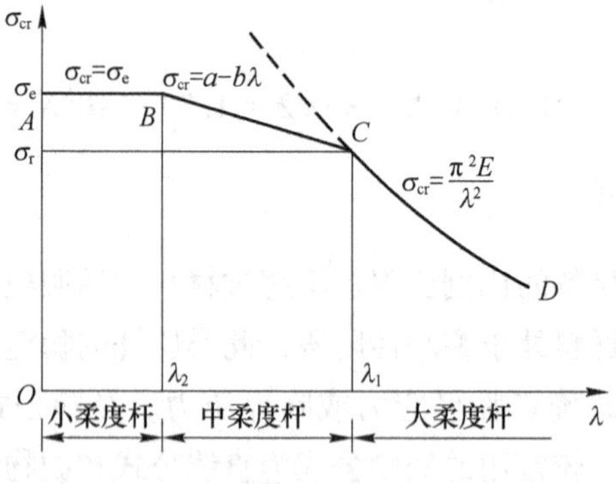

图 16-6

【例 16-3】图 16-7 所示为两端铰支圆截面压杆，材料为 Q235 钢，$\sigma_e=235$MPa，$\lambda_1=100$，$\lambda_2=62$，直径 $d=40$mm。试计算杆长 $l=1.2$m，$l=800$mm，$l=500$mm 三种情况下压杆的临界压力。

解：（1）计算杆长 $l=1.2$m 时的临界压力。两端铰支，故 $\mu=1$。

惯性半径
$$i=\sqrt{\frac{I}{A}}=\sqrt{\frac{\pi d^4/64}{\pi d^2/4}}=\frac{d}{4}=10\text{mm}$$

因柔度 $\lambda = \frac{\mu l}{i} = \frac{1 \times 1.2}{10 \times 10^{-3}} = 120 > \lambda_1 = 100$，故此杆为大柔度杆。

$$F_{cr} = \sigma_{cr}A = \frac{\pi^2 E}{\lambda^2} \cdot \frac{\pi d^2}{4} = \frac{\pi^3 \times (200 \times 10^9) \times (40 \times 10^{-3})^2}{4 \times 120^2} = 172\text{kN}$$

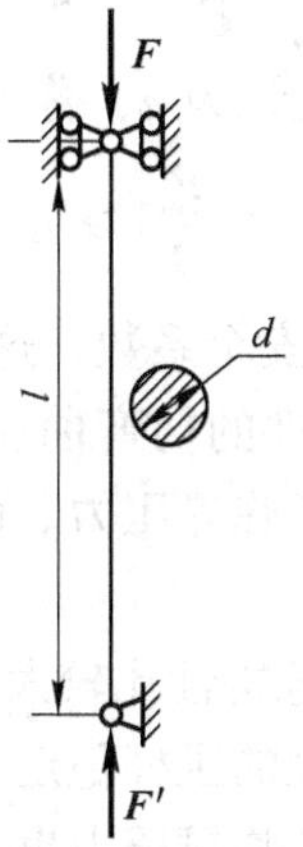

图 16-7

（2）计算杆长 l=800mm 时的临界压力。

$$\mu = 1 \quad i = 10\text{mm}$$

$$\lambda = \frac{\mu l}{i} = \frac{1 \times 800}{10} = 80$$

因 $\lambda_2 < \lambda < \lambda_1$，故此杆为中柔度杆，应用直线公式进行计算，从表 16-2 中查得：a=304MPa，b=1.12MPa

$$\boldsymbol{F}_{cr} = \boldsymbol{\sigma}_{cr} \cdot A = (a - b\boldsymbol{\lambda})\frac{\pi d^2}{4}$$

$$= \frac{\pi \times (304 \times 10^6 - 1.12 \times 10^6 \times 80) \times (40 \times 10^{-3})^2}{4} = 269\text{kN}$$

（3）计算杆长 l=500mm 时的临界压力。

$$\lambda = \frac{\mu l}{i} = \frac{1 \times 500 \times 10^{-3}}{10 \times 10^{-3}} = 50 < \lambda_2 = 62$$

为小柔度杆，其临界压力为

$$\boldsymbol{F}_{cr} = \sigma_e \cdot A = \sigma_e \cdot \frac{\pi d^2}{4} = \frac{\pi \times 235 \times 10^6 \times 40 \times 10^{-3}}{4} = 295\text{kN}$$

四、压杆的稳定性计算

前面的讨论表明，对大柔度杆，可用欧拉公式直接算出临界压力 $\boldsymbol{F}_{cr}$。对中柔度杆，可先由经验公式求出临界应力 $\boldsymbol{\sigma}_{cr}$，再将 $\boldsymbol{\sigma}_{cr}$ 乘以横截面面积求得临界压力 $\boldsymbol{F}_{cr}$。要保证压杆不失稳，必须要求实际工作压力小于临界压力。为了有一定的稳定性安全储备，用 $\boldsymbol{F}_{cr}$ 除以稳定安全系数 n_{st} 得许可压力［$\boldsymbol{F}$］。压杆的实际工作压力 $\boldsymbol{F}$ 应低于［$\boldsymbol{F}$］，故压杆的稳定性条件为

$$[F]=\frac{F_{cr}}{n_{st}}\geqslant F$$

以上条件也可写成

$$\frac{F_{cr}}{F}\geqslant n_{st}$$

把临界压力 F_{cr} 与工作压力 F 之比记为 n，称为工作安全系数，稳定条件又可写为

$$n=\frac{F_{cr}}{F}\geqslant n_{st} \tag{16-5}$$

稳定安全系数 n_{st} 一般要高于强度安全系数，这是因为如下原因。

(1) 一些难以避免的因素，如杆件的初弯曲、压力偏心、材料不均匀和支座的缺陷等，都严重影响压杆的稳定性，降低了临界压力。而同样的这些因素，对强度的影响就不像对稳定性那么严重。

(2) 压杆失稳大都具有突发性，危害性比较大。由于细长杆丧失稳定性的可能性比较大，为了保证充分的安全度，柔度较大的压杆稳定安全系数相应增大。

由于压杆稳定性破坏是整体性的，临界压力也是根据整体的失稳来确定，所以在稳定计算中不必考虑因打孔等原因使横截面被局部削弱的影响，而以毛面积进行计算。但在强度计算中，应按局部被削弱的净面积进行计算。

【例 16-4】 某平面磨床工作台液压驱动装置如图 16-8 所示。油缸活塞的直径 $D=65$mm，油压 $p=1.2$MPa，活塞杆的直径 $d=25$mm，活塞杆长度 $l=1250$mm，材料为 35 号钢，$\sigma_r=220$MPa，$E=210$GPa。稳定安全系数 $n_{st}=6$，试校核活塞杆的稳定性。

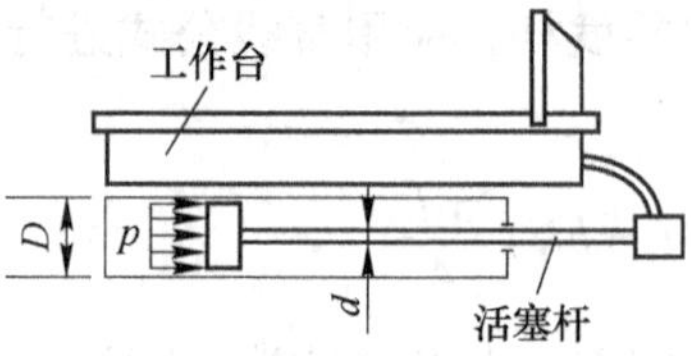

图 16-8

解：(1) 计算临界压力。为了进行稳定性校核，首先必须算出临界压力 F_{cr}。而选择何种公式计算 F_{cr}，需要先算出活塞杆的柔度才能确定。

这里可将活塞杆的两端简化为铰支座，故 $\mu=1$，其柔度为

$$\lambda=\frac{\mu l}{i}=\frac{\mu l}{d/4}=\frac{1\times1250\times4}{25}=200$$

对于 35 号钢，可算出

$$\lambda_1=\sqrt{\frac{\pi^2E}{\sigma_r}}=\sqrt{\frac{\pi^2\times210\times10^9}{220\times10^6}}=97$$

可见 $\lambda>\lambda_1$，故活塞杆为细长杆，应该用欧拉公式计算临界压力。即

$$F_{cr}=\frac{\pi^2EI}{(\mu l)^2}=\frac{\pi^2\times210\times10^9\times\pi\times25^4\times10^{-12}}{(1\times1.25)^2\times64}=25.4\text{kN}$$

(2) 校核稳定性。作用在活塞杆上的实际轴向压力为

$$F = p\frac{\pi D^2}{4} = \frac{\pi \times 1.2 \times 10^6 \times 65^2 \times 10^{-6}}{4} = 3.98\text{kN}$$

因此，工作安全系数为

$$n = \frac{F_{cr}}{F} = \frac{25.4}{3.98} = 6.38$$

显然 $n>n_{st}$，满足稳定性条件，故活塞杆是稳定的。

若将该题要求改为确定活塞杆的直径，即按稳定条件进行截面设计，由于直径尚待确定，无法求出活塞杆的柔度 λ，自然也不能判断究竟应该用欧拉公式，还是用经验公式。为此，可采用试算法。即先由欧拉公式确定活塞的直径，再根据所确定的直径，检查是否满足使用欧拉公式的条件。

扩展阅读

压杆失稳的历史教训

压杆失稳与强度和刚度失效有着本质的区别，前者失效时的载荷远远低于后者，而且往往是突发性的，因而常常造成灾难性后果。历史上，由压杆失稳造成的灾难性事故曾多次发生。19 世纪末，当一辆客车通过瑞士的一座铁路桥时，桥架压杆失稳，致使桥发生灾难性坍塌，大约 200 人遇难。类似事故在其他国家也曾发生过。

虽然科学家和工程师们早就针对这类灾难进行了大量的研究，并采取了很多有效的防范措施，但直到现在还不能完全终止这种灾难的发生。

1983 年 10 月 4 日，地处北京某科研楼建筑工地的钢脚手架在距地面五六米处突然外弓，刹那间，这座高达 54.2m、长 17.25m、总重 565.4kN 的大型脚手架轰然坍塌。这次事故最终造成 5 人死亡，7 人受伤。此外，脚手架所用材料大部分报废，经济损失 4.6 万元，并且工期推迟一个月。现场调查结果表明，钢脚手架结构本身存在的严重缺陷致使结构失稳，这也是这次灾难性事故的直接原因。脚手架由里外层竖杆和横杆绑结而成，调查发现支搭技术存在以下问题。

(1) 脚手架是在未经清理和夯实的地面上搭起的。在这种情况下，自重和外载荷的作用必然使某些竖杆受的力比较大，某些竖杆受的力比较小。

(2) 脚手架未设“扫地横杆”，各大横杆之间的距离太大（最大达 2.2m，比规定值大 0.5m）。两横杆之间的竖杆相当于两端铰支的压杆，横杆之间的距离越大，竖杆的临界压力值便越小。

(3) 高层脚手架在每一层均应设有与建筑物墙体相连的牢固连接点，而这座脚手架竟有 8 层没有与墙体相连的连接点。

(4) 规定这类脚手架的稳定安全系数为 3.0，而这座脚手架里层杆的稳定安全系数为 1.75，外层杆为 1.11。

需要指出的是，对于单个细长压杆，若发生了弹性失稳，它仍能继续承载。但对于由多根压杆组成的整体结构，若其中的一根或几根压杆发生了失稳，这将可能使得整体结构发生坍塌。因此，对于这种危害我们必须给予足够的重视。

思考与练习

16-1 细长压杆如题 16-1 图所示，各圆杆的直径 d 均相同，材料为 Q235 钢。其中，图（a）为两端铰支，图（b）为上端铰支、下端固定，图（c）为两端固定。试判断哪一种情形的临界压力 $\boldsymbol{F}_{cr}$ 最大。若 $d=16\text{mm}$，$E=210\text{GPa}$，试求其中最大的临界压力。

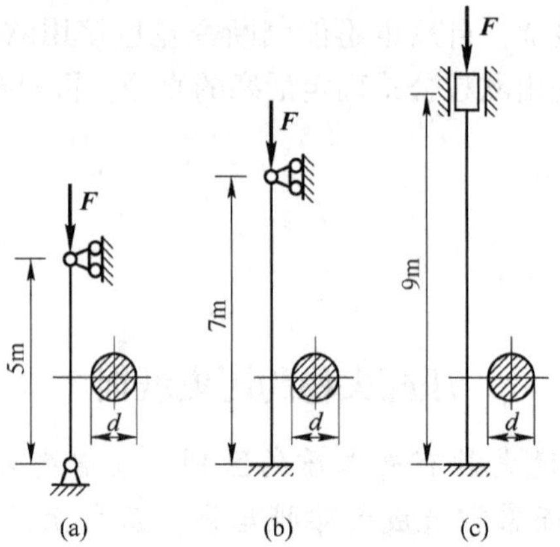

题 16-1 图

16-2 题 16-2 图所示为一连杆，材料是 Q235 钢，弹性模量 $E=200\text{GPa}$，横截面面积 $A=44\times10^2\text{mm}^2$，惯性矩 $I_y=120\times10^4\text{mm}^4$，$I_z=797\times10^4\text{mm}^4$，在 x-y 平面内，长度因数 $\mu_z=1$；在 xz 平面内，长度因数 $\mu_y=0.5$。试求临界应力和临界压力。(图中长度单位：mm)

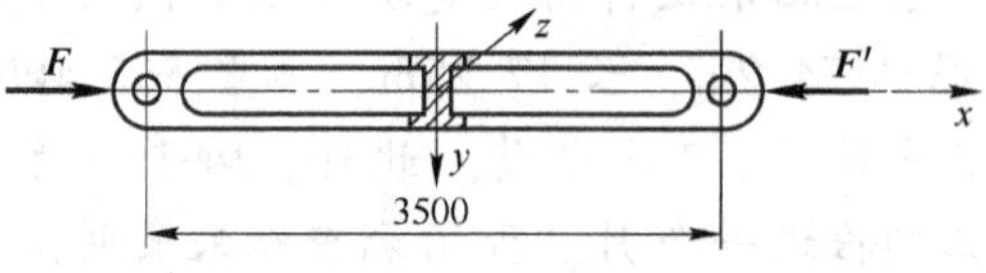

题 16-2 图

16-3 已知一矩形截面压杆如题 16-3 图所示，$h=6\text{cm}$，$b=2\text{cm}$，$l=0.6\text{cm}$，材料为 Q235 钢，弹性模量 $E=206\text{GPa}$，$\sigma_r=200\text{MPa}$，$\sigma_e=235\text{MPa}$。试计算压杆的临界压力 $\boldsymbol{F}_{cr}$。

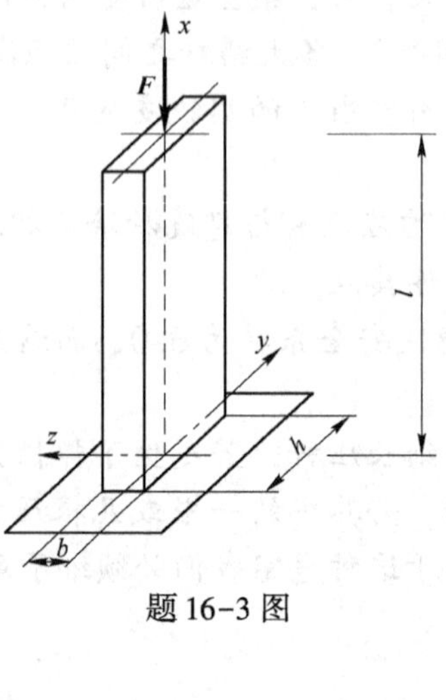

题 16-3 图

16-4　千斤顶如题 16-4 图所示，丝杆长度 l=375mm，内径 d=40mm，材料为 45 号钢（a=598MPa，b=3.82MPa，$\lambda_1=100$，$\lambda_2=60$），最大起重 $\boldsymbol{F}$=80kN，规定的稳定安全系数 $n_{st}=4$。试校核丝杆的稳定性。

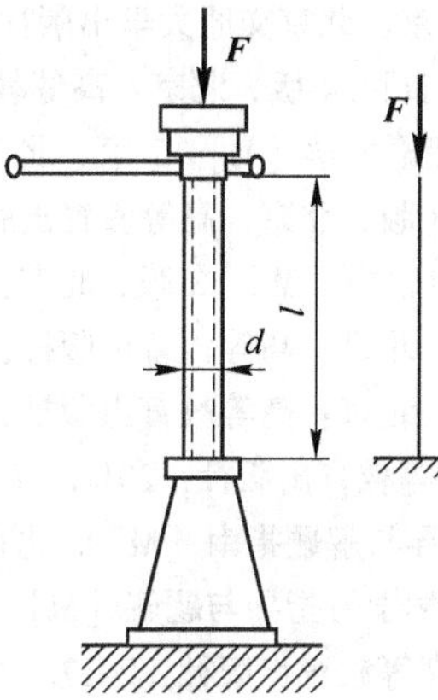

题 16-4 图

16-5　如题 16-5 图所示，AB 和 BC 皆为大柔度杆，且截面相同、材料相同。若杆系在 ABC 平面内丧失稳定而失效，并规定 $0<\theta<\frac{\pi}{2}$，试确定 $\boldsymbol{F}$ 为最大值时的 θ。

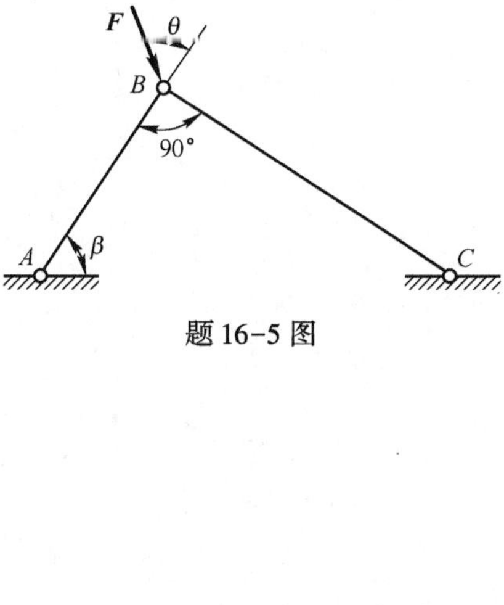

题 16-5 图

参考文献

[1] 李福宝，周丽楠，李勤．工程力学［M］．北京：化学工业出版社，2019.
[2] 郭庆军，南楠．工程力学［M］．北京：北京交通大学出版社，2015.
[3] 奚绍中，邱秉权．工程力学教程．［M］．4 版．北京：高等教育出版社，2019.
[4] 哈尔滨工业大学理论力学教研室．理论力学［M］．7 版．北京：高等教育出版社，2012.
[5] 洪嘉振，杨长俊．理论力学［M］．3 版．北京：高等教育出版社，2008.
[6] 王铎，程靳．理论力学解题指导及习题集［M］．3 版．北京：高等教育出版社，2005.
[7] 孙训方．材料力学：Ⅰ［M］．5 版．北京：高等教育出版社，2012.
[8] 孙训方．材料力学：Ⅱ［M］．5 版．北京：高等教育出版社，2012.
[9] 黄安基．理论力学［M］．北京：高等教育出版社，2011.
[10] 范钦珊，陈艳秋．材料力学学习指导与解题指南［M］．北京：清华大学出版社，2005.
[11] 王永廉，汪云祥，方建士．工程力学学习指导与题解［M］．北京：机械工业出版社，2014.
[12] 刘鸿文．材料力学［M］．北京：高等教育出版社，2017.